Villiger
Von der Öko-Nische zum ökologischen Massenmarkt

GABLER EDITION WISSENSCHAFT

Alex Villiger

Von der Öko-Nische zum ökologischen Massenmarkt

Strategien und Perspektiven für den Lebensmittelsektor

Mit Geleitworten von Prof. Dr. Thomas Dyllick und Prof. Dr. Uwe Schneidewind

Springer Fachmedien Wiesbaden GmbH

1. Auflage Oktober 2000

Lektorat: Brigitte Siegel / Monika Mülhausen

Der Gabler Verlag und der Deutsche Universitäts-Verlag sind Unternehmen der Fachverlagsgruppe BertelsmannSpringer.

www.gabler.de
www.duv.de

Höchste inhaltliche und technische Qualität unserer Produkte ist unser Ziel. Bei der Produktion und Verbreitung unserer Werke wollen wir die Umwelt schonen. Dieses Buch ist deshalb auf säurefreiem und chlorfrei gebleichtem Papier gedruckt. Die Einschweißfolie besteht aus Polyethylen und damit aus organischen Grundstoffen, die weder bei der Herstellung noch bei der Verbrennung Schadstoffe freisetzen.

ISBN 978-3-8244-7255-0 ISBN 978-3-322-99263-5 (eBook)
DOI 10.1007/978-3-322-99263-5

Geleitwort

Alex Villiger geht in seiner Arbeit von der Einsicht aus, dass in vielen Märkten und Branchen ökologische Innovationen zwar festzustellen sind, solche Erfolgsbeispiele jedoch zumeist auf Öko-Nischen beschränkt bleiben. Eine breitere Diffusion ökologischer Innovationen in den Massenmarkt bleibt somit weitgehend aus, obwohl dies für einen ökologischen Strukturwandel im Sinne einer nachhaltigen Entwicklung von zentraler Bedeutung ist. Hier setzt die vorliegende Arbeit an. Mit dem Blick auf den Übergang von der Nische zum Massenmarkt, analysiert sie detailliert die besonderen Herausforderungen und Probleme, die sich dabei stellen. In Gestalt der „Landkarte des ökologischen Massenmarktes" legt sie ein systematisches Konzept vor, um die unterschiedlichen Entwicklungspfade zum ökologischen Massenmarkt zu differenzieren und zu charakterisieren. Untersuchungsobjekt ist die schweizerische Lebensmittelbranche, die aufgrund des Erfolgs biologischer Produkte als Modell einer Ökologisierung von Märkten angesehen werden kann. Die Arbeit verfolgt sowohl eine theoretische wie auch eine praktische Zielsetzung. In theoretischer Hinsicht werden geeignete Konzepte, Modelle und Instrumente zur Beschreibung und Analyse des Entwicklungsprozesses von der Öko-Nische zum ökologischen Massenmarkt entwickelt. In praktischer Hinsicht werden wirksame Strategien und Gestaltungsempfehlungen für die Akteure auf dem Lebensmittelmarkt entwickelt, um die Entwicklung von der Nische zum Massenmarkt vorantreiben zu können. Besonders interessant ist die systematische Klärung der Unterschiede zwischen einem Marketing-Mix für die Öko-Nische und einem Marketing-Mix für das Marketing jenseits der Nische. Durch die Ausrichtung auf die Nische wird man zugleich zu einem Gefangenen dieser Nische und eines Nischendenkens. Die Annahme einer Nische führt somit zur Reproduktion eben dieser Nische. Ein eigentlicher Teufelskreis resultiert daraus. Die erhellenden Einsichten und Konzepte der Arbeit können - und sollten - auch auf andere Branchen übertragen werden.

Prof. Dr. Thomas Dyllick

Geleitwort

Mit der vorliegenden Arbeit legt Alex Villiger ein beeindruckendes Werk zur „Ökologisierung von Massenmärkten" vor. Es ist ein besonders gelungenes Ergebnis der „zweiten Generation" der Arbeiten zu marktorientierten Ökologisierungsstrategien am Institut für Wirtschaft und Ökologie der Universität St. Gallen (IWÖ-HSG). Sie ist ebenfalls wie die Arbeiten der ersten Generation zu „Ökologie und Wettbewerbsfähigkeit" von inspirierender Teamarbeit in insgesamt vier Themenbereichen (Massenmarktstrategien in den Bereichen Lebensmittel, Energie, Textil und Neue Medien) geprägt und reicht von ihren Aussagen weit über das Anwendungsfeld „Lebensmittelbranche" hinaus.

Ob und wenn ja, unter welchen Bedingungen, die Ökologisierung von Massenmärkten möglich ist, stellt eine praktische und theoretische Schlüsselherausforderung des ökologischen Managements dar. Alex Villiger nimmt diese Herausforderung an und knüpft an alle wichtigen (nicht nur die am IWÖ-HSG entstandenen) Theoriestränge in diesem Feld an und entwickelt sie innovativ weiter. Durch die Anwendung auf die Schweizer Lebensmittelbranche werden die Konzepte und Strategien plastisch und geben sowohl dem Praktiker als auch dem Wissenschaftler im Bereich der marktorientierten Umweltstrategien viele Anregungen.

Das Buch ist Ausdruck der gelungenen Symbiose eines Autors, der mit einem sehr breiten Theoriefundus und -interesse die anwendungsorientierte Umweltmanagementschule St. Galler Prägung durchlaufen hat und jetzt eine Arbeit vorlegt, die sehr klar strukturiert und lesbar ist und gleichzeitig eine Vielfalt theoretischer Einblicke liefert. Gerade im empirischen Teil der Arbeit schimmert immer wieder erfrischend durch, dass Sie von einem Autor geschrieben ist, dem an einer nachhaltigen Entwicklung von Lebensmittelproduktion und –vermarktung wirklich liegt. Die Arbeit hat eindeutig von der inspirierenden Kraft des Graubündner Berglands profitiert. Der ökologischen Managementlehre sind noch viele weitere solche Arbeiten zu wünschen!

Prof. Dr. Uwe Schneidewind

Vorwort

Die Entwicklung einer Branche "von der Öko-Nische zum ökologischen Massenmarkt" ist ein vielgestaltiger Vorgang, zu dessen Analyse, Beschreibung und Gestaltung es entsprechender Konzeptionen oder Denkmodelle bedarf. Ich habe das Glück, dass ich in meinem Vorwort zunächst denjenigen Personen, welche die Bausteine zu diesem konzeptionellen Rahmen mitentwickelt haben, aufgrund einer mehrjährigen Zusammenarbeit auch auf persönliche Weise meinen Dank aussprechen darf.

Mein grösster Dank gilt meinem Doktorvater. *Prof. Dr. Thomas Dyllick* hat es mir nach einem "Praxiszwischenjahr" ermöglicht, an die Universität St. Gallen zurückzukehren und am Institut für Wirtschaft und Ökologie (IWÖ-HSG) als wissenschaftlicher Mitarbeiter drei Jahre zu forschen und zu schreiben. Thomas Dyllicks Habilitationsschrift kann zudem als Ausgangspunkt der vorliegenden Arbeit interpretiert werden.[1]

Die gemeinsame Zeit mit *Prof. Dr. Uwe Schneidewind* am IWÖ-HSG war aufgrund dessen "Spurt durch die akademische Laufbahn" leider nur von kurzer Dauer. Glücklicherweise gelang es, Uwe Schneidewind zur Übernahme des Korreferats zu verpflichten. Die gemeinsame Zeit in St. Gallen hat dennoch ausgereicht, unserem Forschungsteam - und damit auch dieser Arbeit - "strukturpolitischen Wind" einzuhauchen.[2] Dem Gestaltungsaspekt wurde dementsprechend Rechnung getragen.

Dr. Frank Belz, mein Büropartner am IWÖ-HSG, übernahm für meine ersten wissenschaftlichen Gehversuche den Part eines "Lehrmeisters". Die vorliegende Arbeit bildet zudem das Anschlusswerk an Belz' Dissertation, welche ein drittes erwähnenswertes Grundlagenwerk für die Entstehungsgeschichte der vorliegenden Arbeit darstellt.[3]

So manch guter Gedanke im Forschungsprojekt "ÖMAS" entstammt dem kreativen Kopf von *Rolf Wüstenhagen* (Forschungsthema: Jenseits der Öko-Nische in der Energiebranche). Rolf Wüstenhagen war in den vergangenen drei Jahren nicht nur Ansprechpartner zur Klärung forschungspragmatischer Fragen, sondern auch ein Freund, der in jeder Phase mithalf, die unvermeidlichen Motivationstiefs "im Leben eines jungen Doktoranden" zu meistern.

---

1 Vgl. hierzu Dyllick 1989.
2 Vgl. hierzu Schneidewind 1998.
3 Vgl. hierzu Belz 1995.

Arnt Meyer (Forschungsthema: Jenseits der Öko-Nische in der Textilbranche) ergänzte das ÖMAS-Team als "tschechischer Pendler", steter Neubeginner und strategischer Gegenpart auf loyale und erfrischende Art und Weise.

Mischa Kolibius (Forschungsthema: E-Commerce und Ökologie) führte uns in der zweiten Phase des Forschungsprojektes des öfteren vor Augen, dass ein wenig Abstand zum Thema oder zum Arbeitsprozess befruchtend wirken kann.

Robin Alder hat dieser Arbeit zum Schluss nicht nur den sprachlichen Feinschliff versetzt und den Inhalt kritisch reflektiert, sondern mit seinen humorvollen Kommentaren zudem die trockenen Korrekturarbeiten aufgelockert.

Die Brücke zur Praxis schlägt *Andreas Choffat*, der aus Sicht eines Marketing-Beraters verschiedentlich wertvolle Tips in die Arbeit einfliessen liess. Ich hoffe, dass die vorliegende Arbeit dereinst auch seiner Tochter Leandra - meinem "Göttimaitli" - Freude bereiten wird.

Meinem neuen Arbeitgeber, der *Graubündner Kantonalbank* möchte ich für die Toleranz danken, nach arbeitsintensiven Wochenenden zuweilen einen müden Mitarbeiter angetroffen zu haben.

Ein besonders herzlicher Dank gebührt den Menschen, die mich insbesondere zum Schluss der Arbeit begleitet haben, als ich im *Hause Tenchio* den "Elfenbeinturm" hütete. Die Gesprächsabende und sportlichen Aktivitäten mit *Freunden*, die Küche und die Unterstützung meiner *Mutter*, das vererbte Interesse für natürliche und soziale Zusammenhänge meines *Vaters* sowie natürlich der Rückhalt meiner Frau *Alexandra* knüpften das soziale Netz, ohne welches diese Arbeit nicht entstanden wäre.

Gewidmet sei diese Arbeit *Nico*: Die Ankündigung seiner Geburt hat mich ins Stadium eines "längeren Schlussspurtes" versetzt. Nicos Geburt versetzte meinem Leben den wohl buntesten und nachhaltigsten Farbtupfer überhaupt!

Juli 2000 Alex Villiger

Inhaltsverzeichnis

Abbildungsverzeichnis

1 Einleitung

1.1 Problemstellung

Die Akteure auf dem Schweizer Lebensmittelmarkt sehen sich Ende der 90er Jahre tiefgreifenden Veränderungsprozessen gegenüber. Nebst einem anhaltenden *internen Strukturwandel* zeichnet sich unter dem Druck der EU und der WTO-Verhandlungen eine Öffnung der Grenzen ab, deren Wirkungen in der Lebensmittelkette bereits heute spürbar sind (*externer Strukturwandel*).[1] Reformen in der Agrarpolitik, Konzentrationstendenzen auf der Verarbeitungsstufe oder Rationalisierungsbestrebungen im Lebensmittelhandel sind Prozesse, welche in Antizipation einer drohenden ausländischen Konkurrenz erfolgen.

Die Liberalisierungstendenzen in der Lebensmittelbranche weisen jedoch nicht nur eine ökonomische, sondern auch eine *ökologische Dimension* auf. So führt der Globalisierungsprozess zu steigenden Transportaufkommen, womit wiederum höhere Anforderungen an die Verpackungs- und Kühlindustrie verbunden sind. Neue Verarbeitungstechniken (z.B. Gentechnologie, Bestrahlung von Lebensmitteln) bringen nicht abschätzbare Risiken mit sich und die Konsumenten verlieren durch das von der Produktion räumlich wie zeitlich entgrenzte Angebot das Gefühl für die Regionalität und Saisonalität von Lebensmitteln. Transportströme, ein erhöhter Verarbeitungsgrad oder ein abnehmendes Bewusstsein der Konsumenten um die Zusammenhänge der Lebensmittelproduktion haben stets Umweltbelastungen zur Folge.[2]

Ende der 90er Jahre lassen sich jedoch Gegentendenzen beobachten, welche in Richtung einer zunehmenden *Ökologisierung des Schweizer Lebensmittelmarktes* wirken: Regionale Produktorganisationen gewinnen an Bedeutung,[3] Schweizer Landwirte stellen grossflächig auf umweltfreundliche Bewirtschaftungsformen um, Konsumentenschutzorganisationen setzen sich gegen gentechnisch veränderte Produkte ein und die Anbieter werben mit Bio-Programmen erfolgreich um die Gunst der Konsumenten.

---

1 Vgl. hierzu näher Belz/Villiger 1997, S. 17.

2 Zu den ökologischen Belastungen, welche durch die Schweizer Lebensmittelbranche hervorgerufen werden vgl. Belz 1995, S. 37-52 sowie Kap. 3.

3 Zu einem Überblick und einer Typisierung Regionaler Produktorganisationen in der Schweiz vgl. Hofer/Stalder 1998.

Doch obwohl insbesondere biologische Produktprogramme eine hohe Markt- und Medienpräsenz verzeichnen, haben diese Ende der 90er Jahre die Grenzen der Öko-Nische noch nicht überwunden.[4]

1.2 Zielsetzungen

Im Rahmen eines breit angelegten Forschungsprojektes, in welchem acht Branchen nach ihren Anknüpfungspunkten von "Ökologie und Wettbewerbsfähigkeit" untersucht wurden, hat sich gezeigt, dass sich in den untersuchten Branchen wohl Ansätze eines Umweltmanagements beobachten lassen, die Erfolgsbeispiele bis heute jedoch auf Öko-Nischen beschränkt bleiben.[5] Eine breitere Diffusion in ökologische Massenmärkte steht noch aus. Die *Ökologisierung von Massenmärkten*[6] ist für einen ökologischen Strukturwandel im Sinne einer Nachhaltigen Entwicklung jedoch eine unverzichtbare Voraussetzung. Es gilt daher, das Phänomen einer solchen Massenmarktdurchdringung zu erfassen sowie geeignete Instrumente und Strategien zu entwickeln, um diesen grundlegenden ökologischen Wandel voranzutreiben.[7]

Mit der *"Öko-Nische"* als Ausgangs- und dem *"ökologischen Massenmarkt"* als Zielpunkt wird ein Entwicklungsprozess eingerahmt, dessen Beschreibung, Analyse und Gestaltung im Zentrum dieser Arbeit steht. Mit der Wahl des Titels *"Jenseits der Öko-Nische"* wird angedeutet, dass für das Untersuchungsfeld, die Schweizer Lebensmittelbranche, in den nächsten Jahren wohl das Verlassen einer Marktnische, nicht jedoch das Erreichen eines ökologischen Massenmarktes als realistisch betrachtet wird.

---

4 Vgl. Villiger 1998, S. 1.

5 Das Projekt trug den Titel "Ökologie und Wettbewerbsfähigkeit von Unternehmen und Branchen" (ÖWUB) und wurde von 1993 bis 1995 unter der Leitung von Prof. Dr. Thomas Dyllick am IWÖ-HSG durchgeführt und vom Nationalfonds gefördert. Die vorliegende Arbeit ist ein Resultat des ÖMAS-Projektes, welches nicht nur formal, sondern auch inhaltlich auf den Erkenntnissen und Konzepten von "ÖWUB" aufbaut. Zum ÖWUB-Projekt vgl. Dyllick et al. 1994 oder Belz 1995 für die Lebensmittelbranche. Zum ÖMAS-Projekt vgl. die Textbox im Schlusswort dieser Arbeit.

6 Zum "ökologischen Massenmarkt" vgl. näher Kap. 4.

7 Vgl. Belz/Schneidewind/Villiger/Wüstenhagen 1997, S. 3 f.

Ein zentrales Thema dieser Arbeit ist die Untersuchung des *Ausbreitungsprozesses biologischer Lebensmittel.* Bio-Produkte bilden gewissermassen die "Speerspitze" der ökologischen Entwicklung im schweizerischen Lebensmittelmarkt und können Ende der 90er Jahre als das aktuellste ökologische Wettbewerbsfeld bezeichnet werden.[8] Den Ökologisierungsprozess der Schweizer Lebensmittelbranche mit dem Ausbreitungsprozess biologischer Lebensmittel gleichzusetzen, greift jedoch zu kurz. Wie ein "Kernkonzept" dieser Arbeit, die "Landkarte des ökologischen Massenmarktes" illustrieren wird, lassen sich verschiedene *Entwicklungspfade* identifizieren, welche von der Öko-Nische in Richtung ökologischer Massenmarkt führen.[9]

Aus diesen Überlegungen lassen sich die theoretische und die praktische Zielsetzung der vorliegenden Arbeit ableiten:

- *Theoretische Zielsetzung:* Entwicklung von geeigneten Konzepten, Modellen und Instrumenten zur Beschreibung und Analyse des Entwicklungsprozesses von der Öko-Nische zum ökologischen Massenmarkt.[10]
- *Praktische Zielsetzung:* Formulieren von Strategien und Gestaltungsempfehlungen zuhanden der Akteure auf dem Schweizer Lebensmittelmarkt zur Unterstützung des Entwicklungsprozesses von der Öko-Nische zum ökologischen Massenmarkt.[11]

---

8 "Ökologische Wettbewerbsfelder kennzeichnen die ökologischen Probleme einer Branche, deren Lösung das Erlangen von Wettbewerbsvorteilen ermöglicht bzw. deren Nichteinhaltung mit beträchtlichen Wettbewerbsnachteilen einhergeht." Dyllick/Belz/Schneidewind 1997, S. 57. Vgl. zu den ökologischen Wettbewerbsfeldern näher Kap. 3.

9 Vgl. hierzu näher Kap. 4.

10 Verständnisaspekt: Wie läuft der Entwicklungsprozess von der Öko-Nische zum ökologischen Massenmarkt ab?

11 Gestaltungsaspekt: Wie können Politik- und Marktakteure (insbesondere der Schweizer Lebensmittelhandel) den Entwicklungsprozess von der Öko-Nische zum ökologischen Massenmarkt aktiv mitgestalten?

1.3 Forschungsverständnis und -ansatz

Ausgangspunkt dieser Arbeit ist der noch in einem Nischenstatus verharrende ökologische Entwicklungsprozess des Schweizer Lebensmittelmarktes. Aufgrund der jungen Geschichte sind die Konturen dieses Prozesses einerseits noch unscharf, andererseits von den Marktakteuren im eigenen Interesse aber durchaus (mit-) gestaltbar. Auf der Grundlage empirischer Forschungsergebnisse sowie theoretischer Erkenntnisse sollen in den folgenden Ausführungen die Bedingungen, die Anreize sowie Handlungsoptionen für eine Mitgestaltung des Entwicklungsprozesses von der Öko-Nische zum ökologischen Massenmarkt aufgezeigt werden.

Mit diesem kurzen Überblick ist ein praktisches Problem ("Öko-Nische") angedeutet, das sich ökologisch proaktiven Marktakteuren stellt und zu dessen Überwindung noch keine befriedigenden Lösungswege bekannt sind. Die *Problementstehung im Praxiskontext* ist konstitutives Merkmal einer *anwendungsorientierten Betriebswirtschaftslehre* im Sinne Hans Ulrichs.[12] Somit ist für die vorliegende Arbeit auch nicht die Gültigkeit von Theorien, sondern die *Anwendbarkeit* der entwickelten Modelle für die Praxisakteure handlungsweisend. Wissenschaftliches Regulativ ist folglich nicht die Wahrheit wissenschaftlicher Aussagen, sondern deren *Nutzen für die Praxis*. Bei der Überwindung der Öko-Nische geht es sowohl um die Erklärung der bestehenden, als auch um den Entwurf und die *Gestaltung einer neuen Wirklichkeit* ("ökologischer Massenmarkt") sowie möglicher Wege dorthin ("Entwicklungspfade", Strategien).[13] Die umschriebene Problemstellung umfasst betriebs- und volkswirtschaftliche, psychologische und soziologische wie auch naturwissenschaftliche Aspekte und hat daher *a-* oder *interdisziplinären Charakter*.[14] Angewandte Wissenschaft in diesem Sinne ist stets wertbehaftet. Die Wertfreiheit als Forderung ist durch das *Offenlegen der Wertvorstellungen* zu ersetzen.

---

12 Zu einer Gegenüberstellung von Grundlagenwissenschaft und angewandter Wissenschaft vgl. Ulrich 1984, S. 168-179.

13 In diesem Punkt in Abweichung zu Ulrich 1984, S. 168 ff.

14 Die Probleme angewandter Wissenschaft entstehen im Praxiszusammenhang, welcher sich nicht an Disziplinengrenzen orientiert. Vgl. Mittelstrass 1995, S. 51.

Da die Entwicklung einer Branche von der Öko-Nische in Richtung ökologischer Massenmarkt noch weitgehend unerforscht ist, liegt es nahe, einen *qualitativen Forschungsansatz* zu wählen, der durch Offenheit und Flexibilität gegenüber dem Untersuchungsgegenstand geprägt ist. Dies hat für die Konzeption des Forschungsdesigns sowie die zu beachtenden Gütekriterien der Forschung Konsequenzen.[15]

Die in dieser Arbeit gewählte *Forschungsmethodik* wird von einem "Primat des pragmatischen Vorgehens" geleitet und zielt auf eine Integration von bestehendem Wissen und empirischen Erkenntnissen ab. Diese Integration wird durch einen iterativen Prozess angestrebt: Die Arbeit hat ihren Ausgangspunkt in einer praktischen Problemstellung, entwickelt einen theoretisch-konzeptionellen Bezugsrahmen zur Analyse dieses Problems, überprüft diesen Rahmen wiederum auf seine Anwendbarkeit und seinen Beitrag zur praktischen Problemlösungsfähigkeit usf. (vgl. Abb. 1).[16]

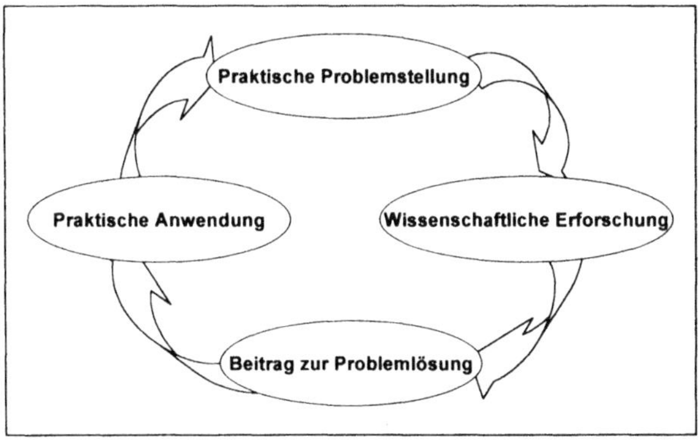

Abb. 1: Kreislauf andwendungsorientierter Forschung

Quelle: In Anlehnung an Dyllick 1998[17]

---

[15] In den "Diskussionen um Gütekriterien qualitativer Forschung setzt sich immer mehr die Einsicht durch, dass man nicht einfach die Massstäbe quantitativer Forschung übernehmen kann." Diese müssen vielmehr den Methoden angemessen sein. Vgl. Mayring 1993, S. 106.

[16] Ulrich schreibt hierbei von einem Prozess, in dem Modellbildung und -anwendung sukzessive und abwechselnd erfolgen sollten. Vgl. Ulrich 1981, S. 21.

[17] Diese Abbildung entwickelte Prof. Dr. Th. Dyllick im "Seminar zur Forschungsmethodik: Management des Dissertationsprojekts" im Doktoranden-Fachprogramm Ökonomie und Ökologie an der Universität St. Gallen im Sommer 1998.

Die Anwendung dieses "Forschungskreislaufes" erlaubt, das aus dem Praxiskontext und einem multiperspektivischen Analyserahmen erlangte Verständnis der Problemstellung schrittweise zu verfeinern, was sich sowohl auf die Abbildungsgüte des Entwicklungsmodells (theoretische Zielsetzung) wie auch auf die Qualität der abgeleiteten Gestaltungsempfehlungen (praktische Zielsetzung) positiv auswirkt. Mit diesem im Forschungsverfahren angewandten *Wechselspiel von Theorie und Praxis* wird die Überzeugung zum Ausdruck gebracht, wonach die (teilweise selber entwickelten, teilweise adaptierten)[18] theoretisch-konzeptionellen Bausteine nur dann einen Beitrag zur Lösung gesellschaftlicher Probleme leisten können, wenn sie "praxistauglich" sind, d.h. wenn sie lebenspraktische Phänomene adäquat zu erfassen, zu beschreiben und zu erklären vermögen.[19]

Mayring nennt sechs *Gütekriterien*, an welchen die Qualität der Forschungsergebnisse gemessen werden kann:[20]

- *Verfahrensdokumentation:* Damit der Forschungsprozess nachvollziehbar wird, ist das Verfahren exakt zu dokumentieren und zugänglich zu machen.
- *Argumentative Interpretationsabsicherung:* Interpretationen spielen bei qualitativen Forschungsansätzen eine zentrale Rolle. Damit diese nachvollziehbar sind, gilt es das Vorverständnis darzulegen, die einzelnen Schritte argumentativ zu begründen sowie die Interpretationen in sich schlüssig und logisch aufbauend zu formulieren.
- *Regelgeleitetheit:* Die für die qualitative Forschung typische Offenheit und Flexibilität darf nicht in einem unsystematischen Vorgehen münden, sondern hat sich an bestimmte Verfahrensregeln zu halten und das Material systematisch zu bearbeiten. Die Analyseschritte gilt es festzulegen und das Material in sinnvolle Einheiten zu unterteilen, bevor die Analyse von einer Einheit zur nächsten führt.[21]

---

18 Das "selber entwickelt" bezieht sich nicht auf den Autor, sondern auf das Forschungsprojekt "ÖMAS", welches von 1996-1999 am IWÖ-HSG durchgeführt wurde und aus welchem die vorliegende Arbeit als Resultat hervor ging. Vgl. hierzu die Textbox "Kontext" im Schlusswort.

19 Vgl. hierzu auch Fichter 1998, Vorwort.

20 Zur Kritik an einer unreflektierten Übertragung der Gütekriterien quantitativer auf die qualitative Forschung sowie zu den Gütekriterien für letztere vgl. Mayring 1993, S. 106-112.

21 Mayring will die "Regelgeleitetheit" jedoch nicht im Sinne eines "sklavischen Festhaltens an die Vorgaben" verstanden wissen. Vgl. Mayring 1993, S. 111.

- *Nähe zum Gegenstand:* Qualitative Forschung setzt an einem konkreten Problem an. Dies bedarf der Nähe zum Gegenstand, welche beispielsweise durch direkte Kontakte zu Brancheninsidern (den sog. "Branchenexperten") hergestellt wird.
- *Kommunikative Validierung:* Indem die (Zwischen-) Ergebnisse Brancheninsidern zur Diskussion unterbreitet werden, können diese auf ihre Gültigkeit hin überprüft werden.
- *Triangulation der Ergebnisse:* Das Heranziehen verschiedener Datenquellen, unterschiedlicher Theorieansätze sowie mehrerer Expertenmeinungen ermöglicht, die Ergebnisse abzusichern und die Qualität der Erkenntnisse zu erhöhen.

1.4 Abgrenzung des Erkenntnisobjektes und Begriffsklärung

Der vom Titel eingerahmte Untersuchungsbereich umfasst im wesentlichen fünf Begriffe, welche es näher zu erläutern gilt: Die *Öko-Nische* als Ausgangspunkt und der *ökologische Massenmarkt* als Orientierungsgrösse des *Entwicklungsprozesses* der *Schweizer Lebensmittelbranche* sowie die *Ausbreitung biologischer Lebensmittel* als "Speerspitze" dieser Entwicklung (vgl. Abb. 2).

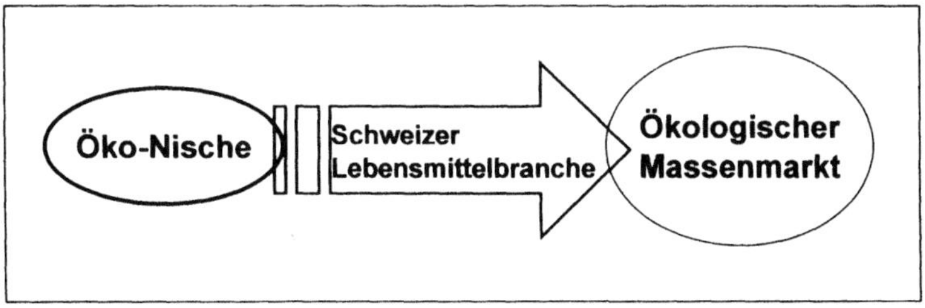

Abb. 2: Systemgrenzen der Untersuchung

Öko-Nische

Der empirische *Ausgangspunkt* der Untersuchungen ist die Öko-Nische. "Eine *'Öko-Nische'* bezeichnet im folgenden eine Marktsituation, in der die Verbreitung von ökologischen Konsummustern kaum ausgeprägt, daher die Nachfrage nach ökologischen Produktvarianten begrenzt ist und deswegen ökologische Produktvarianten vorwiegend über alternative Distributionsformen, die keinen bedeutenden Marktanteil besitzen, oder als Randangebote und -bereiche bei den Grossverteilern vertrieben werden. Für das pragmatische Vorgehen werden *Markanteile bis 5%* als Öko-Nische bezeichnet."[22]

Ökologischer Massenmarkt

Die Öko-Nische entspricht in verschiedenen Branchen der Realität und ist daher fassbar. Beim Versuch, den Begriff "ökologischer Massenmarkt" zu definieren, ergeben sich jedoch Probleme. Aufgrund des noch jungen Entwicklungsstandes der Schweizer Lebensmittelbranche im "ökologischen Branchenlebenszyklus"[23] bildet der ökologische Massenmarkt *nur* eine *Orientierungsgrösse*, einen zum heutigen Zeitpunkt von der Praxis wie der Wissenschaft erst unscharf erfassten Zielpunkt der ökologischen Branchenentwicklung. Im Konzeptionspapier des Forschungsprojektes "ÖMAS"[24] wird der *ökologische Massenmarkt* dann als verwirklicht betrachtet, "wenn ausschliesslich auf bestimmte Aspekte hin ökologisierte Produkte und Dienstleistungsalternativen im Markt angeboten werden. (...) Als forschungspragmatische Leitlinie gilt die Erreichung eines *Marktanteils von 50%* in einzelnen Produktgruppen als Umsetzung eines ökologischen Massenmarktes."[25]

---

22 Belz/Schneidewind/Villiger/Wüstenhagen 1997, S. 9.

23 Vgl. zum "ökologischen Branchenlebenszyklus" Kap. 5.

24 Vgl. hierzu die Textbox im Anschluss an das Schlusswort.

25 Belz/Schneidewind/Villiger/Wüstenhagen 1997, S. 11. Zu einer weiter entwickelten und differenzierteren Vorstellung eines ökologischen Massenmarktes vgl. Kap. 4.

Entwicklung von der Öko-Nische zum ökologischen Massenmarkt

Zwischen dem Ausgangspunkt (Öko-Nische: 5%) und der Orientierungsgrösse (ökologischer Massenmarkt: 50%) findet ein *Entwicklungsprozess* statt. Ein wichtiger Aspekt dieses Entwicklungsprozesses "von der Öko-Nische zum ökologischen Massenmarkt" ist die Ausbreitung ökologischer Produkte. Als *ökologische Lebensmittel* werden im folgenden solche verstanden, die - über den gesamten Lebenszyklus hinweg betrachtet - weniger Umweltbelastungen verursachen als konventionelle Substitute.[26] Aus forschungspragmatischen Gründen werden in dieser Arbeit - in Übereinstimmung mit der Bio-Verordnung - *"ökologische"* mit *"biologischen Lebensmitteln"* gleichgesetzt.

Der Absatz von Bio-Lebensmitteln weist Ende der 90er Jahre zweistellige Wachstumsraten auf und kann aufgrund des Stellenwertes in der politischen Diskussion, der hohen Medienpräsenz und der Gewichtung im strategischen Kalkül des Handels als das *"aktuellste ökologische Wettbewerbsfeld"* in der Lebensmittelbranche bezeichnet werden (ökonomische Relevanz).[27] Des weiteren sind mit biologischen Lebensmitteln *Umweltentlastungseffekte* verbunden, welche mehr als bloss die erste Lebenszyklusstufe (Anbauweise) erfassen (ökologische Relevanz).[28]

Schweizer Lebensmittelbranche

Unter *"Lebensmittelbranche"* wird in der Praxis oft die "Lebensmittelindustrie" verstanden, welche in erster Linie für die Verarbeitung von Lebensmitteln zuständig ist. Sollen die ökologischen Probleme und der ökologische Wandel in der Lebensmittelbranche jedoch ganzheitlich erfasst werden, macht es wenig Sinn, sich auf einen Abschnitt der Lebensmittelkette zu beschränken und andere zentrale Branchenstufen wie zum Beispiel die Landwirtschaft oder den Handel auszuschliessen. Neben der Lebensmittelindustrie werden somit auch die vor- (Landwirtschaft) und nachgelagerten Stufen (Lebensmittelhandel, Konsumenten) in die Betrachtungen mit einbezogen.[29]

---

[26] In Anlehnung an Töpfer 1985, S. 242.

[27] Zu weiteren "ökologischen Wettbewerbsfeldern" in der Schweizer Lebensmittelbranche vgl. Belz/Villiger 1997, S. 20 ff. sowie Kap. 3.

[28] Zu einer differenzierteren Betrachtung dieser Zusammenhänge und Begriffe vgl. Kap. 4 sowie Kap. 5.

[29] In Übereinstimmung mit Belz 1995, S. 31 f.

Mit dieser ganzheitlichen Betrachtung wird dem Konzept des ökologischen Produktlebenszyklus gefolgt. Dieses bringt zum Ausdruck, dass die spezifischen Umweltprobleme nicht nur im eigenen Handlungsbereich eines Unternehmens oder einer Branche auftreten, sondern an irgendeiner Stelle des Produktlebenszyklus' virulent werden können.[30] Infolgedessen werden die Begriffe "Lebensmittelbranche" und "Lebensmittelkette" synonym verwendet (vgl. Abb. 3).

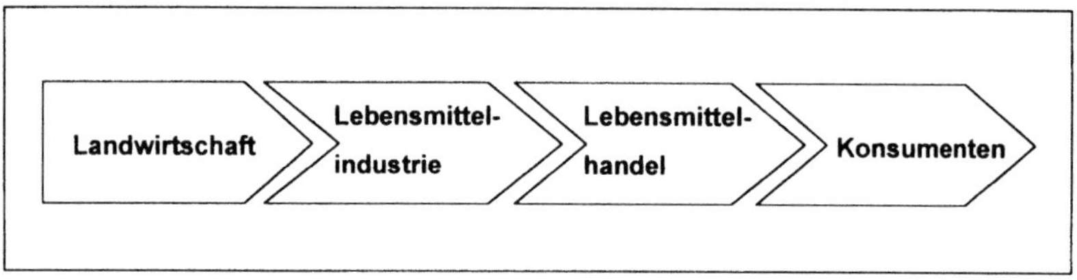

Abb. 3: Lebensmittelkette

Quelle: In Anlehnung an Belz 1995, S. 32

Schweizer Lebensmittelhandel als Bezugspunkt

Aufgrund seiner zentralen Stellung in der Lebensmittelkette wird der Lebensmittelhandel als Bezugspunkt für die Analysen gewählt.

In *funktionalem Sinn* hat der Handel die Aufgabe, zwischen der Produktions- und der Verwenderseite zu vermitteln; d.h. das Angebot zu bündeln und in räumlicher, zeitlicher, quantitativer und qualitativer Hinsicht auf die Nachfrage auszurichten.[31] Handelsunternehmen übernehmen damit die Funktion, Produkte von verschiedenen Herstellern - unter Berücksichtigung der relevanten Konsumgewohnheiten - zu einem Warensortiment zusammenzuführen.[32]

---

30 Vgl. hierzu Dyllick/Belz/Schneidewind 1997, S. 10.

31 Vgl. Schäfer 1966, S. 286.

32 Im Zusammenhang mit den beiden grössten Schweizer Lebensmittelanbietern Migros und Coop ist oft von den "Grossverteilern" die Rede. Bei diesen Grossverteilern kommt die Produktion von Eigenmarken hinzu, welche das Sortiment ergänzen oder wie im Falle von Migros gar dominieren. Die Existenz von Handelsunternehmen als eigenständige Institutionen beruht auf Transakti-

Aus *institutioneller Sicht* werden unter dem "Handel" Unternehmen und Organisationen verstanden, die Träger der beschriebenen handelsspezifischen Marktleistungen sind. Zum *Detailhandel* zählen Absatzmittler, deren Waren- oder Dienstleistungsangebot sich an die Letztverbraucher richtet.[33]

1.5 Forschungsmethodisches Vorgehen

Das methodische Vorgehen wird durch die Wahl verschiedener Forschungsinstrumente geprägt, welche zu unterschiedlichen Zeitpunkten des Forschungsprozesses zum Einsatz gelangen. Damit wird der Forderung Mayrings gefolgt, wonach das Instrumentarium auf den Gegenstand und die Fragestellung abzustimmen ist. Ein breit abgestütztes Forschungsdesign erlaubt zudem, sich der Komplexität der zu untersuchenden Fragestellung anzunähern ("valide Methodenvielfalt"):[34]

- Die *Dokumentenanalyse* dient der Erfassung bereits bestehender, zugänglicher "Insiderinformationen". Die Dokumentenanalyse umfasst Schriftstücke wie Geschäftsberichte, Hauszeitungen, interne Schriftdokumente oder Vortragsmanuskripte und hilft, ein tieferes Verständnis für das Handeln der Akteure zu erlangen.[35]

---

onskostenvorteilen gegenüber anderen Marktorganisationen. Vgl. Stigler 1967, S. 56-62. Vgl. zu den Grossverteilern näher Kap. 2.

33 Der Grosshandel hingegen umfasst jene Marktorgane, "welche die Distributionsfunktion unter verschiedenen Produzenten, zwischen Herstellern und Detailhändlern, zwischen Produzenten und Kollektivhaushalten bzw. Grossverbrauchern sowie zwischen Lieferanten und gewerblichen Verbrauchern wahrnehmen." Ledermann 1996, S. 4.

34 "... kreative qualitativ orientierte Forschung bedeutet Vielfalt, nicht Einseitigkeit, bedeutet Gegenstandsbezogenheit, nicht Methodenfixiertheit." Mayring 1993, S. 100. Die Wahl eines breit abgestützten Methoden-Mixes erlaubt es, die Fülle der Informationen zu erfassen und Teilinformationen gegenseitig zu validieren ("Triangulation"). Vgl. Kromrey 1994, S. 428. "Forschungsdesign" verstanden als konkretes Vorgehen zur Gewinnung (Datenerhebung), Begründung (und Auswertung) sowie Überprüfung von Erkenntnissen (Validierung).

35 Zur Dokumentenanalyse als Forschungsinstrument vgl. Mayring 1993, S. 31 ff.

- Ein wichtiges Instrument in der Phase der Datenerhebung ist das *problemzentrierte Interview*. Dabei werden Branchenexperten entweder in Form von offenen, teilstrukturierten, persönlichen Interviews oder in Form von telefonischen Kurzinterviews zu konkreten Themen befragt. Der Experte soll - auf eine bestimmte Problemstellung zentriert - möglichst frei zu Wort kommen ("Offenheit"). Die Problemstellung wird vom Interviewer vorgehend analysiert. Relevante Fragen werden im Interviewleitfaden zusammengestellt.[36] Während des Interviews wird ein Protokoll erstellt, welches im Anschluss transkribiert wird.

- Auf Basis von *Einzelfallanalysen* werden bestehende ökologische Labels (z.B. die "Knospe" von Bio Suisse) oder Handelsmarken (z.B. "M-Bio", "Coop Naturaplan") nach ihren (Miss-) Erfolgsfaktoren untersucht.[37] Aus solchen "best ecological practice cases" sollen schliesslich Gestaltungsempfehlungen für unterschiedliche Akteure aus abgeleitet werden.[38]

- Die Teilnahme an *Tagungen* oder *Seminaren* ermöglicht, weitere Erkenntnisse in Erfahrung zu bringen. Zudem können eigene Forschungsresultate einem breiteren Kreis kritischer Teilnehmer zur Diskussion gestellt werden. Das Mitwirken an einem *Planspiel*[39] sowie die Mitarbeit in einem *"wissenschaftlichen Begleitteam"*[40] bieten zusätzliche Kommunikationsplattformen.

- *Anwendung der Konzeption in anderen Branchen:* Die Anwendung der Forschungskonzeption in verschiedenen Branchen erlaubt, ein tieferes Verständnis für (verallgemeinerbare) Zusammenhänge im Rahmen der zu untersuchenden Fragestellung zu erlangen.[41]

---

36 Dieser Interviewleitfaden besteht aus Sondierungs- (Einstieg) und Leitfadenfragen (wesentliche Fragestellung). Im Gespräch kommen spontan Ad-hoc-Fragen hinzu. Vgl. Mayring 1993, S. 46 ff.

37 Bei den Bio-Programmen lässt sich zwischen ökologischen Handelsmarken und Öko-Labels unterscheiden: Während Öko-Labels von unabhängigen Institutionen vergeben werden (z.B. Knospe der Bio Suisse), welche für eine "externe Glaubwürdigkeit" sorgen, werden ökologische Handelsmarken vom Lebensmittelhandel selbständig aufgebaut. Vgl. Villiger/Belz 1998, S. 74 und 80.

38 In der Einzelfallanalyse wird auf einen Fall in seiner Ganzheit und Komplexität zurückgegriffen, um so zu genaueren und tiefgreifenderen Ergebnissen zu gelangen. Vgl. Mayring 1993, S. 28.

39 Das Planspiel ist ein Umsetzungsprojekt des Integrierten Projekts Gesellschaft "Transformationsprozesse für eine nachhaltige Schweiz am Beispiel des Bedürfnisfelds Ernährung" des Schwerpunktprogramms Umwelt (SPPU) des Schweizerischen Nationalfonds.

40 Vgl. hierzu näher die Textbox zum Verein Ökomarkt Graubünden in Kap. 5.

41 Vgl. Wüstenhagen 2000 zur Energie- und Meyer 2000 zur Textilbranche. Zu einem Übertrag von

- Die *teilnehmende Beobachtung* beim Einkauf von Lebensmitteln oder die Durchführung von *Storechecks* (begleitet von Fragen an das Personal) vermitteln ein Gespür für die Realisierbarkeit der Gestaltungsempfehlungen.[42]
- Gegen Ende der Studie werden wichtige Ergebnisse beteiligten Brancheninsidern zur kritischen Einsichtnahme vorgelegt und deren Feedback in der Arbeit entsprechend berücksichtigt (*"Konsensvalidierung").*

1.6 Aufbau der Arbeit

Im Zentrum der Untersuchungen dieser Arbeit steht eine offene, aufgrund des frühen Entwicklungsstadiums der Öko-Nische noch weitgehend unerforschte Problemstellung. Dies hat zur Folge, dass der Erforschung dieser Problemstellung nicht eine einzelne, kohärente (Meta-) Theorie als Bezugsrahmen zugrunde gelegt wird, sondern dass vielmehr ein mehrstufiges theoretisch-konzeptionelles Analysegerüst zur Anwendung gelangt, welches im Fortgang der Arbeit schrittweise entwickelt wird. Mit einem solchen multiperspektivischen Zugang wird ein tieferes Verständnis für die Zusammenhänge im Untersuchungsobjekt angestrebt.

Die einzelnen theoretisch-konzeptionellen Bausteine bilden die Grundlage der jeweiligen Kapitel. Jeder dieser Bausteine dient dabei der Analyse spezifischer Teilaspekte und somit der Untersuchung konkreter Forschungsfragen, welche sich bei der Entwicklung von der Öko-Nische zum ökologischen Massenmarkt stellen. Folglich ist nicht von einer Hierarchie unter den verschiedenen theoretischen Konzepten auszugehen. Die teilweise adaptierten, teilweise (im Forschungsteam) selber entwickelten Konzepte stehen vielmehr in einer stringenten Reihenfolge neben-, resp. "heterarchisch hintereinander". Jedes Kapitel steuert auf diese Weise seinen Teil zum Puzzle bei, welches als Ganzes den analytischen Bezugsrahmen dieser Arbeit bildet.

---

einzelnen Bausteinen auf ein in der Schweizer Tourismusbranche durchgeführtes Projekt vgl. Villiger/Pichel 1998.

42 Zu Storechecks anlässlich einer explorativen Studie im Schweizer Lebensmittelhandel vgl. Belz 1997. Zum Forschungsinstrument der teilnehmenden Beobachtung vgl. Mayring 1993, S. 56 ff.

Auf dem sich hieraus ergebenden ganzheitlichen Verständnis des Entwicklungsprozesses der Schweizer Lebensmittelbranche "von der Öko-Nische zum ökologischen Massenmarkt" werden schliesslich Gestaltungsempfehlungen zuhanden der Praxisakteure abgeleitet. Aufgrund der sich aus diesem Vorgehen zwangsläufig ergebenden Komplexität wird der theoretisch-konzeptionelle Bezugsrahmen im Sinne der besseren Verfolgbarkeit des Analyseganges, resp. Argumentationsfadens nicht an dieser Stelle dargestellt, sondern Kapitel für Kapitel entwickelt.

Die Kapitel beginnen mit einem kurzen Rückblick sowie einer Vorschau auf die zu erwartenden Ausführungen. Anschliessend wird der für die Untersuchungen relevante konzeptionelle Baustein vorgestellt. In einem nächsten Schritt wird das "Leerstellengerüst" mit empirischen Erkenntnissen angereichert. Die Kapitel schliessen mit einem weiterführenden Zwischenfazit.[43]

Kapitel 2 dient der Abgrenzung des Untersuchungsobjektes. Porters Konzept der *Branchenstrukturanalyse* erlaubt, (aus Sicht des Schweizer *Lebensmittelhandels*) einen Überblick über die bestehende Wettbewerbssituation in der Branche zu vermitteln sowie erste Wettbewerbstrends auf ihren Einfluss für den im Zentrum der Untersuchungen stehenden Ökologisierungsprozess hin abzuschätzen.[44] Hierzu werden aktuelle wie potentielle Konkurrenten des Handels, das Endverbraucherverhalten, die Macht der Lieferanten (Landwirtschaft, Lebensmittelindustrie) sowie mögliche Substitutionsprodukte untersucht.

In *Kapitel 3* verlagert sich der Schwerpunkt von einem rein ökonomischen zu einem ökologischen Fokus. Mit den von der Schweizer Lebensmittelkette verursachten *ökologischen Belastungen* wird zunächst der Ausgangspunkt des in den 90er Jahren zu beobachtenden Ökologisierungsprozesses dargelegt, bevor verschiedene *ökologische Wettbewerbsfelder* als mögliche Endpunkte der *ökologischen Transformation* in der Schweizer Lebensmittelbranche erläutert werden ("vertikaler Ökologisierungsprozess").

43 Textboxen illustrieren die Zusammenhänge und weisen Exkurs-Charakter auf.
44 Vgl. zum Konzept der Branchenstrukturanalyse Porter 1995.

In *Kapitel 4* fliessen die ökonomische und die ökologische Dimension in der *"Landkarte des ökologischen Massenmarktes"* zusammen, indem die Marktanteile von Produktprogrammen unterschiedlicher ökologischer Qualitätsstandards mit den von ihnen verursachten Umweltbelastungen in Bezug gesetzt werden. Auf Basis einer Unterteilung des Produktangebotes in drei ökologische Qualitätssegmente werden sechs Entwicklungspfade zum ökologischen Massenmarkt skizziert und auf ihre künftige Bedeutung im ökologischen Entwicklungsprozess der Schweizer Lebensmittelbranche hin abgeschätzt ("horizontaler Ökologisierungsprozess").

In *Kapitel 5* wird dem *dynamischen Aspekt* verstärkt Rechnung getragen. Hierzu wird der *ökologische Branchenlebenszyklus* für die Schweizer Lebensmittelbranche entwikkelt. Dies soll helfen, den Ökologisierungsprozess von der Öko-Nische zum Massenmarkt in einen Zyklus einzuordnen sowie Trends zu antizipieren. Dieses Vorgehen erlaubt es den Marktakteuren schliesslich, phasen- oder segmentgerechte Implikationen für die Gestaltung ihrer Wettbewerbsstrategien abzuleiten.

In *Kapitel 6* wird der Fokus von der Markt- und Branchenentwicklung auf die *Akteursebene* verlagert. Hier steht die Frage im Zentrum, wie die *Unternehmen* des Schweizer Lebensmittelmarktes mit der Ausgestaltung ihres *(Öko-) Marketings* den weiteren Verlauf der Branchenökologisierung aktiv mitgestalten und somit zu einer Entwicklung in Richtung eines "Jenseits der Öko-Nische" beitragen können.

Die Arbeit schliesst mit einem Fazit (*Kapitel 7)*.

Abb. 4 veranschaulicht den Aufbau der vorliegenden Arbeit:

Abb. 4: Aufbau der Arbeit

2 Branchenstrukturanalyse

☞ In diesem Kapitel wird ein Überblick über die bestehende Wettbewerbssituation in der Schweizer Lebensmittelbranche vermittelt. Als theoretischer Bezugsrahmen dient Porters Konzept der "Branchenstrukturanalyse".[45] Hierbei werden Fragen diskutiert, wie: Wie ist die Schweizer Lebensmittelbranche strukturiert? Welches sind die etablierten Anbieter? Wo lauern potentielle Konkurrenten? Welche Kräfteverhältnisse bestehen zwischen der Handels- und den anderen Branchenstufen? Welche Rolle spielen die Lieferanten im Branchengefüge? Welche Nachfragetrends haben das Potential, die Branchenstruktur zu verändern? Welche Substitutionsprodukte besitzen gute Marktchancen?

Porter betrachtet den unternehmerischen Erfolg als Resultat der *Branchenattraktivität* und der relativen *Wettbewerbsposition* eines Unternehmens in dieser Branche. Eine starke Positionierung in einer attraktiven Branche verhilft dem Unternehmen zu dauerhaften Gewinnen. Die relative Wettbewerbsposition wird wiederum durch die Wahl der *Wettbewerbsstrategie* beeinflusst.[46]

Mit der Konzeption der *Branchenstrukturanalyse* verdeutlicht Porter, dass sich der Wettbewerb in einer Branche nicht nur zwischen den aktuellen Konkurrenten abspielt. Vielmehr sind es fünf grundlegende *Wettbewerbs-* oder *Triebkräfte*, welche die Attraktivität und das Gewinnpotential einer Branche bestimmen: Die Rivalität unter den Unternehmen in der Branche, die Gefahr des Markteintritts neuer Anbieter, die Wirkung von Substitutionsprodukten sowie die Verhandlungsmacht von Abnehmern und Lieferanten. Das Zusammenspiel (und die "Gesamtstärke") dieser fünf Kräfte bestimmt die *Branchenstruktur* und entscheidet letztlich über die Verteilung der Wertschöpfung in der Branche (vgl. Abb. 5).[47]

---

[45] Vgl. zur Branchenstrukturanalyse Porter 1995.

[46] Zu strategischen Implikationen zur Gestaltung der ökologischen Entwicklung in der Schweizer Lebensmittelbranche vgl. Kap. 6.

[47] D.h. je weniger ausgeprägt diese fünf Kräfte spielen, desto attraktiver ist die Branche und desto höhere Gewinne lassen sich in dieser Branche erzielen. Die fünf Kräfte sind in jeder Branche unterschiedlich ausgeprägt und können sich in jeder Branche anders entwickeln. Vgl. Porter 1995, S. 25 ff.

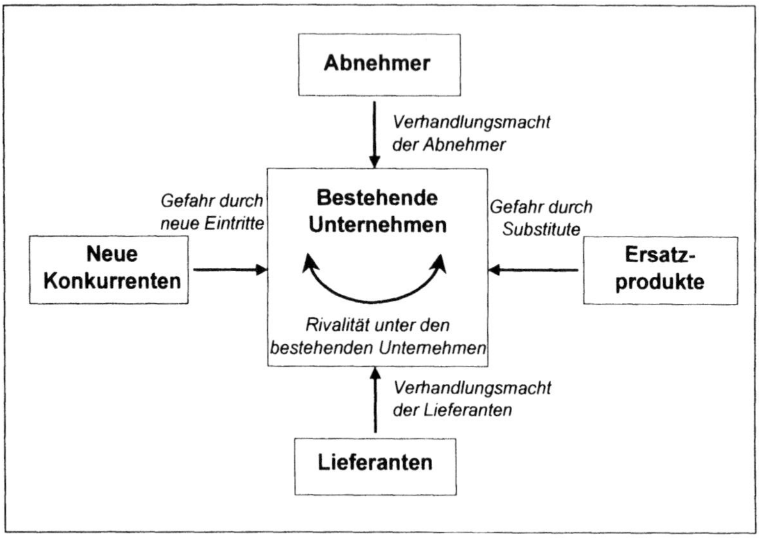

Abb. 5: Branchenstrukturanalyse

Quelle: Porter 1995, S. 26

Der Staat als sechster Wettbewerbsfaktor

Der Staat ist als Akteur zu betrachten, der nicht nur die Eintrittsbarrieren, sondern zahlreiche weitere Aspekte der Branchenstruktur beeinflusst. So tritt der Staat in Branchen als Lieferant oder Abnehmer auf. Zudem kann er durch Vorschriften, Subventionen und andere Instrumente (Steueranreize, Forschungszuschüsse usw.) auf das Verhalten der Marktakteure einwirken. Folglich sind in einer Branchenstrukturanalyse auch gegenwärtige und zukünftige staatliche Massnahmen zu berücksichtigen.[48]

[48] Vgl. zum Staat als Faktor im Branchenwettbewerb Porter 1995, S. 56 sowie S. 37. Zum politischen Lenkungssystem vgl. näher Kap. 3.

Grosse Unternehmen haben einen starken Einfluss auf die Branchenstruktur und somit auch auf Käufer, Lieferanten und Konkurrenten in dieser Branche. Grundlegende Entscheide mächtiger Unternehmen wirken via veränderte Branchenstrukturen jedoch wieder auf die Unternehmen zurück, weshalb es bei der Wahl und der Umsetzung der Wettbewerbsstrategie das Wohl der Branche als Ganzes gegen kurzfristige Wettbewerbsvorteile abzuwägen gilt.[49] In der Schweizer Lebensmittelkette ist die *Handelsstufe* das mächtigste Glied. Insbesondere die beiden Grossverteiler Migros und Coop weisen ein hohes Einflusspotential auf, was auf verschiedene Gründe zurückzuführen ist:[50]

- *Zentrale (Vermittler-) Stellung in der Lebensmittelkette:* Aufgrund der Stellung in der Lebensmittelkette nimmt der Handel eine zentrale Vermittlerposition ein. Gegenüber der Beschaffungsseite (Produzenten und Lieferanten) äussert der Handel seine Wünsche, welche Produkte (zu einem tiefstmöglichen Preis) geliefert werden sollen. Gegenüber der Absatzseite (Konsumenten) entscheidet er letztlich, welche Waren angeboten und vom Endverbraucher gekauft werden können. Auf diese Weise profitiert der Handel von einem Informationsvorsprung in der Kette, welcher ihm aus dem direkten Kontakt zu den Endverbrauchern auf der einen und zu den Produzenten auf der anderen Seite erwächst. Ein selektives Informationsmanagement führt zur Kontrolle über die Warenströme. Ein hieraus resultierender Machtzuwachs geht zulasten der vorgelagerten Branchenstufen (vgl. Textbox).

---

49 So kann ein andauernder Preiskampf in einer Branche die Abnehmer zu einer höheren Preissensibilität erziehen, was letztlich für die gesamte Branche eine Reduktion der Rentabilität zur Konsequenz hat. Ein Beispiel hierfür ist die Schweizer Tourismusbranche. Hier hat die schrittweise Öffnung der Märkte zu einer Intensivierung des Wettbewerbs geführt. Ausgangspunkt war der Markteintritt des deutschen "Reiseriesen" TUI, welcher sich mit Imholz und Vögele Reisen zusammenschloss. Dies veranlasste die beiden etablierten Schweizer Reiseveranstalter Kuoni und Hotelplan zu Boykottmassnahmen, welche in Form eines intensivierten Preiskampfes wieder auf sie zurückschlugen. Hinzu kam eine überschätzte Reisenachfrage, welche zu Überkapazitäten führte. Der Abbau dieser Überkapazitäten drückte wiederum auf die Preise. Vgl. zu den Zusammenhängen in der Tourismusbranche Bitzer 1997.

50 Vgl. Belz/Schneidewind/Villiger/Wüstenhagen 1997, S. 34.

X-Struktur in der Schweizer Lebensmittelbranche

Die Machtverschiebung von den vor- zu den nachgelagerten Branchenstufen äussert sich in der Vergrösserung der Handelsspanne. Diese stieg bei den Lebensmitteln innert zehn Jahren von 60% (1985) auf 70% (1994).[51] Dies bedeutet, dass die Landwirtschaft für ihre Erzeugnisse (bei zudem sinkenden Produktpreisen) immer weniger Gegenwert erhält.

Stehen wenige Anbieter auf der Handelsstufe zwischen vielen Produzenten auf der einen und zahlreichen Konsumenten auf der anderen (Markt-) Seite, entsteht das Bild einer "X-Struktur". Eine *X-Struktur* fördert einseitige Marktkonstellationen und visualisiert die Machtverhältnisse in der Schweizer Lebensmittelbranche treffend.[52]

In jüngerer Zeit auflebende Kooperationen in der Landwirtschaft sowie eine steigende Bedeutung des Direktverkaufs ab Bauernhof deuten an, dass die Schweizer Landwirte gewillt sind, unternehmerische Freiheit zurück zu erlangen. Die Ende der 90er Jahre bei verschiedenen Bio-Produkten existierenden Nachfrageüberhänge könnten dafür sorgen, dass die Verhandlungsmacht der Bio-Landwirte ansteigt. So sind im biologischen Qualitätssegment vermehrt wieder Abnahmegarantien seitens der Grossverteiler zu beobachten.[53]

- *"Duopol":* Die beiden grössten Anbieter auf dem Schweizer Lebensmittelmarkt, Migros und Coop, vereinen einen Marktanteil von knapp 45% auf sich. Zudem decken diese beiden Unternehmen mit zusammen knapp 2'000 Läden die Schweizer Fläche "ubiquitär" ab.[54] Eine Veränderung der Wettbewerbsstrategie oder der Sortimentspolitik eines Grossverteilers hat somit weitreichende Folgen auf das Lebensmittelangebot in der Schweiz. Der Wettbewerb in der Lebensmittelbranche wird in starkem Masse vom Verhalten der beiden Grossverteiler Migros und Coop determiniert.

---

51 Vgl. Zuber et al. 1996, S. 1.

52 Vgl. Zuber et al. 1996, S. 39.

53 Anbauverträge dienen sowohl den Produzenten (z. B. Umstellung auf den Biologischen Landbau) als auch den Abnehmern (z. B. Aufbau eines Bio-Labels) zur Risikoreduktion.

54 Unter "ubiquitär" wird im folgenden ein Angebot verstanden, das überall (zu jeder Zeit) erhältlich ist.

- *Ausgeprägte vertikale Rückwärtsintegration*: Etwa ein Drittel des Gesamtumsatzes der Schweizer Lebensmittelindustrie wird von Produktionsbetrieben der beiden Grossverteiler erzielt, womit Migros und Coop neben der Handelsstufe auch einen beträchtlichen Teil der vorgelagerten Produktionsstufe beherrschen.[55]
- *Genossenschaftliche Organisationsstrukturen und breite Verankerung in der Bevölkerung:* Migros und Coop haben eine genossenschaftliche Rechtsform. Dies schützt die beiden Grossverteiler vor Übernahmen und entbindet sie von einer einseitigen Orientierung am Shareholder Value (Folge: hohe unternehmerische Autonomie). Wie sich noch zeigen wird, stellen sich die beiden Grossverteiler der sich aus diesen Handlungsspielräumen ergebenden gesellschaftlichen und ökologischen Verantwortung seit längerem. Die Ausgabe kostenloser Anteilscheine hat zudem eine breite Verankerung von Migros und Coop in der Schweizer Bevölkerung zur Folge, was die hohe Kundentreue der Konsumenten gegenüber den beiden Genossenschaften erklärt.[56]

Aufgrund der zentralen Stellung sowie des aus den beschriebenen Merkmalen resultierenden Einflusspotentials in der gesamten Lebensmittelkette wird der *Lebensmittelhandel* im folgenden als *Bezugspunkt für die Branchenstrukturanalyse* gewählt.

---

[55] Dies entspricht in etwa einem Umsatz von 4 Mrd. Sfr. Vgl. Belz 1995, S. 34.

[56] 1999 besassen rund 1.75 Millionen Schweizer Haushalte einen Genossenschaftsschein von Migros und/oder Coop (entspricht 75% aller Schweizer Haushalte). Vgl. Migros 1999, S. 15 sowie Coop 1999, S. 3.

2.1 Rivalität unter den bestehenden Wettbewerbern

☞ Die *Rivalität in der Branche* entscheidet darüber, inwieweit sich die etablierten Unternehmen den Wert, den sie für die Abnehmer schaffen, gegenseitig wegkonkurrenzieren. Dies geschieht zum Beispiel, indem sie den geschaffenen Mehrwert durch niedrige Preise an die Abnehmer weitergeben oder durch höhere Wettbewerbskosten zerrinnen lassen. Die Rivalität entsteht, weil sich Massnahmen eines Unternehmens auf die Konkurrenten auswirken und diese darauf reagieren.[57]

Massgebend für die Umsätze im Schweizer Lebensmittelhandel sind die Konsumausgaben der privaten Haushalte für Lebensmittel, welche in den 90er Jahren bei 30 Mrd. Sfr. stagnierten.[58] Diese *Marktsättigung* lässt sich durch einen sozio-demographischen und einen sozio-ökonomischen Aspekt begründen:

- *Sozio-demographische Entwicklung:* Die Schweizer Bevölkerung stagniert bei sieben Millionen Einwohnern. Dieser Stillstand sowie die Eigenschaft von Lebensmitteln, bei gestilltem Hunger keine weiterführenden Bedürfnisse nach sich zu ziehen, führt zu einer Umsatzstagnation in der Branche (gesättigter Inlandmarkt).
- *Sozio-ökonomische Entwicklung:* Engel erbrachte bereits im 19. Jahrhundert den empirischen Nachweis, dass die Ausgaben für Nahrungsmittel bei steigendem Einkommen im Vergleich zu den Gesamtausgaben unterproportional zunehmen. Veränderte Konsumpräferenzen führen dazu, dass der Budgetanteil für Lebensmittel stetig sinkt.[59] So verringerte sich der Anteil der Lebensmittelausgaben am privaten Konsum in der Schweiz von 26.3% (1970) auf 9.7% (1998).[60]

---

57 "Die Unternehmen in einer Branche sind wechselseitig abhängig." Porter 1995, S. 42. Mögliche Formen von Rivalität sind der Preiswettbewerb, Werbeschlachten, Einführung neuer Produkte oder verbesserte Service- und Dienstleistungen. Vgl. hierzu Porter 1995, S. 42-49.

58 Vgl. IHA-GfM 1998, S. 51. Davon entfallen knapp 70% auf den Heimkonsum und etwa 30% auf den Ausser-Haus-Konsum. Vgl. Wüstenhagen 1997, S. 4 f.

59 Ledermann begründet diesen Wandel der sozio-ökonomischen Rahmenbedingungen mit der Bedürfnispyramide von Maslow. Innerhalb einer derartigen Bedürfnishierarchie werden höherrangige Bedürfnisse verhaltenswirksam, sobald die Bedürfnisse niedrigerer Ordnung ausreichend erfüllt sind. Lebensmittel dienen als "lebensnotwendige Güter" in erster Linie der Befriedigung physiologischer Grundbedürfnisse und sind daher der untersten Stufe der Maslow-Pyramide anzusiedeln. Vgl. Ledermann 1996, S. 11 f. Zur Maslow-Pyramide vgl. Maslow 1954.

60 Vgl. Bundesamt für Statisitik 2000.

In räumlich begrenzten und gesättigten Märkten führt das Streben der Anbieter nach Marktanteilsgewinnen zu einem horizontalen Verdrängungswettbewerb. Die Folgen eines intensiven Wettbewerbs sind ein sinkendes Preisniveau sowie ein andauernder Konzentrationsprozess auf der Handelsstufe, welcher eine abnehmende Ladendichte nach sich zieht. Dieser *Konzentrationsprozess* ist seit über drei Jahrzehnten im Gang und beginnt sich Ende der 90er Jahre zu verlangsamen. Während die Schweiz 1970 noch über 15'000 Verkaufsstellen zählte, waren es 1997 noch 6'500.[61] In diesem Zusammenhang ist in der Schweiz vom sog. "Lädelisterben" die Rede (vgl. Abb. 6).[62]

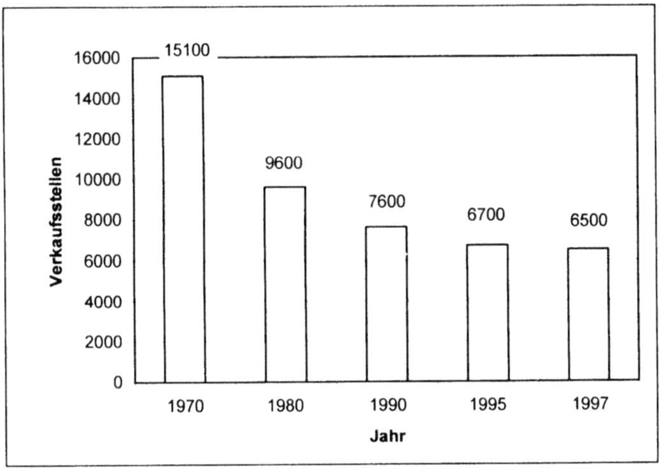

Abb. 6: Entwicklung der Verkaufsstellen im Schweizer Lebensmittelhandel

Quelle: Schweizerisches Verkaufsförderungs-Forum 1998, S. 29 f.

61 Vgl. Schweizerisches Verkaufsförderungs-Forum 1998, S. 29.

62 Vgl. Hochreutener 1993, S. 30.

Nach Massgabe der Entscheidungsautonomie im Absatz- und im Beschaffungsbereich können im Schweizer Lebensmittelhandel zwei Gruppen von etablierten Wettbewerbern unterschieden werden: Der Fach- sowie der Detailhandel.[63] Der *Fachhandel* besteht aus unabhängigen, nicht kooperierenden Lebensmittelanbietern, welche rechtlich selbständig sind und keine Bindung an eine Verbundgruppe aufweisen.[64] Hierunter fallen Bäckereien, Gemüseläden, Metzgereien, Molkereien usw. Dem *Detailhandel* werden die Filialunternehmen (auf einem leistungswirtschaftlichen Verbundverhältnis beruhend) sowie die unabhängig kooperierenden Detaillisten zugerechnet.

Die *Filialunternehmen* haben die grösste Bedeutung auf dem Schweizer Lebensmittelmarkt. Hierzu zählen zum Beispiel *Migros* (9 Mrd. Umsatz im Foodbereich) und *Coop* (7.5 Mrd.) oder der grösste Discounter *Denner* (1.2 Mrd.). Zu den *selbständigen Detaillisten* werden etwa *Primo/visavis* (1.4 Mrd.) und *Volg* (0.8 Mrd.), die Verbrauchermärkte *Jumbo* und *Waro* (je 0.6 Mrd.), Warenhäuser wie *Manor* (0.6 Mrd.) und *Epa* (0.5 Mrd.) sowie der Discounter *Pickpay* (0.6 Mrd.) gerechnet.[65] 1997 erzielte Migros einen Marktanteil von 38% am Detailhandelsvolumen, Coop 32%, Primo/visavis 6% und Denner 5% (übrige zusammen: 19%) (vgl. Abb. 7).

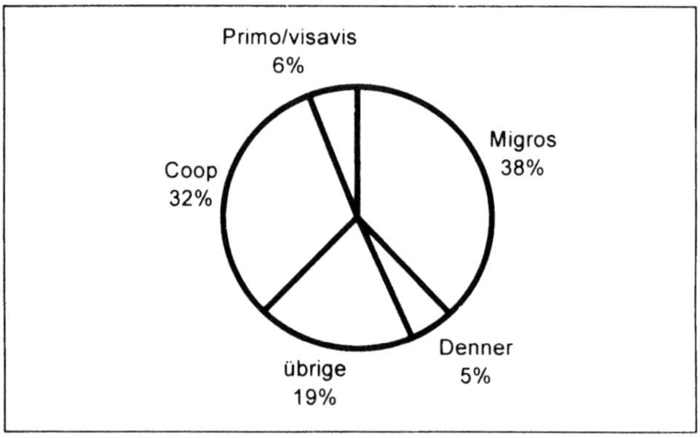

Abb. 7: Marktanteile im Lebensmitteldetailhandel

Quelle: Schweizerisches Verkaufsförderungs-Forum 1998, S. 28

---

63 Vgl. zum folgenden Belz/Villiger 1998, S. 297 ff.

64 Für den Fachhandel existiert kein zuverlässiges Datenmaterial. Vgl. Schweizerisches Verkaufsförderungs-Forum 1998, S. 31.

65 Vgl. Schweizerisches Verkaufsförderungs-Forum 1997, S. 34.

Die beiden "Grossverteiler" auf dem Schweizer Lebensmittelmarkt

Migros ist seit vielen Jahren das grösste Detailhandelsunternehmen der Schweiz. 1925 gründete Gottlieb Duttweiler Migros als Aktiengesellschaft. 1941 wandelte Duttweiler Migros aus sozialpolitischen Motiven in eine Genossenschaft um. Auf diese Weise "verschenkte" er das Unternehmen an die Schweizer Haushalte.

Auch heute noch kann jeder Schweizer Haushalt Genossenschaftsmitglied von Migros werden (Stand 1998: 1.75 Mio. Genossenschaftler). Mit 537 Verkaufsstellen erzielte Migros 1998 im Foodbereich einen Umsatz von knapp 9 Mrd. Sfr., was etwa zwei Drittel des Migros-Gesamtumsatzes entspricht. Damit erreicht Migros auf dem Schweizer Lebensmittelmarkt einen Marktanteil von 24%. Über 90% der von Migros vertriebenen Produkte sind Eigenmarken, die von eigenen Produktionsbetrieben hergestellt werden (Umsatz 1998: 3 Mrd. Sfr.).

Migros ist über die Schweizer Grenzen hinaus als ökologisches Pionierunternehmen bekannt. Bereits in den 70er Jahren startete Migros auf Wunsch der Genossenschaftler das M-Sano-Programm. Parallel dazu wurden verschiedene Energie- und Abfallmassnahmen umgesetzt. Migros engagiert sich weiter im sozialen und kulturellen Bereich. So entrichtet Migros traditionsgemäss ein Prozent des Umsatzes an soziale oder kulturelle Institutionen, was inzwischen einer Summe von über 100 Mio. Sfr. entspricht.[66]

Das zweitgrösste Detailhandelsunternehmen in der Schweiz ist Coop. Coop ist Ende des 19. Jahrhunderts unter dem Namen "Verband schweizerischer Konsumvereine" (VSK) aus einer Arbeiterbewegung hervorgegangen. 1950 zählte der VSK 572 Mitglieder. 1969 erhielt der VSK eine gemeinsame Unternehmenspolitik. Gleichzeitig wurde der "VSK" in "Coop" umbenannt.[67]

Als Resultat der in den letzten Jahren erfolgreich umgesetzten Profilierungs- und Rationalisierungsmassnahmen gewinnt Coop Marktanteile hinzu. 1998 erwirtschaftete Coop im Foodbereich mit 1'700 Verkaufsstellen einen Umsatz von 7.3 Mrd. Sfr. (zwei Drittel des Coop-Gesamtumsatzes; Marktanteil: 20%).[68]

---

66 Zur Verwendung des Kulturprozents vgl. Migros 1999, S. 41.

67 Vgl. Vögeli 1999, S. 11.

68 Vgl. Coop 1999, S. 46 ff.

Wie Migros engagiert sich auch Coop im ökologischen und im sozialen Bereich. Im Gegensatz zu Migros hat es Coop in den 90er Jahren verstanden, die Ökologie auch als strategischen Erfolgsfaktor im Wettbewerb einzusetzen.[69]

Ende der 90er Jahre besitzen die zehn grössten Unternehmen im schweizerischen Lebensmittelhandel einen Marktanteil von 60%, wobei allein die zwei führenden Anbieter Migros und Coop 44% auf sich vereinen. In den 80er Jahren war die *interne Wachstumsdynamik* für die *Konzentrationstendenzen* verantwortlich. Seit Anfang der 90er Jahre erhält dieser Bereinigungsprozess durch *externe Wachstumsstrategien* der Detailhandelsunternehmen weiteren Aufschwung.[70] Dabei erfolgt die Kapazitätsausdehnung durch Akquisitionen bereits im Markt etablierter Anbieter. So übernahm etwa die Coop-Gruppe den Konsum Verein Zürich (1991), Denner Waro (1993) sowie Billi (1998) und Migros Globus mit ABM (1997).

Im Zusammenhang mit diesem inlandorientierten Konzentrationsprozess kann von einem *"internen Strukturwandel"* gesprochen werden, dessen Ende noch nicht absehbar ist.[71] Parallel zu diesem Trend zu weniger Verkaufsstellen ist in der Schweiz ein Trend zu *grösseren Verkaufsflächen* zu beobachten. 1970 betrug die durchschnittliche Verkaufsfläche pro Verkaufsstelle 86 Quadratmeter; 1997 waren es bereits über 400 Quadratmeter. Dies ist auf die Schliessung zahlreicher Kleinläden, die Erweiterung von bestehenden oder die Neueröffnung von grossen Läden zurückzuführen. Bei einem stagnierenden Umsatz führt die Flächenexpansion (1970: 1.3 Millionen Quadratmeter; 1996: 2.6 Millionen Quadratmeter) zu einer Verringerung der Produktivität (gemessen in Umsatz pro Quadratmeter). So ist die Flächenproduktivität (pro Quadratmeter) bei Migros von 1994 bis 1996 von Sfr. 14'500 auf Sfr. 13'800 zurückgegangen, während dieser Wert bei Coop in derselben Zeitspanne von Sfr. 10'900 auf Sfr. 10'500 sank.[72]

---

69 Vgl. hierzu auch Belz/Villiger 1998.

70 Vgl. Ledermann 1996, S. 47.

71 Vgl. Belz/Villiger 1997, S. 17.

72 Vgl. Müller 1997, S. 5.

Der Trend hin zu grösseren Verkaufsstellen findet seinen Ursprung in veränderten Einkaufspräferenzen der Konsumenten sowie im Streben nach grössenbedingten Kostenersparnissen seitens der Anbieter ("Skaleneffekte").[73] Die *konsumentenseitigen* Ursachen des Flächenwachstums liegen in der gesteigerten Mobilität[74] sowie im Wunsch nach grösseren Auswahlmöglichkeiten. *Grössenbedingte Kostenvorteile* wiederum können die Unternehmen zum Beispiel in der Beschaffung (günstigere Einkaufskonditionen aufgrund grösserer Bestellmengen), in der Logistik (Optimierung von Transportprozessen), im Vertrieb (kostenintensive Warenbewirtschaftungssysteme lohnen sich erst ab einer gewissen Mindestgrösse) oder im Absatz (bessere Verteilung des Werbeaufwandes) erzielen.[75] Diese Grösseneffekte führten in den letzten Jahre insbesondere für die grossen Filialunternehmen zu Wettbewerbsvorteilen gegenüber den oft kleineren unabhängigen Detaillisten oder Fachgeschäften.

Ende der 90er Jahre lassen sich bei den beiden Grossverteilern Bestrebungen beobachten, die Strukturen *effizienter* ("Rationalisierung") und *kundenorientierter* ("Profilierung") zu gestalten.[76] So streben sowohl Migros wie auch Coop danach, ihre Genossenschaften zu grösseren und schlagkräftigeren Konglomeraten zu fusionieren.[77] Anfang 1999 sind bei Migros noch 10 und bei Coop 16 regionale Genossenschaften übrig geblieben - Tendenz weiter sinkend. Damit verbunden ist - trotz der Vergrösserung der Verkaufsflächen - ein Abbau des Personalbestandes.[78]

Weitere Rationalisierungsmassnahmen betreffen die *Warenwirtschaft*. So ist Coop etwa daran, modular strukturierte Sortimente, eine gruppenweit optimierte Versorgungslogistik, eine verkaufsstellengerechte, effizientere Logistik, ein gruppenweites Führungs- und Informationssystem sowie ein zentrales Beschaffungsmanagement einzuführen.[79] Parallel dazu wird die Ladenstruktur optimiert, indem Kleinläden geschlos-

---

73 Ein vom Deutschen Kartellamt erstelltes Gutachten ergab einen statistisch signifikanten Zusammenhang zwischen den Gewinnraten und der Grösse der untersuchten Lebensmitteldetailhandelsunternehmen. Vgl. Matschuk/Vieth 1990, S. 39.

74 In Form einer steigenden Quote "Anzahl Automobile pro Haushalt".

75 Vgl. Ledermann 1996, S. 56 ff.

76 Zur Rationalisierung und Profilierung im Handel vgl. Rudolph 1997, S. 12 ff.

77 Migros rechnet damit, dass mit einer Genossenschaftsfusion jährlich Kosteneinsparungen von rund 25 Mio. Sfr. zu erzielen sind. Diese Angabe gilt exemplarisch für die Fusion der beiden Genossenschaften Migros St. Gallen und Migros Winterthur/Schaffhausen zur Migros Ostschweiz. Vgl. Migros 1999, S. 54.

78 Die Zahl der Beschäftigten innerhalb der Coop-Gruppe nahm 1998 - bei einer Vergrösserung der Verkaufsfläche um 2.5% - um 1'270 Mitarbeiter ab (-2.7%). Vgl. Coop 1999, S. 47 ff.

79 Vgl. Coop 1999, S. 6.

sen, bestehende Verkaufsstellen erweitert oder grössere neu eröffnet werden. Mit dem Verkauf der Discountkette Billi erfolgt zudem eine Konzentration auf das Kerngeschäft. Migros wiederum beabsichtigt, die Informatiklösung zu vereinheitlichen, die Warenbewirtschaftung und die Logistik neu auszurichten sowie die Kundenloyalität und -zufriedenheit zu verbessern (z.B. Qualitätssicherungssystem).[80]

Diese derzeit bei den Grossverteilern Coop und Migros zu beobachtenden Rationalisierungsmassnahmen sind dahingehend zu deuten, dass sie sich auf den "Wettbewerb von aussen" vorbereiten (*"externer Strukturwandel"*). Es ist zu erwarten, dass als Folge der schrittweisen Öffnung der Grenzen sowie der neuen Informations- und Kommunikationstechnologien die Markteintrittsbarrieren sinken und der Eintritt neuer Anbieter für eine weitere Intensivierung des Wettbewerbes auf dem Schweizer Lebensmittelmarkt sorgen werden.

"Einheit macht stark" - Coop verschmilzt zu einer Genossenschaft

2001 startet Coop unter dem programmatischen Titel "Coopforte" einen tiefgreifenden Reorganisationsprozess. Das Ziel lautet, die 16 übrig gebliebenen regionalen Genossenschaften zu einer einzigen schweizweiten Coop zu verschmelzen.[81] Bis zum Abschluss der Restrukturierungsphase im Jahr 2005 soll der träge Genossenschaftsapparat mit seinen langen, dezentralen Entscheidungswegen zu einem flexiblen und innovativen Unternehmen umgestaltet werden.[82]

Mit dieser "totalen Fusion" wird ein Konzentrationsprozess abgeschlossen, der seit 1950 im Gange ist, als über 500 KVZ-Genossenschaften existierten. Mit der Fusion zielt Coop darauf ab, "Geld, Zeit und Umwege einzusparen", um den Kunden ein besseres Angebot zu günstigeren Bedingungen anbieten zu können.[83] Dies wird als notwendig erachtet, weil sich die Preise in der Schweiz allmählich dem EU-Preisniveau annähern, welches für Lebensmittel 1999 immer noch 30-50% unter dem Schweizer Preisniveau lag.[84]

---

80 Vgl. Migros 1999, S. 15 ff.

81 Coopforte steht für die ursprüngliche Erkenntnis der Genossenschaftsidee: "Einheit macht stark". Vgl. Vögeli 1999, S. 5.

82 Vgl. http://archiv.nzz.ch/books/nzzmonat/0/7759692T.html vom 31. August 1999.

83 Vgl. Vögeli 1999, S. 6.

84 Sinkende Preise führen zu Umsatzeinbussen und geringeren Margen, worunter letztlich der Gewinn leidet. Vgl. http://archiv.nzz.ch/books/nzzmonat/0/7759692T.html vom 31. August 1999.

Als Folge dieser Restrukturierung bei Coop gerät Branchenleader Migros unter Druck. Bei Migros haben wichtige Entscheide immer noch zahlreiche Instanzen zu passieren.[85] Gelingt es Migros nicht, die Kosten parallel zu den Preisen zu senken, schrumpfen die Margen und damit der Gestaltungsspielraum für die Unternehmensleitung des "orangen Riesen".

2.2 Bedrohung durch neue Konkurrenten

☞ Die Gefahr des *Markteintritts neuer Konkurrenten* ist in der Schweiz angesichts der voranschreitenden Liberalisierung von hoher Wettbewerbsrelevanz. Neue Marktteilnehmer bringen erhebliche Mittel und neue Kapazitäten in die Branche ein. Dadurch können die Preise gedrückt und die Branchenrentabilität gesenkt werden. Die Gefahr des Markteintritts neuer Konkurrenten hängt von den Eintrittsbarrieren sowie den absehbaren Reaktionen der etablierten Wettbewerber ab.[86]

Neue Konkurrenz droht den etablierten Handelsunternehmen auf dem Schweizer Lebensmittelmarkt aus zweierlei Richtung: aus dem Ausland sowie aus dem Internet.[87]

---

85 Namentlich die Geschäftsleitungen, Verwaltungen und Genossenschaftsräte aller zehn regionalen Genossenschaften, die Verwaltung des Migros-Genossenschafts-Bundes (MGB), die Delegiertenversammlung ("Migros-Parlament") sowie schliesslich die Urabstimmung der 1.7 Millionen Schweizer Genossenschafter.

86 "Sind die Eintrittsbarrieren hoch und/oder muss der Neue scharfe Gegenmassnahmen seitens der eingesessenen Anbieter erwarten, so ist die Gefahr des Eintritts gering." Porter 1995, S. 29. Gemäss Porter gibt es fünf wesentliche Ursprünge von Eintrittsbarrieren: Betriebsgrössenersparnisse ("Skaleneffekte"), Produktdifferenzierung, Kapitalbedarf, Umstellungskosten, Zugang zu Vetriebskanälen. Vgl. hierzu Porter 1995, S. 29-34. Zu weiteren Eintrittsbarrieren vgl. Porter 1995, S. 34-42.

87 Vgl. zum folgenden ausführlicher Belz/Villiger 1998.

2.2.1 Konkurrenz aus dem Ausland

Angesichts der politischen Entwicklungstendenzen ist zu erwarten, dass der beschriebene interne Strukturwandel bald von einem *"externen Strukturwandel"* überlagert wird.[88] Im Zuge des WTO-Beitritts der Schweiz von 1995 (und der damit verbundenen Übernahme der GATT-Bestimmungen) sowie der Integrationspolitik des Bundes (EU) zeichnet sich eine Öffnung der schweizerischen Agrar- und Lebensmittelmärkte ab, welche sich auf die gesamte Branche auswirken wird.

> Wettbewerbstheoretische Konsequenzen des "Duopols"
>
> Die beiden Grossverteiler Migros und Coop erzielen in einzelnen Bereichen (wie z.B. Obst und Gemüse) einen Markanteil von deutlich über 50%. Ist unter diesem tendenziellen Duopol ein wirksamer Wettbewerb möglich oder ist diese Wettbewerbsform zwangsweise ineffizient?
>
> In der "Theorie der angreifbaren Märkte" haben Baumol et al. die These formuliert, dass bei angreifbaren Märkten bereits die Gefahr einer potentiellen Konkurrenz reicht, eine effiziente Allokation der Güter analog zur "vollkommenen Konkurrenz" zu gewährleisten. Voraussetzung für diesen Zustand ist allerdings das Fehlen von Marktzutrittsschranken. Ist einer freier Zutritt in den Markt möglich, werden die etablierten Anbieter gezwungen, ihre Kosten zu minimieren und die Produktpreise auf das Niveau der Grenzkosten zu senken.[89]
>
> Durch die lange Zeit verfolgte protektionistische Aussenhandelspolitik im Agrarbereich sowie der restriktiven Lebensmittelgesetzgebung wurden in der Schweiz jedoch bereits früh hohe strukturelle Markteintrittsbarrieren errichtet, welche den Import von Agrarprodukten stark einschränkten, teilweise gar verhinderten.[90] Damit konnte die ausländische Konkurrenz vom Schweizer Lebensmittelmarkt erfolgreich fern gehalten werden.

---

88 Vgl. Belz/Villiger 1997, S. 17.

89 Vgl. Baumol et al. 1982, S. 29.

90 Vgl. hierzu Ledermann 1996, S. 93-102.

Konsequenzen dieser Politik sind eine ineffiziente Versorgungslage der Bevölkerung mit Lebensmitteln, hohe Produktpreise und Steuerbelastungen. Diese Auswirkungen deuten an, dass auf dem Schweizer Lebensmittelmarkt kein freier Wettbewerb möglich ist. Ein weiterer Hinweis, der auf eine geringe Wettbewerbsintensität schliessen lässt, bieten die im Vergleich zum angrenzenden Ausland deutlich höheren Bruttomargen auf dem Schweizer Lebensmittelmarkt.[91]

Mit der Auflockerung der Schutzmassnahmen an der Grenze werden auf Druck der GATT-/WTO-Bestimmungen die Weichen für einen funktionierenden Wettbewerb gestellt und der ausländischen Konkurrenz ein Marktzutritt ermöglicht. Diesen politischen Liberalisierungsbestrebungen wirken die Grossverteiler entgegen, indem enge Bindungen zur Lieferantenseite geknüpft werden (Liefer- und Abnahmeverträge). Damit wird einer allfälligen ausländischen Konkurrenz der Zugriff zu wichtigen Ressourcen erschwert.

Je tiefer die "künstlichen" Markteintrittsbarrieren gesenkt werden, desto grösser wird die Wahrscheinlichkeit, dass neue Wettbewerber aus dem grenznahen Ausland in den Schweizer Lebensmittelmarkt eindringen.[92] Grosse Filialunternehmen wie Aldi und Tengelmann aus Deutschland oder Carrefour und Auchan aus Frankreich besitzen gute Voraussetzungen für einen Markteintritt in den Schweizer Lebensmittelmarkt:[93]

- grössenbedingte Kostenvorteile (in der Beschaffung und im Absatz)
- im Ausland bereits erprobte wettbewerbsfähige Absatzkonzepte
- ausreichende finanzielle und personelle Ressourcen

---

91 Vgl. zu diesen Punkten ausführlicher Kap. 3.
92 Vgl. Ledermann 1996, S. 198 f.
93 Vgl. Ledermann 1996, S. 186 f.

Die geographische Nähe sowie die hohe Kaufkraft in der Schweiz (Margen- und Gewinnpotential) dürften weitere Faktoren sein, welche ausländische Konkurrenten anlocken könnten.[94] Gegen einen baldigen Markteintritt wirken die Sättigung des Schweizer Lebensmittelmarktes sowie die knappen Bauflächen. Wird eine flächendeckende Präsenz im schweizerischen Markt angestrebt, ist daher weniger mit dem Aufbau eigener Absatznetze, als vielmehr mit einer Beteiligung an oder der Übernahme von bestehenden Vertriebsnetzen zu rechnen.[95]

Für eine ausländische Konkurrenz im Tiefpreissegment spricht der Umstand, dass das Discountsegment in der Schweiz noch nicht konsequent besetzt ist.[96] Der Eintritt eines ausländischen Discounters dürfte einen verstärkten Kostendruck, eine Erosion der Preise und Margen sowie einen weiteren Konzentrationsschub mit sich bringen.

Zunehmende Kaufkraftabwanderung ins benachbarte Ausland

In Form eines zunehmenden Einkaufstourismus ins benachbarte Ausland können ausländische Handelsunternehmen bereits heute als aktuelle Konkurrenten bezeichnet werden. Eine Studie ergab, dass die abfliessende Kaufkraft ins Ausland steigt.[97] Der Grund hierfür liegt in der hohen Preisdifferenz zwischen schweizerischen und ausländischen Lebensmitteln. 1997 lag der Durchschnittspreis für Lebensmittel in der Schweiz 41% höher als in der EU.[98] Trotz inzwischen abnehmenden Preisdifferenzen zum Ausland musste 1998 mit 1.6 Mrd. Sfr. ein Rekordwert bei den Kaufkraftabflüssen verzeichnet werden.[99] Es zeigt sich jedoch, dass das Wachstum mit der abnehmenden Preisdifferenz abflacht und seinen Zenit 1998 erreicht haben dürfte.

94 Vgl. Belz/Villiger 1997, S. 9.

95 Vgl. Ledermann 1996, S. 193 ff.

96 Vgl. hierzu auch Weinhold/Belz/Rudolph 1991, S. 93.

97 So hat die Anzahl der befragten Haushalte, die mindestens einmal jährlich im Ausland Lebensmittel einkaufen, in der ersten Hälfte der 90er Jahre von 30% auf 42% zugenommen. Vgl. Ledermann 1996, S. 113.

98 Butter, Eier und Brot kosten in Frankreich die Hälfte; Fleisch noch weniger. Selbst Schweizer Greyerzerkäse kostet in Frankreich als Folge der Exportsubventionen 20% weniger als in der Schweiz. Vgl. D'Anna-Huber 1998, S. 15.

99 72% der Befragten gaben den Preis als Hauptgrund für Einkäufe im Ausland an. Deutlich weniger wichtig ist die grössere Auswahl im Ausland (14%), die bessere Produktqualität (10%) sowie Auslandausflüge (10%). Vgl. Ledermann 1996, S. 117 f.

2.2.2 Konkurrenz aus dem Internet

Neben den Konkurrenten aus dem Ausland sind es die neuen Informations- und Kommunikationstechnologien (NIKT), welche zum Auftauchen neuer Wettbewerber und Wettbewerbsformen führen. NIKT bieten sowohl Rationalisierungs- (z.B. niedrigere Lagerhaltungskosten) wie auch Profilierungspotentiale (z.B. Heimlieferdienst), so dass dem stationären Lebensmittelhandel in Zukunft auch aus diesem Bereich neue Konkurrenz erwachsen dürfte.[100]

Die wichtigsten Einsatzbereiche der NIKT liegen im Handel in den Bereichen Einkauf, Logistik und Warenwirtschaft, wo sie zur Optimierung von Ablaufprozessen und zur Erhöhung der wirtschaftlichen Effizienz beitragen. Neuere Optimierungssysteme wie Efficient Consumer Response (ECR) oder Electronic Data Interchange (EDI) dienen jedoch nicht nur dem Handel, sondern erlauben es, über die gesamte Wertschöpfungskette hinweg Bestellmengen präziser zu kalkulieren, Lagerhaltungskosten zu senken oder die Lieferqualität zu erhöhen.[101]

In den letzten Jahren wurden NIKT vermehrt am Point of Sales eingesetzt (Scanning an der Kasse).[102] Die Produkte werden mit Hilfe der Codes gescannt und automatisch erfasst. In jüngerer Zeit gab die Kombination von gespeicherten Scanningdaten und die Ausgabe von Kundenkarten aus Datenschutzgründen zu Diskussionen Anlass. So führte Migros mit "M-Cumulus" ein Kundenbonusprogramm ein, bei welchem den Kunden ein Prozent des eingekauften Wertes in Form von Bonuspunkten zurück erstattet werden. Als Gegenleistung erlaubt der Kunde Migros, Informationen über die Einkäufe zu sammeln und für Marketingzwecke auszuwerten.[103]

In Zukunft dürften NIKT in Form von Electronic Commerce oder Online-Shopping auch im Lebensmittelbereich - trotz Vorbehalten seitens der Kunden - vermehrt Einzug halten. Die Vorbehalte betreffen folgende Punkte:[104]

---

100 Vgl. Rudolph 1996, S. 19 f. sowie Belz/Villiger 1998, S. 304 ff.

101 Vgl. hierzu Poirier/Reiter 1997.

102 Es wird geschätzt, dass sich mit der Anwendung der Scanning-Technologie Kosteneinsparungen von bis zu einem Umsatzprozent erzielen lassen. Vgl. Ledermann 1996, S. 107.

103 Vgl. Allgemeine Geschäftsbedingungen zur M-Cumulus-Karte Ziff. 3 und 9.

104 Vgl. Schmuck 1996, S. 37.

- Schwierigkeit, die zahlreichen Produkte am Bildschirm anzuschauen
- fehlende Möglichkeit des Anfassens, Sehens oder Riechens
- Fehlende Überprüfbarkeit des Haltbarkeitsdatums oder von Produktalternativen
- Sorge der Kunden, Lebensmittel könnten beschädigt werden
- Verlust des persönlichen Kontaktes in der Einkaufsstätte

Migros bietet seit 1998 einen Netservice an (vgl. http://www.migros-shop.ch). Das Ziel lautet, bis zum Jahr 2010 10% des Umsatzes über elektronische Bestellungen zu erzielen.[105] Nachdem 1998 das Online Shopping in den Grossräumen Bern und Zürich getestet wurde, erfolgte 1999 eine gesamtschweizerische Ausdehnung.[106]

Es ist davon auszugehen, dass das Electronic Shopping den konventionellen Lebensmittelhandel nicht ersetzen, sondern sinnvoll ergänzen wird. Ernstzunehmende Konkurrenz könnte den etablierten Anbietern erwachsen, wenn ein Internet-Anbieter die Produkte aufgrund der tieferen Kostenstruktur (Just-in-time-Direktbezug beim Hersteller, kaum Gebäudefixkosten, kein Verkaufspersonal) zu deutlich tieferen Preisen anbietet oder ein Online-Makler es versteht, umfassende Sortimentsangebote aus einer grossen Anzahl verschiedener Hersteller individuell und "massgeschneidert" zusammen zu stellen. Erste Beispiele von Online-Shops existieren bereits. "Le Shop" (seit 1998 auf dem Netz) beliefert die gesamte Schweiz per Post mit über 3'000 Artikeln zu Sfr. 9.-- pro Lieferung (vgl. http://www.le-shop.ch).

---

105 Vgl. Schweizerisches Verkaufsförderungs-Forum 1998, S. 83.

106 Der Konsument kann seinen Warenkorb im Internet aus einem Angebot von über 3000 Artikeln (zu Ladenpreisen) zusammenstellen. Bereits im ersten Jahr erzielte Migros einen Internet-Umsatz von über einer Mio. Sfr. Vgl. Migros 1999, S. 13.

Einkaufen in der Zukunft

In Supermärkten wird an der automatisierten Zukunft gearbeitet. Treffen die Visionen ein, hat man sich einen Einkauf im Supermarkt der Zukunft etwa folgendermassen vorzustellen:

Modernste Elektronik begleitet den Kunden im Supermarkt bei jedem Schritt. Sobald ein Kunde den Laden betritt, meldet ein Mikrochip, welcher in der Armbanduhr oder in der Treuekarte steckt, dessen Ankunft über Funk. So weiss "das Geschäft" sogleich, mit wem es zu tun hat. Der *"intelligente Einkaufswagen"* speichert nicht nur die in den Wagen gelegten Produkte aufgrund des jeder Verpackung anhaftenden Papierchips, sondern weist dem Kunden auf Basis eines Navigationssystems auch den schnellsten Weg zu den gesuchten Produkten. Auf Basis gespeicherter Daten wird der Kunde zudem auf bedarfsgerechte Angebote und Aktionen hingewiesen. Hat der Kunde seine Einkäufe getätigt, passiert er das Kassaterminal, welches den Inhalt des Warenkorbes automatisch erkennt und den geschuldeten Betrag elektronisch vom richtigen Konto abbucht. Scheut der Kunde aufgrund seiner Zeitknappheit den persönlichen Besuch im Supermarkt, kann er die gewünschten Produkte über ein elektronisches Notizbuch eingeben und von zu Hause aus bestellen.[107]

Weitere Möglichkeiten bieten kleinste elektronische Chips. Gegenüber dem heutigen Strichcode weisen die sog. *"Smart Labels"* den Vorteil auf, dass sie über eine deutlich höhere Speicherkapazität verfügen, wodurch sie der Forderung nach einer erweiterten Produktinformation gerecht werden. Smart Labels beanspruchen zudem weniger Platz. Die kleinen Elektronikplättchen messen bloss vier Quadratmillimeter und können somit in beinahe jedes Produkt eingearbeitet werden.[108] Zudem können Smart Labels Daten empfangen und senden, womit das fehleranfällige Scanning an der Kasse entfällt.

107 Beim französischen Grossisten Auchan steht bereits die erste Generation mit Bildschirmen ausgestatteter "intelligenter Einkaufswagen" im Einsatz. Sucht der Auchan-Kunde nach Milch, drückt er die entsprechende Taste, worauf ihm auf dem Bildschirm der Weg zum Regal gewiesen wird. Vgl. Metzger 1999, S. 81.

108 Mit Ausnahme von frischen, unverpackten Produkten.

Futurologen träumen von der totalen Vernetzung der Gegenstände des täglichen Lebens. So könnte der Chip im Milchbeutel dem Kühlschrank melden, dass die Milch sauer ist. Der Kühlschrank überträgt die Information dem Besitzer per Internet ins Auto. Das Navigationssystem im Auto weist ihm nun den Weg zum nächsten Supermarkt, wo die Milch bereits abholbereit ist.[109]

2.3 Endverbraucher

☞ Die *Verhandlungsstärke der Abnehmer* entscheidet darüber, inwieweit sie den grössten Teil der Wertschöpfung für sich behalten - zulasten der Unternehmen, welche dadurch geringere Gewinne erzielen. Die Abnehmer konkurrieren mit der Branche, indem sie auf Kosten der Branchenrentabilität die Preise drücken, eine höhere Qualität oder bessere Leistungen verlangen und Wettbewerber gegeneinander ausspielen.[110]

Der Endverbraucher hat als einzelner Konsument zwar einen geringen Einfluss auf das Wettbewerbsgeschehen im Lebensmittelmarkt. Dennoch sind es die Verbraucher, die mit der Wahl des Einkaufsortes und dort vor dem Regal täglich über Erfolg und Misserfolg eines Unternehmens oder eines Produktes bestimmen: "Nicht zu Unrecht gilt der Verbraucher als der eigentliche Souverän des Handels".[111]

Ein verändertes Konsumentenverhalten wird für Handelsunternehmen dann relevant, wenn sich dieses über einen gewissen Zeitraum hinweg als stabiler *Trend* erweist und eine Mindestzahl von Nachfrageeinheiten überschreitet. Gelingt es einem Händler nicht, sich auf die von Trends signalisierten Marktanforderungen einzustellen, werden Konkurrenten, die sich besser auf die Kundenbedürfnisse ausrichten, Marktanteile hinzu gewinnen. Kenntnisse über Konsumentenbedürfnisse und -trends liefern dem Handel somit wichtige Hinweise für die Sortimentsgestaltung.

---

109 Vgl. Drösser 1999, S. 100.

110 Zu den verschiedenen Bedingungen, welche die Stärke der Abnehmergruppen definiert, vgl. Porter 1995, S. 51-53.

111 Schmitz/Kölzer 1996, Geleitwort.

In der folgenden Tabelle werden für den Lebensmittelhandel als relevant erachtetet demographische Entwicklungslinien und Nachfragetrends, deren Konsequenzen und sich daraus ergebende Chancen im Überblick dargestellt (vgl. Abb. 8).[112]

Trend	Beschreibung	Folgen	Chancen für Handel
Ältere aktive Konsumenten	Die Lebenserwartung steigt. Dies führt bei stagnierender Geburtenrate zu einem grösseren Anteil älterer aktiver Konsumenten in der Gesellschaft.	Ältere Konsumenten weisen einen höheren Vitaminverbrauch auf und gelten in Gesundheitsfragen als sensibilisierter.	Steigender Absatz von gesunden Lebensmitteln; Chancen für Pick-up-Dienste, die Lebensmittel nach Hause liefern.
Steigendes Bildungsniveau/ Verantwortungsbewusstsein	Das Bildungsniveau steigt. Die Konsumenten werden kritischer. Die zunehmende Umweltbelastung erhöht die persönliche Betroffenheit.	Mit besserer Kenntnis der Zusammenhänge von Konsum und Umweltbelastung wächst das Verantwortungsbewusstsein (Resultat: reflektiertes Einkaufsverhalten).	Chancen für Unternehmen, welche gesellschaftliche Verantwortung wahrnehmen und transparent informieren. Chancen für naturnah produzierte Lebensmittel.
Zeitknappheit	Steigende Anforderungen im Berufsleben und Vielfalt an Freizeitangeboten führen zu subjektiv empfundener Zeitknappheit.	Dem Konsumenten bleibt weniger Zeit für den Lebensmitteleinkauf und die Mahlzeitzubereitung.	Bedarf nach vorverarbeiteten Produkten; steigende Bedeutung von Ausserhauskonsum.[113]
Kleine Haushalte	Die durchschnittliche Haushaltsgrösse nimmt ab (Anteil von Ein- und Zweipersonenhaushalten steigt).[114]	Mit veränderter Haushaltsgrösse ändern die Ess- und Kochgewohnheiten.	Sinkende Bereitschaft, aufwendige Menüs zu kochen. Steigende Nachfrage nach kleineren Portionen und Convenience.

[112] Vgl. zu den Trends ausführlicher Schmitz/Kölzer 1996, S. 333 ff.

[113] Inklusive Tankstellenshops und Lebensmittelautomaten. Der Ausserhauskonsum wird durch die steigende Erwerbstätigkeit der Frauen weiter gefördert.

[114] Es wird davon ausgegangen, dass im nächsten Jahrzehnt 60% aller Haushalte nur noch aus ein oder zwei Personen bestehen. Vgl. Schmitz/Kölzer 1996, S. 366.

Individualismus	Mit der zunehmenden Individualisierung wird das Bestreben von Menschen verstanden, sich von anderen abzugrenzen, "anders zu sein" und sich selbst zu verwirklichen.	Die Segmentierung in grössere, konsistente Nachfragesegmente wird in Frage gestellt. Fragmentierung der Märkte; verstärkte Innengerichtetheit und Sorge um die eigene Gesundheit.	Gefragt ist eine Angebotsvielfalt, die eine individuelle Zusammenstellung des Warenkorbes ermöglicht. Chancen eröffnen sich gesunden, vorverarbeiteten Produkten in kleinen Portionen.
Cocooning[115]	Als Folge der Unübersichtlichkeit und Orientierungslosigkeit im Meer der Konsum- und Freizeitangebote entsteht das Bedürfnis nach Vertraut- und Geborgenheit; Suche nach der "heilen Welt".	Rückzug ins traute Heim. Weiter: Flucht "aufs Land", regionale Verbundenheit, Entdeckung der Langsamkeit ("Entschleunigung"), Orientierung an Altbewährtem; bewusstere Ernährung.	Renaissance traditioneller Rezepte. Chancen für regionale Produkte. Einkauf beim Bauern oder im Dorfladen. "Währschaftes Essen" nach Grosis Kochbuch als Reaktion auf Junk-Food-Trend.
Wellness/Fitness	Streben nach Gesundheit und Ergreifen präventiver Massnahmen (Folgetrend der Individualität und gestiegenen Anforderungen im Beruf; Folge von Stress oder Umweltbelastungen).	Sorge um die eigene Gesundheit sorgt für Wachstumszahlen naturnaher Produkte in verschiedenen Branchen (Kosmetik/Körperpflege, Sauna/Massage, alternative Behandlungsmethoden.	Chancen für Fitness- und Bio-Produkte sowie Frischekonzepte, verbunden mit Einkaufselebnis. Streben nach einer gesunden Ernährung; Kombination mit Lifestyle-Images.
Polarisierung	Ein Teil der Gesellschaft leidet unter Arbeitslosigkeit und stagnierenden Löhnen. Ein anderer Teil erfreut sich an hohen Kapitalgewinnen.	Aufteilung der Nachfrage in preisgünstige (Discount-) Produkte und in solche hoher Qualität - auf Kosten des mittleren Segmentes.	Konsumenten kaufen preis- und/oder qualitätsbewusst ein und verhalten sich in ihren Kaufentscheidungen kritischer und anspruchsvoller.[116]

Abb. 8: Nachfragetrends - Folgen und Chancen für den Handel

115 Vgl. Popcorn 1992, S. 39 ff. Neue Informations- und Kommunikationstechnologien gewährleisten die Kommunikation mit der Aussenwelt jederzeit (z.B. per e-Mail), was das Cocooning weiter begünstigt.

116 Genährt wird dieser Wertewandel durch Lebensmittelskandale wie BSE, chemische Rückstände im Gemüse, Hormonskandale in der Tierzucht oder die Angst vor den Folgen der Gentechnologie.

Der "hybride Konsument"

Die in der letzten Zeile der Tabelle beschriebene Polarisierung findet jedoch nicht nur in der Segmentierung von Produktprogrammen und Märkten statt, sondern ist ebenso Ausdruck einer Entwicklung auf der *individuellen Konsumentenebene*. Dieser Wandel ist für die Unternehmen mit erhöhten Anforderungen verbunden, gilt es für diese doch die gegensätzlichen, sich zum Teil widersprechenden Bedürfnisse des "hybriden Konsumenten" zu erfassen. Denn ein *"hybrider Konsument"* denkt, fühlt und handelt *polyvalent*.[117] Er lässt sich nicht mehr in Schemen einordnen, sondern orientiert sich an unterschiedlichen Trends und Wertvorstellungen zugleich.

Für den Lebensmittelmarkt kann dies zum Beispiel bedeuten, dass ein Konsument Kunde eines Feinkostladens ist, sich aber auch nichts daraus macht, im Discounter um die Ecke einzukaufen. Der hybride Konsument lebt also nicht mehr in einer Welt des "Entweder-Oder", sondern des "Sowohl-als-auch". Der Konsument weist folglich kein lineares, einschätzbares Einkaufsverhalten auf, sondern zeigt eine flexible, mitunter paradox anmutenden Identität - auch im Bereich der Ökologie. So steigen mit dem Umweltbewusstsein die Absatzzahlen ökologischer Produkte. Dieselben Konsumenten, die von einer Schonung der Ressourcen und der Umwelt sprechen, wollen jedoch auch auf Bequemlichkeit nicht verzichten. So wird man im Einkaufskorb hybrider Konsumenten Bio-Lebensmittel ebenso vorfinden, wie Convenience-Produkte.[118]

Welche Konsequenzen lassen sich hieraus für die Anbieter ableiten? Zum einen bedeutet der Trend zum hybriden, ambivalenten Wesen, dass die Konsumenten nicht mehr eindeutigen Käufersegmenten zugeordnet werden können, wie zum Beispiel in ökologisch aktive oder passive Verbraucher. Konsistente Typologien verlieren ihre Aussagekraft - der moderne, hybride Konsument mit seiner polyvalenten Identität wird für die Unternehmen zunehmend unberechenbar. Zum anderen eröffnet diese Entwicklung flexiblen, innovativen Unternehmen Profilierungschancen.

---

117 Vgl. Doebeli 1992, S. 12 f. Vgl. zum hybriden Konsumenten auch Blickhäuser/Gries 1989 oder Schmalen 1994.

118 Vgl. Belz/Villiger 1997, S. 14. Convenience-Produkte sind industriell oder gewerblich vorgefertigte Lebensmittel wie Tiefkühlkost, Fertiggerichte oder Mahlzeiten, die im Mikrowellenherd zubereitet werden können. Vgl. Meier-Ploeger et al. 1996, S. 24.

So versucht die Handelsstufe in jüngerer Zeit vermehrt, verschiedene Bedürfnisse des hybriden Konsumenten auf der Produktebene einzufangen.

Vor diesem Hintergrund können Convenience-Produkten aus biologischem Anbau gute Marktchancen eingeräumt werden.[119] Solche "Bio-Convenience-Erzeugnisse" kommen einem *"hybriden Produkt"* gleich: Umweltentlastungseffekte, welche durch eine naturnahe Anbauweise zu erzielen sind, werden durch den höheren Verarbeitungsgrad und Verpackungsbedarf wieder kompensiert.[120]

Die Kenntnis der in Abb. 8 angedeuteten demographischen Entwicklungslinien und Tendenzen bietet den Anbietern auf dem Schweizer Lebensmittelmarkt Anhaltspunkte zur Antizipation von Nachfragetrends und Produkteinnovation. "Denn die Trends von heute prägen den Konsum von morgen."[121] Es lässt sich festhalten, dass infolge des steigenden Durchschnittsalters und Bildungsniveaus, der höheren Informationsverfügbarkeit, der steigenden persönlichen Betroffenheit durch die Umweltverschmutzung sowie der "Individualisierung" Chancen für *gesunde Produkte* (z.B. Bio-Lebensmittel) oder die für gesund gehalten werden (z.B. Health Food) eröffnen. Bedeutend ist die Erkenntnis, dass der Gesundheitsaspekt bei der Ernährung nicht auf Kosten der Bequemlichkeit und des Genusses gehen darf (steigende Qualitätsorientierung beim Lebensmitteleinkauf). Die kleiner werdenden Haushalte, die wachsende Zeitknappheit sowie der steigende Anteil berufstätiger Frauen fördern den Bedarf nach Convenience-Produkten und versprechen dem Ausserhaus-Konsum steigende Absatzzahlen.[122] Weiter entwickeln sich Verkaufskanäle wie Tankstellenshops oder Lebensmittelautomaten überdurchschnittlich, die Produkte des täglichen Bedarfs auch ausserhalb der üblichen Ladenöffnungszeiten anbieten können.[123]

---

119 Vgl. Meier-Ploeger et al. 1996.

120 Bio Suisse will sich den veränderten Essgewohnheiten und somit den Convenience-Produkten nicht verschliessen, setzt aber der Produktion und Verarbeitung klare Grenzen (z.B. Vermeidung jeder überflüssigen Verarbeitung, Verbot für Aromen und Farbstoffen, Gebot der schonenden Verarbeitung usw.). Vgl. hierzu näher die Bio Suisse Richtlinien.

121 Migros 1999, S. 15.

122 Amerikanische Konsumenten gaben 1997 bereits 43% ihres Lebensmittelbudgets ausserhalb traditioneller Lebensmittelgeschäfte aus: in Restaurants, Schnellimbissstuben oder Tankstellenshops. Vgl. hierzu Poirier/Reiter 1997, S. 26.

123 Coop schätzt, dass bis zum Jahr 2005 10% des Detailhandelsumsatzes auf diese neuen Absatzkanäle fallen. Vgl. http://archiv.nzz.ch/books/nzzmonat/0/7759692T.html vom 31. August 1999.

Migros Reaktion auf die neuen Entwicklungslinien

1999 lancierte Migros gemeinsam mit der SBB und der Kiosk AG das Franchisekonzept "avec". Im Projekt *"avec"* werden kleinere und mittlere Bahnhöfe mit Lebensmitteln ausgerüstet. Auf diese Weise wird der SBB-Kundschaft rund um die Uhr ermöglicht, die wichtigsten Artikel des täglichen Bedarfs einzukaufen.[124] In diese Richtung zielt auch der Ausbau des Tankstellennetzes zu "Convenience-Stores".

Mit der Kampagne *"Feel good"* bezweckt Migros, einen Beitrag zur Verbesserung der Lebensqualität in der Schweiz zu leisten. "Feel good" definiert sich nicht nur über den Food-Bereich, sondern soll künftig auch den Dienstleistungssektor von Migros integrieren. Im Bereich Food werden die Kunden ermuntert, sich ausgewogen und vielseitig zu ernähren. Migros will in den Bereichen Ernährung, Gesundheit, Fitness-/Wellness Lösungen anbieten, welche neue Trends und Bedürfnisse berücksichtigen.[125]

Mit der Erweiterung des Lebensmittelangebotes durch vorgekochte Menüs oder (Halb-) Fertigprodukte wird versucht, dem Anspruch nach Convenience und Zeitersparnis zu entsprechen. Heimlieferdienste unterstützen diese Bedürfnisse.

---

124 Vgl. Migros 1999, S. 14.
125 Vgl. Migros 1999, S. 15.

2.4 Substitutionsprodukte

☞ Die *Substitutionsgefahr* bestimmt, inwieweit *Ersatzprodukte* dieselben Präferenzen befriedigen und dieselbe Funktion wie etablierte Programme allenfalls besser erfüllen können. Ersatzprodukte begrenzen das Gewinnpotential einer Branche, indem sie Preisobergrenzen setzen.[126]

Da die "Nahrungsaufnahme" ein menschliches Grundbedürfnis ist, gibt es zu Lebensmitteln grundsätzlich keine Substitutionsmöglichkeit. Es stellt sich vielmehr die Frage, welche Produkte die bestehenden Kräfteverhältnisse innerhalb der Lebensmittelbranche verschieben könnten. In diesem Zusammenhang sind zum einen naturnah angebaute, frische und gesunde Produkte zu nennen. Zum anderen gewinnen in der Lebensmittelbranche infolge der zunehmenden Standardisierung und Globalisierung hochverarbeitete Produkte wie Convenience- oder Functional Food an Bedeutung.[127]

Health- oder Functional Food
Mit einiger Verzögerung schwappt die Health- oder Functional Food-Welle auch nach Europa über. In den USA wurde mit Health-Food 1996 75 Mrd. Dollar umgesetzt und in Japan wird bereits seit über zehn Jahren Functional-Food konsumiert.[128] "Health-" oder "Functional Food" ist eine Mischung aus Lebens- und Arzneimitteln. Mit Vitaminen angereicherte Drinks oder mit Bakterien versetzte Joghurtkulturen (wie z.B. LC1 von Nestlé) sollen dem Menschen diejenige Gesundheit wieder herzustellen helfen, welche er u.a. durch eine falsche Ernährungsweise geschwächt hat. Probiotische Lebensmittel zum Beispiel enthalten Milchsäurebakterien, Lactobazillen und Bifidobakterien, welche die Darmflora unterstützen und das Immunsystem stärken (sollen).

126 Vgl. Porter 1995, S. 49 f.

127 Zu Gentechprodukten vgl. näher Kap. 3.

128 Vgl. Frey 1996, S. 80.

Es erstaunt nicht, dass neben den grossen Lebensmittelindustrieunternehmen auch die Chemiebranche zunehmend in die lukrative Grauzone von Ernährung und Medizin investiert. Damit rückt der Kühlschrank noch näher an die Hausapotheke.[129] Es wird versprochen, dass die Einnahme von Functional Food bestimmten Krankheiten vorzubeugen hilft. Obwohl noch keine wissenschaftlichen belegten Erkenntnisse existieren, dass die "künstlichen Zusätze" diesen Ansprüchen auch gerecht werden, zeigen die Absatzzahlen der Probiotika Ende der 90er Jahre auch auf dem Schweizer Lebensmittelmarkt nach oben.[130]

2.5 Verhandlungsstärke der Lieferanten

☞ Die *Verhandlungsstärke der Lieferanten* entscheidet darüber, inwieweit der für die Abnehmer geschöpfte Wert von den Lieferanten einer Branche in Besitz genommen wird. Lieferanten können ihre Verhandlungsstärke ausspielen, indem sie damit drohen, Preise zu erhöhen oder die Qualität zu senken.[131]

Die Anbieter des Schweizer Lebensmittelhandels beziehen ihre Produkte entweder direkt von der Landwirtschaft (frische Produkte) oder von der Lebensmittelindustrie (verarbeitete Produkte). Aufgrund des im 20. Jahrhunderts immer weiter gestiegenen Agrarprotektionismus ist der Schweizer Lebensmittelhandel mit den vorgelagerten Lieferantenstufen eng verflochten. Die staatlich vorgegebene Inlandorientierung führte zu einer vertikalen Integration, welche ein gegenseitiges Abhängigkeitsverhältnis in der Wertschöpfungskette bewirkte. Liberalisierungs- und Globalisierungstendenzen weichen diese enge Verflechtung zusehends auf, was für alle "Kettenglieder" Chancen und Gefahren mit sich bringt.

---

129 Vgl. Frey 1996, S. 80.

130 LC1 von Nestlé wurde 1996 als efolgreichste Neueinführung in der Warengruppe Molkereiprodukte ausgezeichnet. Vgl. Empacher 1999, S. 7.

131 Mächtige Lieferanten können die Branchenrentabilität drücken, wenn die Unternehmen nicht in der Lage sind, die Kostensteigerungen durch ihre Preise weiterzugeben. Vgl. hierzu Porter 1995, S. 54 f.

2.5.1 Schweizer Landwirtschaft

Die Schweizer Landwirtschaft erzielte 1997 eine Endproduktion im Wert von 8 Mrd. Sfr. Zwei Drittel davon stammen aus dem Verkauf tierischer (5.5 Mrd. Sfr.) und ein Drittel aus dem Verkauf pflanzlicher Produkte (2.5 Mrd. Sfr.). 1997 wurden für 1.5 Mrd. Sfr. landwirtschaftliche Erzeugnisse exportiert und für 6.5 Mrd. Sfr. importiert. Der Selbstversorgungsgrad bei Lebensmitteln liegt in der Schweiz bei etwa 60%, allerdings mit grossen Unterschieden in den verschiedenen Lebensmittelgruppen. Während sich die Exporte bei tierischen und pflanzlichen Produkten in etwa die Waage halten (je ca. 700 Mio. Sfr.), übersteigen die pflanzlichen Erzeugnisse beim Import die tierischen deutlich (4.7 und 1.7 Mrd. Sfr.).[132]

Die Schweizer Landwirtschaft befindet sich seit Jahrzehnten in einem tiefgreifenden Strukturwandel. So ist die Anzahl der Landwirtschaftsbetriebe im Zeitraum von 1985 bis 1995 von knapp 100'000 auf 80'000 zurückgegangen. 1997 wurden in der Schweiz noch 76'000 Landwirtschaftsbetriebe gezählt.[133]

Ein wesentlicher Grund für diesen Konzentrationsprozess liegt in der technischen Entwicklung, welche auch vor der landwirtschaftlichen Produktion nicht Halt gemacht hat ("Industrialisierung der Landwirtschaft"). So hat die Anzahl der im Einsatz stehenden Spezialmaschinen und Einrichtungen in den letzten Jahrzehnten erheblich zugenommen ("Mechanisierung der Landwirtschaft"). Die Notwendigkeit der Ausnützung leistungsfähiger und teurer Einrichtungen fordert zudem die Konzentration auf bestimmte Produkte ("Spezialisierung der Landwirtschaft"). Die landwirtschaftliche Nutzfläche wird dadurch von immer weniger Bauern immer intensiver bearbeitet ("Intensivierung der Landwirtschaft").[134] Diese Entwicklung brachte auf der einen Seite eine deutliche Produktivitätssteigerung (in Form von höheren Erträgen pro Hektare). Auf der anderen Seite sind mit dem vermehrten Einsatz von Maschinen, Pestiziden und Handelsdünger auch stets Umweltbelastungen verbunden.[135]

---

132 Dies ist auf die klimatischen Bedingungen in der Schweiz zurückzuführen. Vgl. http://www.lid.ch/zahlenlw/ausundein.htm vom 19.04.1999.

133 1998 betrug die landwirtschaftliche Nutzfläche 1.078 Mio. Hektaren. Nahezu drei Viertel der landwirtschaftlichen Nutzfläche diente dem Futterbau, dessen Ertrag durch die tierische Veredelung zu Milch, Eiern, Fleisch und anderen Produkten verarbeitet wird. Vgl. http://www.lid.ch/homepage/framezahlen.htm vom 08. September 1999.

134 Vgl. Schweizerischer Bundesrat 1992, S. 27 f.

Obwohl die Anzahl Landwirtschaftsbetriebe sinkt und die durchschnittliche Betriebsgrösse steigt, kann nicht von einem Einflussgewinn der Produktionsseite auf die nachfolgenden Branchenstufen ausgegangen werden. Im Gegenteil: Mit der zunehmenden Öffnung der Grenzen wird die Industrie- und die Handelsstufe von der Schweizer Inlandproduktion noch unabhängiger, da sie ihre Produkte in zunehmenden Masse aus dem Ausland beschaffen kann. Dies führt nicht nur zu günstigeren Einkaufsbedingungen, sondern auch zu einem breiteren Sortimentsangebot.

Renaissance des Direktverkaufs ab Bauernhof

Ende der 90er Jahre erlebt der Direktvermarktungskanal in der Schweizer Lebensmittelbranche einen Aufschwung. Gründe für diese Renaissance sind:

Konsumentenfokus: Durch den Direkteinkauf beim Bauern können sich die Konsumenten von der Anbauweise und der Tierhaltung direkt ein Bild machen. Dies hilft, den als Folge der Lebensmittelskandale (Hormone im Kalbfleisch, BSE usw.) verunsicherten Konsumenten, Vertrauen zu gewinnen und Unsicherheit abzubauen. Zudem ist der Einkauf auf dem Lande ein Erlebnis (Trend Erlebniseinkauf).

Handelsfokus: Der sich intensivierende Wettbewerb auf dem Schweizer Lebensmittelmarkt zwingt die Anbieter, Kostenrationalisierungsmassnahmen umzusetzen. Kosteneinsparungen im Personalbereich führen dazu, dass immer weniger Verkäufer immer mehr Umsatz zu betreuen haben. Für kundennahe Vertriebsformen wie dem Direktverkauf ab Hof eröffnen sich durch den steigenden Abstand zwischen dem Handel und den Konsumenten neue Marktnischen.

Produzentenfokus: Für die Landwirte ist der Direktverkauf eine willkommene Möglichkeit, sich vom "Gängelband des Handels" zu lösen, eine höhere unternehmerische Freiheit zurück zu erlangen sowie als Kompensation zu den sinkenden Margen zusätzliche Einkommensmöglichkeiten zu erschliessen.

Produktefokus: Die Produkte können durch den Wegfall von Zwischenstufen, damit verbundenen Verpackungseinsparungen usw. frischer und günstiger angeboten werden.

---

[135] Vgl. hierzu näher Kap. 3.

Überlagert wird der Trend hin zum Direktverkauf vom Eigenanbau: In rezessiven Zeiten kann dessen Anteil je nach Saison und Fruchtsorte bis zu 30% betragen, was zu bedeutenden Nachfrageschwankungen im Lebensmittelhandel führt.[136]

2.5.2 Lebensmittelindustrie

In den Industrieländern ist heute ein Grossteil der konsumierten Lebensmittel vorverarbeitet. Mit verschiedenen Techniken wird die Haltbar- und Transportfähigkeit der Produkte gewährleistet, die Zubereitung vereinfacht sowie dem Innovations- und Differenzierungsanspruch Rechnung tragen.[137]

Da sich der Verzehr von Lebensmitteln nicht unbegrenzt steigern lässt, ist der Markt nicht beliebig erweiterbar. Folglich führte der Wettbewerb um Marktanteile in diesem begrenzten Markt zu einem verstärkten Differenzierungsdruck.[138] Die Produktdifferenzierung als Strategie der Absatzsteigerung ist durch einen hohen Forschungsbedarf, eine aufwendige Technik, eine hohe Kapitalintensität und steigende Marketingaufwendungen gekennzeichnet. Als Folge dieser Entwicklung entsteht ein Wettbewerbsdruck, welcher zu Lasten der Klein- und Mittelbetriebe geht.[139]

Der Kampf um Marktanteile führte auch auf der Verarbeitungsstufe zu einem verschärften horizontalen Wettbewerb und zu einem verstärkten Konzentrationsprozess. Indem der Handel glaubhaft drohen kann, weitere Rückwärtsintegration zu betreiben (z.B. Lancieren weiterer Handelsmarken), kann er diese Marktkonstellation zu seinen Gunsten nutzen.[140]

---

136 Vgl. hierzu auch die Studie von Amman/Anwander Phan huy 1996.

137 1998 beschäftigte die 130 Unternehmen der Verarbeitungsstufe in der Schweiz 22'000 Mitarbeiter und erwirtschafteten 7.7 Mrd. Sfr. (unter Einbezug der Getränkeindustrie). Die Exportquote der Lebensmittelindustrie beträgt 10%, weist aber in den Subbranchen erhebliche Unterschiede auf. Vgl. Gutmann 1999, S. 8 f.

138 Vgl. Meier-Ploeger 1995, S. 91.

139 Vgl. Spitzmüller/Pflug-Schönfelder/Leitzmann 1993, S. 108.

140 Vgl. Belz/Schneidewind/Villiger/Wüstenhagen 1997, S. 34.

Die kleinbetriebliche Struktur der Lebensmittelindustrie begünstigt die Verschiebung der Marktmacht von den Produzenten zu den Grossverteilern,[141] wodurch der Einfluss der zweiten Branchenstufe geschmälert wird und ebenfalls als gering einzustufen ist.[142] Dieser Einflussverlust wird durch verschiedene Übernahmen inländischer Produzenten durch ausländische Konglomerate (z.B. Oulevay/Wernli durch Bahlsen, Sais/Eswa/Lusso-Eldorado/Sutter durch Unilever oder Knorr durch CPC) sowie damit verbundenen Auslagerungen von Produktionsstätten weiter vorangetrieben.[143]

Demgegenüber steht der Trend des steigenden Einflusses internationaler Konzerne mit Sitz in der Schweiz (z.B. Nestlé), die für ihre Marken mit hohen Werbemitteln einen starken Nachfragesog erzeugen, so dass die Anbieter kaum darauf verzichten können, diese prestigeträchtigen Produkte im Sortiment zu listen.[144] Die internationale Strategie dieser Konzerne führt weiter dazu, dass das Nahrungsmittelangebot zusehends von standardisierter und hochverarbeiteter Massenware bestimmt wird ("austauschbares Angebot"). Dies hat auch im Verarbeitungssektor eine Polarisierung zur Folge, indem auf der einen Seite internationale, standardisierte Massenprodukte und auf der anderen Seite wieder vermehrt regionale Spezialitäten nachgefragt und produziert werden.[145]

---

141 Bloss 10% der Firmen haben mehr als 500 Personen angestellt. Vgl. Gutmann 1999, S. 18.

142 Vgl. Belz/Villiger 1997, S. 15.

143 Vgl. Ledermann 1996, S. 135.

144 Dies gilt in jüngerer Zeit auch für Migros, was zu einem steigenden Anteil Fremdmarken im Sortiment führte.

145 Vgl. Tietz 1989, S. 240 f.

Zusammenrücken in der Wertschöpfungskette: Category Management

"Category Management" ist eine Kooperationsform zwischen dem Handel und Hersteller/Lieferanten, bei welcher Warengruppen (sog. "Categories") als strategische Geschäftseinheiten geführt werden. Fragen des Betriebstyps, des Sortiments, der Preisstruktur, der Logistik sowie der Werbung werden einer konsistenten Marketingstrategie untergeordnet. Mit dem Category Management trägt der Handel der zunehmenden Fragmentierung des Marktes, den komplexen Verbraucherstrukturen sowie einer weiter entwickelten Informationstechnologie Rechnung, indem das Warengruppen-Marketing auf den Kundennutzen ausgerichtet wird.[146]

Eine optimale Warengruppenkonzeption setzt einen funktionierenden Informationsaustausch zwischen der Handels- und der Industriestufe voraus. Damit verbunden ist eine Verantwortungs- aber auch eine Kompetenzdelegation an vorgelagerte Stufen. Dies zwingt die Hersteller wiederum, ihre Kompetenzen um den Bereich "Endkundenmarketing" zu erweitern. Auf diese Weise sind nicht mehr die Pull-Signale des Handels, sondern verstärkt die Verbrauchereinstellungen massgebend.

Mit Hilfe neuer Informationstechnologien (Scanner, Internet, gemeinsame Datenbank) wird es möglich, die verschiedenen Wertschöpfungsstufen zu einem Netzwerk zusammen zu fügen. Das Ziel ist es, mit einem papierlosen Informationsaustausch über die Schnittstellen Lieferanten, Verteiler, Handel sowie Kunde einen reibungslosen Warenfluss zu gewährleisten ("Electronic Data Interchange").

1998 hat Coop ein Category Management umgesetzt. In 25 "Categories" arbeiten Vertreter aus dem Verkauf, Einkauf, Disposition, Marketing sowie Controlling mit dem Ziel zusammen, eine optimale Marktleistung zu erbringen.[147]

146 Zum Category Management vgl. Jauschowetz 1995, S. 299-314.

147 Vgl. Coop 1999, S. 6.

2.6 Fazit

In diesem Kapitel wurde ein Überblick über die fünf Wettbewerbskräfte der Schweizer Lebensmittelbranche vermittelt, welche in ihrem Zusammenspiel die Attraktivität, d.h. das Gewinnpotential der Branche bestimmen. Die Kenntnis der fünf Wettbewerbskräfte sowie das Verständnis ihres Zusammenspiels hilft den Unternehmen, innerhalb "ihrer" Branche eine Standortbestimmung vorzunehmen - und hierauf aufbauend - geeignete Strategien abzuleiten.

Die Branchenstrukturanalyse für die Schweizer Lebensmittelbranche hat gezeigt, dass der Handel das einflussreichste Glied der Lebensmittelkette ist und insbesondere die beiden Grossverteiler Migros und Coop einen hohen Einfluss auf das Wettbewerbsgeschehen ausüben. Auf der Handelsstufe ist die *Rivalität unter den bestehenden Wettbewerbern* als die stärkste Triebkraft zu bezeichnen.

Diese Rivalität mündete (in einem gesättigten Inlandmarkt) in einem *"internen Strukturwandel"*. Ausländische Wettbewerber konnten bisher mit künstlichen, d.h. politischen Massnahmen "an der Grenze" von einem Eintritt in den Schweizer Lebensmittelmarkt ferngehalten werden.

Während die Grossverteiler im Hochpreissegment bestrebt sind, durch enger gefasste Verträge zu den Lieferanten neue Barrieren zu errichten, ist im nächsten Jahrzehnt insbesondere im Tiefpreissegment mit einem *Markteintritt grosser Discounter aus dem Ausland* zu rechnen. In Antizipation dieser Ereignisse setzen die Grossverteiler bereits heute auf die Karten Rationalisierung und Profilierung. Mit Preissenkungen und einem erweiterten, innovativen Angebot gilt es, die Kunden enger ans Geschäft zu binden *(im Hinblick auf einen "externen Strukturwandel")*.

Neue Informations- und Kommunikationstechnologien bieten den etablierten Anbietern Ansatzstellen, Rationalisierungs- und Profilierungspotentiale umzusetzen. Zudem führen die neuen Technologien zu neuen Wettbewerbsformen und neuer Konkurrenz ("E-Commerce").[148]

---

148 Vgl. zu einem Überblick Kolibius 2000, S. 315 ff.

Die demographischen Entwicklungslinien sowie verschiedene *Nachfragetrends* verheissen insbesondere natürlichen und gesunden Lebensmitteln sowie solchen, die für gesund gehalten werden ("Health Food") Erfolg. Weiter im Trend sind Convenience-Produkte, Frischmarktkonzepte sowie verschiedene Formen des Ausserhaus-Konsums (Tankstellenshops, Autobahnraststätten, Lebensmittelautomaten).

Die Lieferanten verlieren in der Lebensmittelkette weiter an Einfluss. Die Landwirte versuchen, sich "vom Gängelband" des Handels zu lösen und profitieren von einer steigenden Bedeutung des Direktverkaufs ab Bauernhof (vgl. Abb. 9).

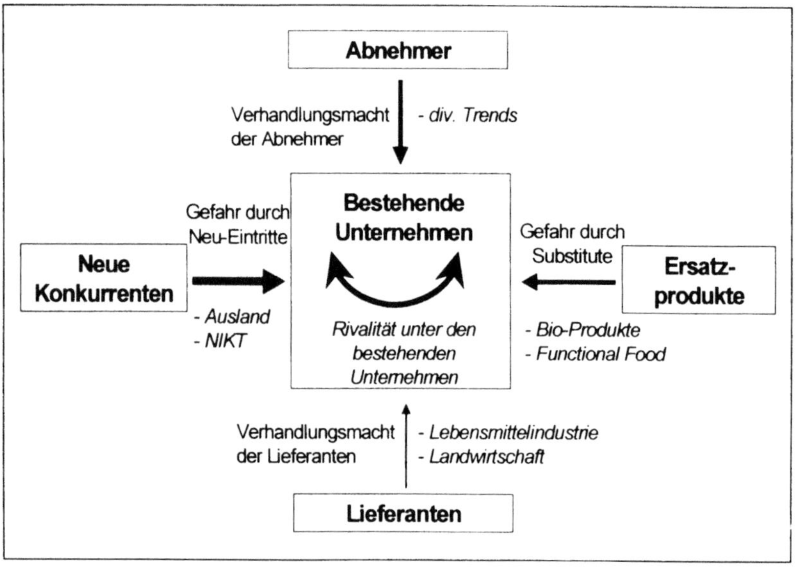

Abb. 9: Branchenstrukturanalyse Schweizer Lebensmittelbranche

Quelle: In Anlehnung an Porter 1995, S. 26

3 Ökologische Transformation

☞ Im vorangegangenen Kapitel wurde (aus Sicht des Handels) ein Überblick über den Schweizer Lebensmittelmarkt und die darin spielenden Wettbewerbskräfte vermittelt. Im folgenden stehen *ökologische Veränderungsprozesse* in der Schweizer Lebensmittelbranche im Zentrum der Betrachtungen. Anhand des "ökologischen Transformationsprozesses" wird nachgezeichnet, wie ökologische Belastungen via veränderte Rahmenbedingungen auf dem Markt schliesslich Wettbewerbsrelevanz entfalten. Hierbei wird Fragen nachgegangen wie: Welche ökologischen Belastungen gehen von den verschiedenen Stufen der Lebensmittelbranche aus? Auf welchen Wegen erlangen Umweltschutzfragen Wettbewerbsrelevanz? Welche Umweltthemen sind von den Anbietern auf dem Lebensmittelmarkt zu berücksichtigen? Welche Rolle spielen dabei die Konsumenten? Welche die Politik?

Die Branchenstrukturanalyse impliziert, dass ökologische Belastungen und Ansprüche durch fünf verschiedene Triebkräfte Wettbewerbswirksamkeit erlangen können. So ist vorstellbar, dass ein intensiver Wettbewerb die konkurrierenden Unternehmen dazu ermuntert, bessere oder auch umweltfreundlichere Produkte anzubieten (ökologische Differenzierung), dass ökologische Ersatzprodukte konventionelle Produktprogramme verdrängen, dass Lieferanten ökologisch unproblematischere Rohstoffe liefern oder die Abnehmer aus Sorge um die Umwelt und um die eigene Gesundheit vermehrt umweltfreundliche Produkte oder Lösungen fordern.

Wie im folgenden gezeigt wird, erlangen ökologisch induzierte Veränderungen in der Regel jedoch nicht auf direktem Weg Marktwirksamkeit. Bevor Unternehmen ökologische Produkte anbieten oder die Konsumenten umweltfreundlichere Produktvarianten nachfragen, läuft ein ökologischer Transformationsprozess ab, der seinen Ursprung auf der stofflich-energetischen Ebene hat und das Lenkungssystem Markt erst als letzte Stufe erreicht. Zuerst werden die Umweltprobleme von *gesellschaftlichen Anspruchsgruppen* aufgegriffen und in entsprechende Forderungen transformiert, bevor sie bei den Marktakteuren Betroffenheit auslösen.[149] Folglich greift Porters rein marktbezogene Sichtweise des Wettbewerbs im ökologischen Kontext zu kurz. Um welche Di-

[149] Vgl. Dyllick 1992, S. 402.

mensionen, resp. (gesellschaftlichen) Anspruchsgruppen ist der Betrachtungsfokus zu erweitern?[150]

Die Umwandlung ökologischer Belastungen in für die Marktakteure wettbewerbsrelevante Forderungen scheint dem ökologischen Transformationsprozess zufolge einem allgemeinen Muster zu folgen:[151]

- Auf einer ersten Entwicklungsstufe werden Umweltprobleme von den Anspruchsgruppen des *Lenkungssystems Öffentlichkeit* wahrgenommen (z.B. von Wissenschaftlern), aufgegriffen (z.B. von Umweltschutzorganisationen) und thematisiert (z.B. von den Medien).
- Auf einer zweiten Entwicklungsstufe nimmt sich - infolge des in der Öffentlichkeit erzeugten Drucks - das *Lenkungssystem Politik* der Umweltprobleme an und versucht, geeignete Lösungswege zu finden (z.B. in Form von Gesetzen).
- Auf der dritten Entwicklungsstufe wirken sich die ökologischen Probleme - aufgrund des öffentlichen Drucks und der politischen Regelungen - auf das *Lenkungssystem Markt* aus. Erreichen ökologische Belastungen als ökologische Ansprüche den Markt, kann dies für die Marktakteure relevante Veränderungen der Wettbewerbsstrukturen zur Folge haben. Auf diese Weise werden *ökologische Belastungen* in *ökologische Wettbewerbsfelder* transformiert.

Von dem hier als idealtypisch vorgestellten *indirekten*, ist der *direkte* ökologische Transformationsprozess zu unterscheiden. Im *direkten ökologischen Transformationsprozess* verlaufen ökologische Prozesse unmittelbar von der Öffentlichkeit in den Markt hinein - unter Umgehung der offiziellen Politik (vgl. Abb. 10).[152]

---

150 Der englische Begriff "Stakeholder" wird als Synonym für "Anspruchsgruppen" verstanden. Freeman definiert Stakeholder als "any group or individual who can affect or is affected by the achievement of the firm's objectives." Freeman 1984, S. 25.

151 Während dem Anspruchsgruppenkonzept eine akteursorientierte oder institutionelle Betrachtungsweise der Unternehmensumwelt zugrunde liegt, beruht das Konzept der drei externen Lenkungssysteme auf einer funktionalen Betrachtungsweise. In einer groben Sicht kann man einzelne Anspruchsgruppen bestimmten Lenkungssystemen zuordnen. So wirken zum Beispiel Umweltschutzorganisationen wie Greenpeace normalerweise im öffentlichen Lenkungssystem (womit jedoch nicht ausgeschlossen wird, dass Greenpeace auch im politischen oder marktlichen Lenkungssystem Wirkung erzielt). Vgl. hierzu Dyllick/Belz 1995, S. 58.

152 Ein Beispiel für einen direkten ökologischen Transformationsprozess ist die Auseinandersetzung um die Ölplattform Brent Spar. In diesem Konflikt hat Greenpeace mit symbolträchtigen Aktionen einen grossen Anklang in der Öffentlichkeit gefunden und einen wirksamen Boykott von

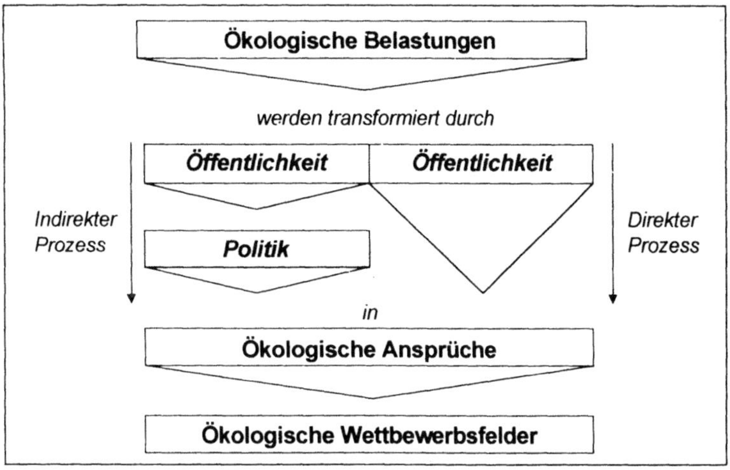

Abb. 10: Ökologischer Transformationsprozess

Quelle: Belz 1994, S. 51

In Anlehnung an diese theoretische Einführung lässt sich der Aufbau dieses Kapitels ableiten. Ausgangspunkt sind die von der Schweizer Lebensmittelbranche verursachten *ökologischen Probleme* (3.1). Nachdem diese skizziert sind, werden mit den *ökologischen Wettbewerbsfeldern* mögliche Endpunkte ökologischer Transformationsprozesse auf dem Schweizer Lebensmittelmarkt umschrieben (3.2). Wettbewerbsrelevanz entfalten in der zweiten Hälfte der 90er Jahre insbesondere aus dem Biologischen Landbau stammende Lebensmittel. Nach einem kurzen Zwischenfazit zur *ökologischen Angemessenheit* (3.3) wird der Entwicklungsprozess der Bio-Lebensmittel von einem latenten zu einem aktuellen ökologischen Wettbewerbsfeld anhand des Konzeptes des *ökologischen Transformationsprozesses* nachgezeichnet (3.4).

Shell-Tankstellen initiiert, ohne dass politische Sanktionen ergriffen werden mussten. Vgl. Dyllick/Belz/Schneidewind 1997, S. 42. Vgl. zum Beispiel "Brent Spar and Greenpeace" auch Mohr/Schneidewind 1995.

3.1 Am Anfang der Transformation stehen ökologische Probleme

☞ Die Nahrungsmittelherstellung, -beschaffung und -zubereitung hat sich in den letzten Jahrzehnten stark verändert. Der Einsatz mit fossiler Energie betriebener Bearbeitungsmaschinen, künstlich hergestellter Dünger oder Pflanzenschutzmittel in der Landwirtschaft oder neuer Nahrungsmittelverarbeitungs- und Verteilsysteme auf der Industriestufe führten zu einer Zunahme der durch die Lebensmittelbranche verursachten Umweltbelastungen.[153] Welche Umweltbelastungen gehen von der Lebensmittelbranche konkret aus? Wie können diese erfasst und dargestellt werden? Weshalb ist deren Kenntnis wichtig?

Bei der Analyse der Wettbewerbsrelevanz ökologischer Probleme in der Schweizer Lebensmittelbranche gilt es, neben der sozio-ökonomischen auch die stofflich-energetische Dimension zu berücksichtigen. Während auf der sozio-ökonomischen Ebene sozialwissenschaftliche Zusammenhänge wie veränderte Werthaltungen - und damit verbunden - ein verändertes Nachfrageverhalten im Vordergrund der Betrachtungen steht, geht es auf der stofflich-energetischen Ebene um naturwissenschaftlich fassbare Zusammenhänge (z.B. Energie- oder Ressourcenverbrauch, Luft-, Boden- oder Wasserbelastungen). Auf der Grundlage einer solchen ganzheitlichen Betrachtung lassen sich schliesslich die Auswirkungen der ökologischen Belastungen auf den Wettbewerb erfassen.[154] Denn "die ökologischen Belastungen von heute sind gewissermassen die ökologischen Wettbewerbsfelder von morgen."[155]

Belz hat für die Wirkungen, welche von der Schweizer Lebensmittelbranche auf die verschiedenen Umweltdimensionen ausgehen, nach dem Muster der ABC-Analyse eine grobe Einschätzung vorgenommen und diese in einer *ökologischen Belastungsmatrix* dargestellt. Hierzu wurden auf der horizontalen Achse der Matrix die Branchenstufen (Landwirtschaft, Lebensmittelindustrie, Lebensmittelhandel sowie Konsumenten) und auf der vertikalen Achse die relevanten Umweltdimensionen (Energie, Luft, Wasser, Boden, Abfall, Ökosysteme sowie Gesundheit) abgetragen (vgl. Abb.

---

[153] Vgl. http://www.ulme.uns.umnw.ethz.ch/umw_bel.htm vom 15. Juli 1999.

[154] Vgl. Dyllick/Belz/Schneidewind 1997, S. 5 f. Damit soll zum einen der Gefahr vorgebeugt werden, von ökologisch induzierten Veränderungen überrascht zu werden; zum anderen dass die "richtigen" Lösungen umgesetzt werden. Vgl. Belz 1994, S. 51.

[155] Belz 1994, S. 52.

11).[156] Durch die verschiedenen Matrixfelder kommt die Höhe der ökologischen Belastungen der jeweiligen Umweltdimension auf einer bestimmten Branchenstufe zum Ausdruck. Ein Ziel dieser Abschätzung ist es, die Bereiche hoher und mittlerer Umweltbelastungen innerhalb einer Branche zu identifizieren.[157]

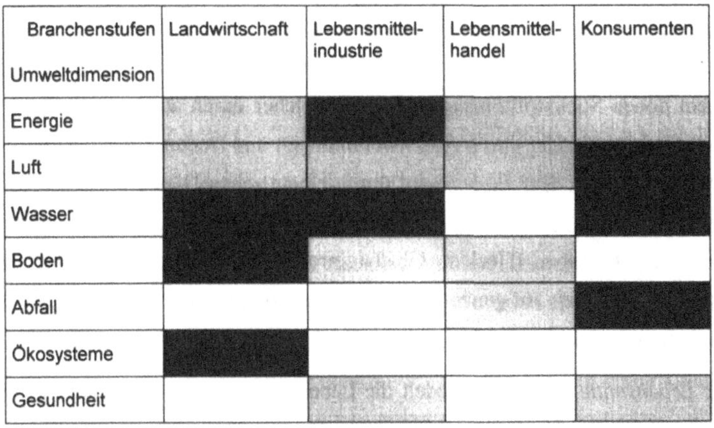

(weiss: niedrige, grau: mittlere und schwarz: hohe Umweltbelastung)

Abb. 11: Ökologische Belastungsmatrix der Lebensmittelbranche

Quelle: Belz 1995, S. 37

Die ökologische Belastungsmatrix verdeutlicht, dass von der Lebensmittelbranche eine Vielzahl von Umweltbelastungen ausgeht, die sich in ihrer Art und in ihrem Umfang stark unterscheiden:

---

156 Vgl. Belz 1995, S. 37.
157 Vgl. Dyllick/Belz/Schneidewind 1997, S. 12.

- Die *konventionelle Landwirtschaft* weist einen hohen *Energieverbrauch* auf, was auf die zunehmende Technisierung und Intensivierung der Bearbeitungsmethoden zurückzuführen ist.[158] Neben dem direkten Energieverbrauch für Treibstoffe oder Heizöl schlägt die verbrauchte Menge an indirekter Energie in Form von zugekauftem Handelsdünger oder Pflanzenschutzmittel zu Buche. Die wichtigsten Quellen landwirtschaftlich bedingter *Luftemissionen* sind die Verbrennungsmotoren, Tierexkremente, der Verdauungstrakt der Tiere, Stickstoffdünger und Pflanzenschutzmittel. Aus diesen Quellen gelangen klimawirksame Emissionen wie Methan, Lachgas oder Ammoniak in die Luft. Die *Gewässer* sind insbesondere von einem hohen Stickstoffeintrag betroffen, welcher durch abfliessende Düngemittel ins Grundwasser oder durch Abschwemmungen und Bodenerosion in Oberflächengewässer gelangt. Der *Boden* wird durch einen hohen Düngereinsatz sowie durch die Bearbeitung mit schweren Landwirtschaftsmaschinen belastet. Das Opfern von naturnahen Biotopen (Hecken, Obstbaumreihen usw.) raubt vielen Tierarten Lebensraum, was sich auf ganze *Ökosysteme* negativ auswirkt. Die Landwirtschaft ist ein Hauptverursacher des Artenschwunds.
- Die *Lebensmittelindustrie* veredelt die Lebensmittelerzeugnisse durch die Anwendung verschiedener *energieintensiver Verfahren* (Kälte-, Hitze-, Wasserentzugsverfahren oder Bestrahlung). Ein Grossteil der von der Lebensmittelindustrie verursachten *Luftemissionen* wird durch *Transporte* verursacht (z.B. CO2, NOx). Die wichtigste Quelle von *VOC*-Emissionen[159] ist der Einsatz von *Lösungsmitteln* (in Reinigungs- und Desinfektionsmitteln). *FCKW*[160] schliesslich wird in Kälte- und Blähmitteln für Kühlgeräte eingesetzt. Beim *Wasserverbrauch* ist weniger die Schadstoffkonzentration im Abwasser als vielmehr die Abwasserquantität bedenklich. Auch beim *Boden* ist der baulich genutzte Verbrauch und weniger der Schadstoffeintrag problematisch. Künstlich veränderte Lebensmittel können des weiteren zu negativen Folgen für die menschliche *Gesundheit* führen (z.B. in Form von Allergien).

---

158 Während sich die Lebensmittelproduktion von 1939-1985 verdoppelt hat, stieg der Energieeinsatz in derselben Zeitspanne um das Siebenfache (abnehmende Produktivität). Vgl. Belz 1995, S. 37 f.

159 VOC steht für Volatile Organic Compounds (= flüchtige organische Verbindungen).

160 FCKW steht für Fluorchlorkohlenwasserstoffe.

- Bei der *Handelsstufe* schlägt auf Grund deren Hauptaufgaben (Einkaufen, Verteilen und Bereitstellen von Waren) insbesondere der *Transport* (Luftemissionen) und der hohe *Energieverbrauch* zu Buche. Die Tendenz zu grösseren Läden führt zudem zu einem hohen *Bodenbedarf*. *Abfälle* fallen in Form von Verpackungsmaterialien an.
- Die *Konsumenten* schliesslich lagern (*FCKW*-Einsatz im Kühlschrank, *Energieverbrauch*) und bereiten Lebensmittel zu (*Energie-* und *Wasserverbrauch*, *Abfälle*). Zudem hat die Fehlernährung (zu viel, zu süss, zu fett, zu wenig Ballaststoffe) *gesundheitliche Probleme* zur Folge.[161]

Belz resümiert, "dass von der ersten [Landwirtschaft] sowie der letzten Branchenstufe [Konsumenten] die höchsten Umweltbelastungen ausgehen. (...) Die Umweltbelastungen der Lebensmittelindustrie werden aus einer gesamthaften Betrachtung als mittel eingestuft. Die Umweltbelastungen, die von der Stufe des Lebensmittelhandels ausgehen, können im Vergleich zu den anderen drei Branchenstufen als gering eingeschätzt werden."[162] Das ökologische Potential des Handels liegt in erster Linie in der Beeinflussung der anderen Branchenstufen (indirekter Umweltentlastungseffekt).

Die in der Belastungsmatrix dargestellten Kernprobleme bilden den Ausgangspunkt für den ökologischen Transformationsprozess in der Schweizer Lebensmittelbranche, an dessen Ende die ökologischen Wettbewerbsfelder stehen.

---

161 Vgl. zu diesem letzten Punkt auch Kap. 4.

162 Belz 1995, S. 51 f. Faist/Kytzia stützen diese Einschätzung im Wesentlichen. Sie kommen in ihrer Studie zum Schluss, dass die Handelsunternehmen durch den hohen Grad an Rückwärtsintegration insbesondere bei der Energie 30% des Gesamtverbrauchs beeinflussen können. Vgl. hierzu Faist/Kytzia 1999, S. 26.

3.2 Transformation mündet in ökologischen Wettbewerbsfeldern

☞ "Ökologische Wettbewerbsfelder kennzeichnen die ökologischen Probleme einer Branche, deren Lösung das Erlangen von Wettbewerbsvorteilen ermöglicht bzw. deren Nichteinhaltung mit beträchtlichen Wettbewerbsnachteilen einhergeht."[163]

Auf den Entwicklungsstand bezogen, können potentielle, latente und aktuelle ökologische Wettbewerbsfelder unterschieden werden. Während *aktuelle ökologische Wettbewerbsfelder* auf das Wettbewerbsgeschehen von Unternehmen oder ganzen Branchen bereits Wirkung entfalten (z.B. Lebensmittel aus biologischem Anbau), befindet sich der Einfluss *latenter ökologischer Wettbewerbsfelder* in einem Anfangsstadium. Ökologische Lösungsvarianten treten hier erst in Nischen auf und werden lediglich von einzelnen Pionierunternehmen lanciert (z.B. regionale Produkte). *Potentielle ökologische Wettbewerbsfelder* zeichnen sich dadurch aus, dass die ökologischen Probleme erst wahrgenommen werden (z.B. Konsumökologie).[164]

Ökologische Probleme werden in der Regel erst dann wahrgenommen und von den Unternehmen aufgegriffen, wenn sie am Markt virulent werden, d.h. die Kosten- und Differenzierungsposition von Unternehmen verändern (aktuelle ökologische Wettbewerbsfelder).[165] Dies birgt für Unternehmen die Gefahr, von ökologisch induzierten Wettbewerbsveränderungen überrascht zu werden. Mit der Heuristik der ökologischen Wettbewerbsfelder können latente oder potentielle ökologische Probleme frühzeitig identifiziert werden.[166] Ökologische Wettbewerbsfelder, welche sich noch in einem frühen Stadium befinden, bieten für Unternehmen zudem Chancen, diese im eigenen Interesse mitzugestalten. Ebenso ausgeprägt ist aber auch das Risiko, nicht mehr amortisierbare Investitionen zu tätigen ("sunk costs"), falls sich das Wettbewerbsfeld nicht zum erwarteten aktuellen Status hin entwickeln sollte.

---

[163] Dyllick/Belz/Schneidewind 1997, S. 57. Zu den ökologischen Wettbewerbsfeldern in der Lebensmittelbranche vgl. Belz 1995, S. 231 ff. sowie Belz/Villiger 1997, S. 21 ff.

[164] Vgl. Dyllick 1999a, S. 391.

[165] Vgl. Dyllick/Belz/Schneidewind 1997, S. 57.

[166] Vgl. Belz 1995, S. 230.

Welche ökologischen Wettbewerbsfelder erzielen Ende der 90er Jahren bereits Wirkung auf dem Schweizer Lebensmittelmarkt? Welche sind daran, eine solche zu erlangen? Ökologische Verpackungen, der Verzicht auf gentechnisch veränderte Produkte, das Angebot von regionalen Spezialitäten oder biologischen Produkten eröffnet den Anbietern des schweizerischen Lebensmittelmarktes Differenzierungsmöglicheiten.[167] Die Konsumenten wiederum können mit ihrer Ernährungsweise und Konsumhaltung einen massgebenden Beitrag zur Umweltentlastung beisteuern.

3.2.1 Ökologisches Wettbewerbsfeld Verpackung

1948 führte Migros in der Schweiz den ersten Selbstbedienungsladen ein. Noch im selben Jahr übernahmen weitere Konsumgenossenschaften das neue Vertriebskonzept, was zu einem Zentralisierungsschub der Verteilungs- und Vertriebsstrukturen führte. Mit dieser Umstellung zum Selbstbedienungskonzept stieg die Bedeutung der Verpackung für Lebensmittel.[168] Die Verpackung hatte neu neben einer Schutz- auch Kommunikationsfunktionen zu übernehmen. Weiter kam ihr die Aufgabe zu, das direkte, beratende Gespräch zwischen dem Lebensmittelhändler und dem Konsumenten zu übernehmen: "Die Verpackung musste nun selbst sprechen und für die Ware werben, zum Kauf bewegen".[169]

Mit dem steigenden Bedarf an Verpackungsmaterialien sind ökologische Belastungen verbunden - angefangen mit der Rohstoffgewinnung bis hin zur Entsorgungsproblematik. In der Schweiz fallen jährlich rund eine Million Tonnen Siedlungsabfälle an, die auf den Ernährungsbereich zurückzuführen sind (entspricht ca. 25% der privaten Siedlungsabfälle).[170] Die damit zusammenhängenden Belastungen verschiedener Umweltmedien (Luft, Wasser, Abfälle) bilden den Ausgangspunkt für das *ökologische Wettbewerbsfeld Verpackung*. Betroffen von der Verpackungsproblematik sind insbesondere der Lebensmittelhandel sowie die -industrie.

---

167 Vgl. hierzu und zum folgenden Belz/Villiger 1997, S. 21 ff.

168 Vgl. Rigendinger 1997, S. 38.

169 Gysin/Poppenwimmer 1994, S. 155.

170 Damit verursacht jede Person in der Schweiz 145 kg ernährungsbedingte Siedlungsabfälle pro Jahr. Vgl. Belz 1995, S. 50 f. sowie Belz/Villiger 1997, S. 22.

Die Anfänge des ökologischen Wettbewerbsfeldes Verpackung gehen in die frühen 80er Jahre zurück. Mit dem Joghurt-Zirkulationsglas löste Toni 1982 die Diskussion um Einweg vs. Mehrweg sowie um Glas vs. Kunststoff aus. Auf diese Weise trug Toni zur Sensibilisierung der Bevölkerung für Verpackungsstoffe und -quantitäten bei.[171] 1984 gab das Bundesamt für Umwelt, Wald und Landschaft (BUWAL) den Auftrag zur Studie "Ökobilanzen von Packstoffen". Daraufhin wurden die wissenschaftlichen Grundlagen zur ökologischen Beurteilung von Verpackungen erarbeitet. 1985 entwickelte Migros das Computerprogramm "Ökobase I", welches eine ökologische Beurteilung von Verpackungen auf effizientem Wege ermöglichte.

Mitte der 80er Jahre gewann das ökologische Wettbewerbsfeld Verpackung auch im Lenkungssystem Öffentlichkeit an Bedeutung, indem Packstoffe wie PVC oder Aluminium in die Kritik gelangten. Migros und Coop eliminierten als Folge davon erste Verpackungsmaterialien aus ihrem Sortiment und profilierten sich damit auf dem Markt.

Weiteren Aufschwung erhielt die Verpackungsdiskussion mit der Einführung der *Kehrichtsackgebühr* in zahlreichen Gemeinden und Städten Anfang der 90er Jahre. Infolge dieser verursachergerechten Lösung lassen Konsumenten unnötige Umverpackungen vermehrt im Laden zurück oder wählen Produkte mit reduzierter Verpackung. Die Umweltverträglichkeit der Verpackung entwickelte sich Anfang der 90er Jahre für eine massgebende Zahl von Lebensmittelkonsumenten zu einem relevanten Kaufkriterium. Mit diesem Verhalten vermittelten die Konsumenten den vorgelagerten Branchenstufen ihre veränderten Konsumbedürfnisse ("Öko-Pull"). Eine aufgrund öffentlichen Drucks erlassene politische Massnahme führte folglich via nachfrageseitige Verhaltensänderungen zu einem für Produktions- wie Handelsunternehmen relevanten ökologischen Differenzierungskriterium.

Im Zuge dieses Trends lancierten die beiden Grossverteiler Migros und Coop 1991 den Milchschlauchbeutel als ökologische Alternative zum Tetra Brik. Trotz anfänglicher Probleme (Lichtdurchlässigkeit) und Defizite in der Handlichkeit setzte sich der Milchschlauchbeutel auf dem Markt durch und erzielte bereits ein Jahr nach der Lancierung einen Marktanteil von 30%.[172]

---

171 Vgl. näher zum "Fall Toni" Dyllick 1988, S. 51-55.
172 Vgl. zu diesem Beispiel Dyllick/Belz/Schneidewind 1997, S. 3.

Die Verpackungsoptimierung brachte jedoch nicht nur ökologische, sondern auch ökonomische Einsparpotentiale mit sich. Diese sorgten dafür, dass ökologische Verpackungen bald zum *Standard* in der Lebensmittelbranche wurden. Seit Mitte der 90er Jahre wird die Umweltverträglichkeit der Verpackung von einer Mehrheit der Konsumenten als Selbstverständlichkeit betrachtet. Migros und Coop erfüllen diese Erwartung, indem sie alle Verpackungen mit Hilfe von Ökobilanzen systematisch bewerten. Damit übernehmen sie für die Verbraucher eine Vorselektionsfunktion.

Die Minimierung und Optimierung der Verpackungsmaterialien sowie die Einhaltung von ökologischen Mindeststandards dienen Handelsunternehmen heute nicht mehr dazu, sich im Wettbewerb zu profilieren (abnehmende Bedeutung), sondern helfen vielmehr, Wettbewerbsnachteile zu vermeiden und *Kosten einzusparen* (Entwicklung vom Differenzierungs- zum Kostenfaktor).[173]

3.2.2 Ökologisches Wettbewerbsfeld Gentechnologie

Ausgangspunkt des ökologischen Wettbewerbsfeldes Gentechnologie sind die schwer abschätzbaren Risikopotentiale, welche sich durch Eingriffe in das Erbgut von Lebewesen für die menschliche Gesundheit und die Umwelt ergeben. So wird etwa befürchtet, dass sich transgene Organismen unkontrolliert ausbreiten und nicht transgene Pflanzen aufgrund eines Selektionsvorteils verdrängen oder dass durch diese neuartige Viren und Allergien hervorgerufen werden könnten.[174] Die Gentechnologie gelangt inzwischen in der Medizin (Arzneimittel, Lebendimpfstoffe), in der Umwelttechnik (Produkte für den mikrobiellen Abbau von Schadstoffen wie z.B. Schwefel), in der Landwirtschaft (Einsatz von Bakterien und Viren zur Schädlingsbekämpfung) oder in der Lebensmittelindustrie (Herstellung "neuer" Produkte) zur Anwendung.[175]

---

[173] Zur ökologischen Herausforderung der Getränkekartonindustrie vgl. Volle 1997.

[174] 1999 führte eine Einsprache von Bio-Bauern im Kanton Aargau dazu, dass der erste Freisetzungsversuch von gentechnisch verändertem, herbizidresistentem T-25-Mais vom BUWAL abgelehnt wurde. Die Bio-Bauern verlangten in ihrer Einsprache, dass ihre Felder geschützt werden und drohten erfolgreich mit einer allfälligen Schadenersatzklage im Falle von Auskreuzungen und Vermischungen von Gentech- und Biopollen. Vgl. Greenpeace 1999, S. 6.

[175] Vgl. Schweizerischer Bundesrat 1997, S. 19.

Die Möglichkeit, Eigenschaften und Verhalten von Organismen zu verändern, ist in der Tier- und Pflanzenzucht seit jeher genutzt worden.[176] Das Erbgut eines Organismus gentechnisch zu verändern oder das Erbgut verschiedener, nicht näher verwandter Organismen zu kombinieren, ist hingegen erst seit etwa zwanzig Jahren möglich.[177] Die ersten Freilandversuche erfolgten 1986 in den USA. Der Durchbruch in der öffentlichen Auseinandersetzung erfolgte jedoch erst Anfang der 90er Jahre. Die Diskussionen und die Medienberichte um die Inverkehrsetzung der Flavr-Savr "Anti-Matsch"-Tomate sorgte in den USA dafür, dass die Gentechnologie einer breiteren Öffentlichkeit bekannt wurde. Im Zuge der folgenden Auseinandersetzungen wurde in der Schweiz 1992 mit dem "Basler Appell gegen Gentechnologie" eine landesweite Kampagne gegen gentechnisch veränderte Lebensmittel lanciert. Gemeinsam mit Umweltschutz- und Konsumentenschutzorganisationen wurde eine klare Deklarations- und Kennzeichnungspflicht für sämtliche mit Hilfe von gentechnischen Verfahren hergestellten oder veränderten Lebensmitteln und Zusatzstoffen gefordert.[178]

Die Verkaufszulassung der Gentech-Soja und das noch nicht geklärte gesundheitsschädigende Potential von gentechnisch veränderten Organismen führte zu einer *Verunsicherung* in der Bevölkerung gegenüber dieser neuen Technologie.[179] Denn ein nicht deklariertes, vermischtes Angebot von gentechnisch veränderten und unveränderten Produkten käme einer Einschränkung der Konsumentenfreiheit gleich.

Der Schweizer Lebensmittelhandel begegnet dieser Verunsicherung bei den Konsumenten, indem er versucht, das Sortiment so lange wie möglich gentechfrei zu halten oder andernfalls Gentechprodukte als solche zu deklarieren. Durch eine klare Abgrenzung und das Ergreifen von entsprechenden Massnahmen gegenüber gentechnologisch veränderten Lebensmitteln (Verzicht, Auslistung, Deklaration) eröffnen sich dem Handel *Profilierungsmöglichkeiten* (Vertrauensgewinn bei den Konsumenten, Image-

---

176 Die Gentechnik ist ein Zweig der Biotechnologie. Bei der Biotechnologie werden lebende Organismen zur Produktion bestimmter Stoffe beigezogen. Die Gentechnologie ermöglicht die Veränderung (Manipulation) des Erbmaterials. Einzelne Gene werden dabei lokalisiert, isoliert, zerschnitten und verpflanzt. Durch den Austausch der Gene entstehen Lebewesen mit neuen Eigenschaften. Vgl. Basler Appell gegen Gentechnologie und Schweizerische Arbeitsgruppe Gentechnologie 1994.

177 Vgl. Schweizerischer Bundesrat 1997, S. 17.

178 Zum Überblick über die Geschichte und dem Lebenszyklus der Gentechnologie im Lebensmittelbereich vgl. Belz 1995, S. 236 ff.

179 1998 wird die Genschutzinitiative vom Schweizer Volk abgelehnt. Wie die Skepsis gegenüber gentechnisch veränderten Lebensmitteln jedoch deutlich macht, ist dies als Befürwortung zur Anwendung der Gentechnologie im Medizinal- und nicht im Lebensmittelbereich zu interpretieren.

gewinn).[180] 1999 führen beide Grossverteiler ein *gentechfreies Sortiment*. Der Verzicht auf Gentech-Lebensmittel wird bei Migros als Teil der Unternehmenskultur begründet. Nachdruck wird dieser Haltung mit der Gründung einer *Allianz* verliehen, in welcher sich Migros mit sechs europäischen Lebensmittelgruppen zur Verhinderung des Gentech-Einzugs im Handel zusammenschloss.[181]

Das ökologische Wettbewerbsfeld Gentechnologie unterscheidet sich seinem Wesen nach von den anderen in diesem Abschnitt vorgestellten ökologischen Wettbewerbsfeldern. Während eine ökologische Verpackung, die biologische Anbauweise oder die regionale Herkunft von Lebensmitteln den Marktakteuren Differenzierungsmöglichkeiten eröffnen, müssen Gentechprodukte als solche deklariert werden, was einem *Negativsignal* gleichkommt.[182] Der Beitrag zum Ökologisierungsprozess beim ökologischen Wettbewerbsfeld Gentechnologie eröffnet sich den Marktakteuren somit vielmehr in Form einer *Verhinderung* eines breiten, unkontrollierten Einzugs der Gentechnologie im Ernährungsbereich.[183]

Aufgrund der Skepsis bei den Konsumenten sowie dem faktischen Boykott von Migros und Coop scheinen sich genveränderte Lebensmittel auf dem Schweizer Lebensmittelmarkt nicht durchsetzen zu können. Das ökologische Wettbewerbsfeld Gentechnologie verharrt infolgedessen in *latentem Stadium*.

Die Zukunft ist jedoch als offen zu betrachten. Es ist möglich, dass Forschungsfortschritte in der Gentechnologie Vorzüge hervorbringen, welche bei den Konsumenten Akzeptanz und auf dem Markt den Durchbruch bringen (Aufschwung des Lebenszyklus'). Solche Vorzüge können in *Kostenrationalisierungs-* (verbesserte Transport- und Lagerhaltungseigenschaften, billigere Herstellungs- und Verarbeitungsweise) oder auch in *Profilierungsaspekten* liegen (höhere Vitamin-, Enzym- sowie Nährstoffwerte gentechnisch veränderter Produkte).

---

180 Vgl. Belz/Villiger 1997, S. 37.

181 Zu diesem Konsortium gehört neben Migros Sainsbury's und Marks and Spencer (GB), Carrefour (F), Effelunga (I), Delhaize (B) sowie Superquinn (Irland).

182 WWF schätzt, dass 80% der Konsumenten die Gentechnik im Lebensmittelbereich ablehnt. Vgl. WWF 1997, S. 3.

183 Vgl. Belz/Schneidewind/Villiger/Wüstenhagen 1997, S. 3.

Genauso ist jedoch vorstellbar, dass die "Gentechwelle" im Lebensmittelbereich nach einem kurzen Aufschwung auf der Produktionsseite als Folge der nachfrageseitigen Skepsis und dem öffentlichen Druck wieder abflaut (Abbruch des Lebenszyklus). Neben den Forschungsfortschritten hängt diese Entwicklung von der *Kommunikationsweise* der Unternehmen ab. Denn mit einer Strategie der Ignoranz gegenüber der bestehenden Unsicherheit auf der Konsumentenseite wird die öffentliche Meinung nicht zu ändern und die Gentech-Debatte kaum zu gewinnen sein.

3.2.3 Ökologisches Wettbewerbsfeld Transport/Regionalisierung

Ansatzpunkte des ökologischen Wettbewerbsfeldes Transport/Regionalisierung sind die von Transporten verursachten ökologischen Probleme (Luft- und Lärmemissionen)[184] sowie die als Gegentrend zur Globalisierung zu verstehende Re-Orientierung an traditionellen, regionalen Werten der Konsumenten.[185]

Eine Untersuchung in Deutschland zeigt, dass die Transportströme im Lebensmittelbereich markant ansteigen. So ist das Transportvolumen von 1970-90 bei einer stagnierenden Bevölkerungszahl um 70% gewachsen.[186] Diese Zunahme der Verkehrsströme ist zum einen auf die *Zentralisierung* der Produktionsstandorte zurückzuführen, die ein höheres Transportaufkommen in der Beschaffung und beim Vertrieb zur Folge haben. Zum anderen lässt sich die Zunahme der Produktströme als Folge der *Internationalisierung* des Lebensmittelangebotes erklären. Die Liberalisierung/Globalisierung bringt Veränderungen in den Beschaffungs- und Vertriebsstrukturen mit sich und führt zu einem weiteren Anstieg der Transportströme. Neben direkt hervorgerufenen Umweltbelastungen sind mit diesem Anstieg der Transportströme *indirekte Umweltbelastungseffekte* zu erwarten. So ergeben sich durch die längeren Transportwege neue Anforderungen an die Haltbarkeit der Produkte, an die Kühlvorrichtungen, die Verpackung usw.

---

184 Zu den ökologischen Problemen in der Güterverkehrsbranche vgl. Hugenschmidt 1995, S. 56-88.

185 Rieder/Anwander Phan-huy sprechen in diesem Zusammenhang von einer Rückbesinnung auf traditionelle Werte, die den regionalen Produkten zu einem Aufschwung verhelfen. Vgl. Rieder/Anwander Phan-huy 1994, S. 125. In Kap. 2 wurden diese Zusammenhänge unter den Trend "Cocooning" gefasst.

186 Vgl. Mildner/Böge 1996, S. 4.

Die beiden Grossverteiler Migros und Coop bemühen sich vor dem Hintergrund dieser Umweltrelevanz seit längerem um eine Verbesserung der Öko-Effizienz im Transportbereich. Die Optimierung von logistischen Prozessen oder die Verlagerung auf die Schiene (Kombirail-System) können - analog zum ökologischen Wettbewerbsfeld Verpackung - neben ökologischen Verbesserungen auch zu *Kosteneinsparungen* führen. Für die Zukunft ist zu erwarten, dass der Kostenfaktor an Gewicht gewinnen wird.[187]

Das vermehrte Auftreten regionaler Produktorganisationen ist ein Hinweis dafür, dass die Konsumenten der Herkunft der Produkte zunehmend Beachtung schenken.[188] Mit der Initiierung regionaler Produktorganisationen versuchen Landwirte, *Differenzierungschancen* zu nutzen und damit die Einkommenseinbussen zu kompensieren, welche sich im Zuge der Agrarreform 2002 ergeben. Regionale Produkte bieten dem Konsumenten zudem die Möglichkeit, sich von den Herstellungsbedingungen der Lebensmittel persönlich ein Bild zu machen. Dies ist von steigender Relevanz, da diese Nachprüfbarkeit infolge der zeitlichen und geographischen Entkopplung von der Lebensmittelproduktion weitgehend verloren gegangen ist - und mit ihr als Folge der zahlreichen Skandale auch das Vertrauen in die Lebensmittelproduktion.[189]

Es lässt sich resümieren, dass die Bemühungen, die Transportströme umweltverträglicher zu gestalten (Verlagerung auf die Schiene) und zu vermindern (Optimierungsmassnahmen in der Logistik) für Umweltentlastungseffekte sorgen - im Vergleich zu den steigenden Belastungen (steigenden Transportströme als Folge der Liberalisierung/Globalisierung) allerdings in geringem Umfang.

Das Aufkommen regionaler Produkte hilft wiederum, Transportströme zu mindern. Regionale Produkte eröffnen insbesondere kleineren, unabhängigen Lebensmitteldetaillisten oder Landwirten *Differenzierungsmöglichkeiten*. Dennoch kann nicht von einer hohen Wettbewerbsbedeutung regionaler Produkte ausgegangen werden. Dies ist darauf zurückzuführen, dass sich die Grossverteiler beim Angebot von regionalen Produkten aufgrund der im Vergleich zu konventionellen Massengütern hohen Kosten in

---

187 In diese Richtung wirkt z.B. die leistungsabhängige Schwerverkehrsabgabe, welche in der Schweiz ab dem Jahr 2001 zu entrichten ist.

188 Regionale Produkte sind durch die explizite Bezugnahme zum Ort der Produktion gekennzeichnet. Vgl. zur Definition, Kennzeichnung und zu einer Einteilung regionaler Produkte Hofer/Stalder 1998.

189 Die 1997 in Kraft getretene Verordnung über den Schutz von Ursprungsbezeichnungen und geographischen Angaben für landwirtschaftliche Erzeugnisse bietet den Anbietern regionaler Produkte einen rechtlichen Rahmen.

der Beschaffung, Verteilung und Vermarktung zumeist noch passiv verhalten. Weil regionale Produkte einen geringen Anteil zum Umsatz im Handel beisteuern (weniger als 1%), ist von einem potentiellen, bestenfalls *latenten Status* des ökologischen Wettbewerbsfeldes Transport/Regionalisierung auszugehen.[190]

3.2.4 Konsumökologie

Die umweltfreundlichste Ernährungsweise ist die Selbstversorgung aus dem eigenen Garten (unter Verzicht auf den Einsatz von Pflanzenschutzmitteln und Mineraldüngern). Heute haben jedoch nur noch wenige Schweizer die Möglichkeit, nach diesem Muster zu leben.[191] Dennoch haben die Konsumenten einen grossen Spielraum für ein umweltgerechtes Ernährungsverhalten. Zum einen können die Konsumenten mit verschiedenen Aktivitäten in den Bereichen Einkauf, Lagerung, Zubereitung und Entsorgung von Lebensmittel (-resten) einen *direkten Beitrag* zu einer Entlastung der Umwelt leisten.[192] Durch die Wahl von umweltschonend produzierten Lebensmitteln haben die Konsumenten mit ihrem Einkaufsverhalten zum anderen *indirekten* Einfluss auf die durch die Lebensmittelkette verursachten Umweltbelastungen.

Jungbluth, der in seinen Studien die ökologischen Folgen verschiedener Lebensstile und Konsummuster untersucht, stellt fest, dass die Konsumenten die Umweltauswirkungen auf jeder Stufe des "Konsumentenzyklusses" von "Einkauf - Heimtransport - Lagerung - Zubereitung - Entsorgung" vielfältig beeinflussen können. Er empfiehlt dem umweltbewussten Konsumenten etwa vermehrt Gemüse statt Fleisch zu konsumieren, mit einem Umweltlabel gekennzeichnete Produkte zu wählen, Saisonprodukte vorzuziehen (Freilandprodukte), auf die Herkunft der Produkte zu achten (Regionalität), beim Heimtransport aufs Auto zu verzichten, die Lagerhaltungs- und Zubereitungszeiten zu minimieren, frische Produkte oder solche mit einer geringen Verarbeitungstiefe zu wählen, auf ein geringes Gewicht der Verpackung zu achten, Abfälle zu vermeiden sowie in der Haushaltsführung Energie zu sparen.[193]

---

190 Vgl. Belz/Villiger 1997, S. 33.

191 Vgl. Jungbluth 1999, S. 65.

192 Faist/Kytzia geben in ihrer Untersuchung an, dass die privaten Haushalte durch Kühlen und Kochen 17% des Gesamtenergieverbrauchs in der Lebensmittelkette verursachen. Hinzu kommen 4% für Transporte der Lebensmittel. Vgl. Faist/Kytzia 1999, S. 26.

193 Zu den Punkten 1-6 vgl. http://www.ulme.uns.umnw.ethz.ch/handlung.htm vom 23.09.99. Zu den

Einflussnahme des Konsumenten auf der institutionellen Ebene

Die Einflussmöglichkeiten des Konsumenten erschöpfen sich nicht auf der individuellen Konsumentenebene, sondern umfassen zudem eine *institutionelle Ebene*. Knobloch spricht in diesem Zusammenhang von einer zweistufigen Ethik.[194] Die ethische Verantwortung setzt wohl beim individuellen moralischen Handeln des Menschen an. Bei der Betrachtung der individuellen Handlungen ist jedoch zu beachten, "dass die Grundbeziehungen, in denen jeder Mensch unmittelbar steht, immer auch vermittelt sind durch die Struktur der gesellschaftlichen Institutionen, innerhalb derer sie sich konkret herausbilden."[195]

Das individuelle Handeln des Menschen kann somit nicht unabhängig vom Umfeld verstanden werden, in welchem er sich bewegt. Folglich trägt der einzelne Mensch nicht nur für sein individuelles Handeln die Verantwortung, sondern auch für die (Mit-) Gestaltung der gesellschaftlichen Strukturen, welche ein verantwortliches Handeln erst ermöglichen. So kann ein aktiver Staatsbürger unter Wahrnehmung seiner ordnungspolitischen Mitverantwortung durch sein Wahl- und Abstimmungsverhalten die *politischen Rahmenbedingungen* für den Lebensmittelmarkt mitgestalten. Und durch eine Unterstützung von Konsumenten- und Umweltschutzorganisationen kann er weiter mithelfen, Druck aus dem *Lenkungssystem Öffentlichkeit* zu erzeugen.[196]

Im Bereich des *Kaufverhaltens* (Mitsteuerung des Angebotes durch die Wahl der Produkte) werden sich die Konsumenten ihrer tragenden Rolle - wie im nächsten Abschnitt gezeigt wird - in zunehmendem Masse bewusst. Kaum Wirkung entfalten Ende der 90er Jahre jedoch einschränkende Massnahmen wie der Verzicht aufs Auto beim Lebensmittelkauf. Während im ersten Fall ein persönlicher Anreiz (gesundheitliche Vorzüge biologischer Lebensmittel) existiert, bestehen bei der Umweltentlastung durch eine Verhaltensänderung (Verzicht aufs Auto, Kauf teurer Kühlschränke, Kom-

Punkten 7-10 vgl. Jungbluth/Köllner 1998, S. 11.

194 Vgl. Knobloch 1995, S. 142.

195 Rich 1991, S. 65.

196 Vgl. Villiger 1998, S. 58 ff.

postierung von organischen Abfällen usw.) kaum internalisierbare Vorteile. Im zweiten Fall der direkten Einflussnahme hat der Einzelne im Dienste des Umweltschutzes einen Zusatzaufwand auf sich zu nehmen, wovon in erster Linie die Gemeinschaft und nicht der Handelnde selbst profitiert. Aufgrund des als Folge hieraus geringen Umsetzungsgrades wird die "Konsumökologie" als *potentielles ökologisches Wettbewerbsfeld* bezeichnet. Die folgende Abbildung gibt einen Überblick über die ökologischen Wettbewerbsfelder auf dem Schweizer Lebensmittelmarkt (vgl. Abb. 12).

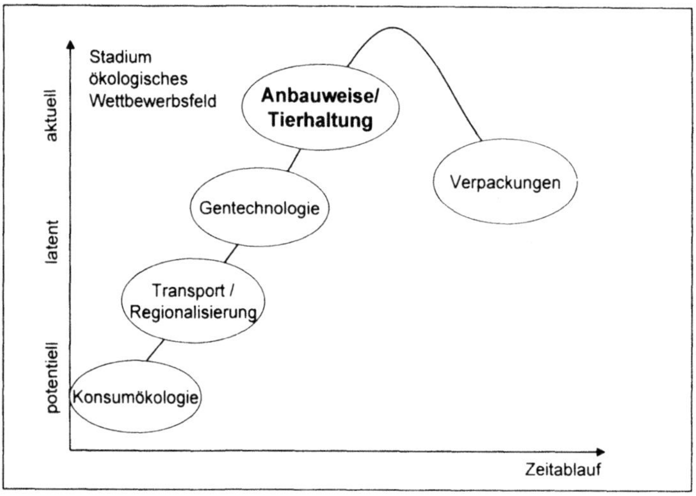

Abb. 12 : Ökologische Wettbewerbsfelder auf dem Schweizer Lebensmittelmarkt

Quelle: Dyllick/Belz/Schneidewind 1997, S. 62

Wie Abb. 12 andeutet, weist das ökologische Wettbewerbsfeld *Anbauweise/Tierhaltung* Ende der 90er Jahre den aktuellsten Status auf. Auf dessen Entwicklung "von einem ökologischen Problem zu einem Wettbewerbsrelevanz entfaltenden Differenzierungsfaktor" wird nach einem kurzen Zwischenfazit zur Frage der "ökologischen Angemessenheit" ausführlicher eingegangen.

3.2.5 Zwischenfazit - Frage nach der ökologischen Angemessenheit

> Von einer *ökologischen Angemessenheit* kann ausgegangen werden, wenn die erhobenen ökologischen Ansprüche die relevantesten ökologischen Belastungen zum Inhalt haben.[197] Diskrepanzen "zwischen Anspruch und Wirklichkeit" der Belastung weisen darauf hin, dass es in Zukunft zu erheblichen Veränderungen bei den ökologischen Ansprüchen aus den verschiedenen Lenkungssystemen kommen kann.[198] Denn mit einem steigenden Wissen um die ökologischen Zusammenhänge (besserer Forschungs- und Informationsstand) ist davon auszugehen, dass sich die "objektiven Belastungen" und die "subjektiven Ansprüche" zunehmend angleichen.

Indizien zur Verifizierung dieser These lassen sich Ende der 90er Jahre bei verschiedenen ökologischen Wettbewerbsfeldern finden. 1997 hielten Dyllick/Belz/Schneidewind fest, dass die *Dominanz der Verpackungsproblematik im Markt* angesichts der ökologisch sehr viel bedeutenderen Herausforderung in der Landwirtschaft und im Lebensmittelkonsum fragwürdig erscheint.[199] Zwei Jahre später kann konstatiert werden, dass dieses Missverhältnis zum Teil korrigiert wurde. Denn die Verpackungsproblematik ist zwar nach wie vor ein Thema, hat jedoch den Höhepunkt an Relevanz überschritten. Das *aktuellste ökologische Wettbewerbsfeld* ist Ende der 90er Jahre aufgrund der verursachten Umweltbelastungen folgerichtig die *Anbauweise/Tierhaltung*.

Das ökologische Wettbewerbsfeld *Gentechnologie* verweist auf die Bedeutung der Konsumentenakzeptanz für den Durchbruch einer Innovation. Verweigern sich die Konsumenten einer neuen Produktkategorie, fällt es der Industrie schwer, selbst politisch gestützte "Fortschrittstechnologien" auf dem Markt durchzusetzen - der Lebenszyklus des ökologischen Wettbewerbsfeldes Gentechnologie droht abzureissen, bevor es seinen modelltheoretischen Zenit erreicht hat.

---

197 Ökologische Ansprüche bilden die Brücke zwischen der stofflich-energetischen und der sozioökonomischen Ebene, indem sie ökologische Probleme thematisieren, daraufhin den ökologischen Transformationsprozess in Gang setzen und schliesslich zu Wettbewerbsveränderungen führen. Anhand einer ökologischen Anspruchsmatrix können die zentralen ökologischen Ansprüche (analog zur ökologischen Belastungsmatrix) erfasst und visualisiert werden. Vgl. hierzu Belz 1995, S. 52-65.

198 Vgl. Dyllick/Belz/Schneidewind 1997, S. 30.

199 Vgl. Dyllick/Belz/Schneidewind 1997, S. 72.

Fraglich ist, wie weit sich das ökologische Wettbewerbsfeld *Transport/Regionalisierung* entwickeln wird. Im Zuge der Verhandlungen zu den flankierenden Massnahmen der bilateralen Verhandlungen mit der EU wird vermehrt eine Verlagerung des Güterverkehrs auf die Schiene gefordert. Die *Ausbreitung regionaler Produkte* wiederum hängt in hohem Masse vom Verhalten der Handelsstufe ab. Die Tendenz geht bei den Grossverteilern - unter dem Druck einer potentiellen Konkurrenz aus dem Ausland - jedoch vermehrt in Richtung Zentralisierung und Rationalisierung der Geschäftsprozesse, was regionalen Produkten wiederum Marktnischen eröffnet.

Eine Diskrepanz zwischen der Belastungsintensität und dem Entwicklungsstand eröffnet sich beim ökologischen Wettbewerbsfeld *Konsum-/Ernährungsökologie*. Der Einkauf und Konsum sowie die Zubereitung von Nahrungsmitteln belastet die Umwelt heute in nicht unbeträchtlichem Masse. Zu einer Einschränkung beim Einkauf (Autogebrauch) oder bei der Produktauswahl (Saisonalität, Regionalität) scheinen sich die Konsumenten jedoch nicht durchringen zu können. Dies bekräftigt die These, dass es zum Durchbruch eines ökologischen Wettbewerbsfeldes eines *individualisierbaren Nutzens* bedarf.

Diesen individuellen Nutzen stiften *naturnah produzierte Lebensmittel* in Form eines Beitrags zum gesundheitlichen Wohlbefinden. Dem Handel wiederum stiften Bio-Lebensmittel eine willkommen Differenzierungsmöglichkeit in einem rauher werdenden Wettbewerbsumfeld. Bio-Produkte weisen neben einer ökologischen und einer gesundheitlichen somit in zunehmendem Masse auch ökonomische Relevanz auf. Im folgenden wird anhand dieses aktuellsten ökologischen Wettbewerbsfeldes exemplarisch nachgezeichnet, wie der *vertikale Ökologisierungsprozess* von den Belastungen (hier auf der Landwirtschaftsstufe) hin zu einem aktuellen ökologischen Wettbewerbsfeld (hier: Anbauweise/Tierhaltung) konkret abläuft.

3.3 Entwicklung der Bio-Lebensmittel von ökologischen Problemen zum ökologischen Wettbewerbsfeld

Nachdem der Ausgangspunkt, die von der Lebensmittelbranche verursachten Umweltprobleme sowie der Endpunkt des Transformationsprozesses, die in ökologische Wettbewerbsfelder transformierten Umweltbelastungen konkretisiert sind, wird in diesem Abschnitt anhand des aktuellsten ökologischen Wettbewerbsfeldes "Bio-Lebensmittel" der Ablauf des ökologischen Transformationsprozesses nachvollzogen. Es stehen Fragen im Zentrum der Analyse wie: Wie wurden die von der Landwirtschaft verursachten ökologischen Probleme von den öffentlichen Anspruchsgruppen aufgegriffen? Welche politischen Regelungen wurden daraufhin eingeführt? Auf welche Weise erlangen diese Ansprüche und Regelungen Marktwirksamkeit?[200]

3.3.1 Entstehung von Druck aus dem Lenkungssystem Öffentlichkeit

Im folgenden wird untersucht, welche Schlüsselakteure und -prozesse den ökologischen Transformationsprozess in der Schweizer Lebensmittelkette angestossen haben. Hierbei spielen veränderte Wahrnehmungsmuster in der Bevölkerung (interner Druck) wie auch aussenpolitische Veränderungen eine Rolle (externer Druck).

Der *interne Druck* entwickelte sich aufgrund einer breiten Unzufriedenheit der Schweizer Bevölkerung mit der Agrarpolitik, da die Lebensmittelkonsumenten durch die konventionelle Landwirtschaft und die praktizierte Agrarpolitik lange Zeit *negative Konsequenzen* zu tragen hatten:

- Die an einer Maximierung der Erträge orientierten Bewirtschaftungsmethoden der konventionellen Landwirtschaft führten zu hohen *Umweltbelastungen* (z.B. Eutrophierung der Gewässer, Luftemissionen, Bodenerosion).
- Aus der konventionellen Landwirtschaft stammende Produkte weisen z.T. hohe chemischen Rückstände auf, die für den menschlichen Organismus nicht unbedenklich sind (*Gesundheitsbeeinträchtigung*).

---

[200] Der folgende Abschnitt beruht auf den Beiträgen Villiger 1998 sowie Villiger/Belz 1998.

- Damit die Landwirtschaftseinkommen sichergestellt werden konnten, stützte der Bund die *Lebensmittelpreise* auf einem künstlich hoch gehaltenen Niveau.
- Anhaltende Produktivitätssteigerungen hatten *Überproduktionen* zur Folge, welche der Markt mit der Zeit nicht mehr aufnehmen konnte. Instrumente zur Überschussverwertung (und des für die Administration notwendigen Verwaltungsapparates) kosteten den Steuerzahler jährlich Millionen von Franken.
- Zum Schutz der nicht mehr konkurrenzfähigen Schweizer Landwirtschaft wurde der Inlandmarkt mit Hilfe verschiedener Massnahmen an der Grenze abgeschottet, wodurch sich der Konsument in seiner *Produktauswahl eingeschränkt* sah.

In Anbetracht dieser Negativkonsequenzen erstaunt es nicht, dass sich das Image der konventionellen Landwirtschaft zusehends verschlechterte. Die kritische Haltung gegenüber der Landwirtschaftspolitik äusserte sich auf verschiedene Weise:

- *Meinungsumfragen:* Eine Studie zeigt, dass die Schweizer Bevölkerung von der Landwirtschaft wohl erwartet, dass sie Lebensmittel produziert und die Ernährung in Krisenzeiten sichert. Wichtiger ist für die Befragten mittlerweile jedoch nicht mehr *dass*, sondern *wie* sie dies tut: Eine Bewertung der verschiedenen Aufgaben der Landwirtschaft hat ergeben, dass die Mehrheit der Befragten der tierfreundlichen Haltung und einer umweltgerechten Bewirtschaftung einen deutlich höheren Stellenwert einräumt als den übrigen Funktionen.[201]
- *Abstimmungsergebnisse:* Am 12. März 1995 lehnte das Schweizer Stimmvolk an der Urne drei Landwirtschaftsvorlagen ab, da unter anderem die Forderung nach einer Bindung der Direktzahlungen an ökologische Vorschriften nicht erfüllt war.[202] Nachdem die ökologischen Forderungen im zweiten Gegenvorschlag berücksichtigt wurden, stimmte das Schweizer Volk der Änderung eines Bundesverfassungsartikels zu.[203]

---

[201] Wie z.B. die Produktion von Lebensmitteln, die Ernährungssicherung, die Landschaftspflege, die bäuerliche Lebensweise oder die dezentrale Besiedelung. Vgl. GfS 1996, S. 7.

[202] Bei den drei Vorlagen handelte es sich um eine Änderung des Verfassungsartikels zur Landwirtschaft, um die Revision des Milchwirtschaftsbeschlusses sowie um die Einführung von Solidaritätsbeiträgen.

[203] Artikel 31bis Abs. 3 lit. b in der Abstimmung vom 9. Juni 1996.

- *Kaufkraftabflüsse:* Die Kaufkraftabflüsse ins benachbarte Ausland nahmen in den 90er Jahren stark zu. Als zentrale Ursache hierfür wird das überhöhte Preisniveau bei Schweizer Lebensmitteln angegeben.[204] Dies deutet darauf hin, dass die Schweizer Bevölkerung nicht mehr bereit ist, künstlich hoch gehaltene Produktpreise zu akzeptieren.

Es lässt sich festhalten, dass durch Meinungsumfragen (Druck via öffentliche Arena), Abstimmungsergebnisse (Druck via politische Arena) sowie zunehmenden Kaufkraftabflüssen ins benachbarte Ausland (Druck via marktliche Arena) ein interner Druck entstand, welcher - verstärkt von aussenpolitischen Entwicklungen - schliesslich zu einer umfassenden Reform der Agrarpolitik führte.

3.3.2 Externe Veränderungen und Integrationspolitik des Bundes

Nebst dem beschriebenen internen Druck sind es Entwicklungen in der *internationalen Agrarpolitik*, die sich auf die Ausgestaltung der Schweizer Marktordnung nach und nach auswirken (externer Druck). Bis in die 90er Jahre hinein wurde die schweizerische Lebensmittelbranche durch eine weitgehende Marktabschottung geschützt, da davon ausgegangen wurde, dass die inländische Landwirtschaft ohne Aussenhandelsschutz nicht existieren könne.[205]

1994 trat die Schweiz der WTO (vormals GATT) bei. Weil das in der Schweiz bis dahin zur Anwendung gelangende *"Dreiphasensystem"* nicht den GATT-Vereinbarungen entsprach, wurde es 1995 als Folge des WTO-Beitritts ausser Kraft gesetzt. Während das Dreiphasensystem den Aussenhandelsschutz über zeitlich beschränkte Importkontingente gewährleistete, ist im *"Zolltarifsystem"* des GATT ausschliesslich das Erheben von (kontrollierbaren) Zöllen als Aussenhandelsinstrument vorgesehen (vgl. Textbox). Deshalb musste die Schweiz beim GATT zur Bestimmung der Zolltarife für jedes international gehandelte Landwirtschaftsprodukt Zollsätze hinterlegen ("Tarifizierung"), welche im Zuge der Liberalisierung nun schrittweise gesenkt werden. Diese

---

[204] Im Jahr 1994 erreichten die Kaufkraftabflüsse einen Wert von 1.5 Mrd. Sfr., was in etwa 6% der Umsätze des schweizerischen Lebensmittelhandels entspricht. Vgl. Ledermann 1996, S. 113 sowie S. 121.

Sätze variieren und betragen z.B. für Obst und Gemüse in der Zeitspanne von 1995-2000 -2.5% jährlich (total: -15%).

Vom Dreiphasen- zum Zolltarifsystem

Das *Dreiphasensystem* war ein Instrument zur mengenmässigen Einfuhrbeschränkung. Die Einfuhr war frei, solange keine Inlandgüter auf den Markt kamen (Phase 1). Die Einfuhr wurde beschränkt oder von der Abnahme inländischer Waren abhängig gemacht, sobald die Ernte im Inland einsetzte oder wenn diese im Auslaufen war (Phase 2). In den Phasen 1 und 2 durfte nicht mehr eingeführt werden, als zur Deckung des Bedarfs in der betreffenden Phase erforderlich war. Reichte das einheimische Angebot zu angemessenen Preisen aus, wurde die Einfuhr gänzlich gesperrt (Phase 3).

Das *Zolltarifsystem* des GATT/WTO wird in eine freie und in eine bewirtschaftete Phase unterteilt. Während der freien Phase gilt für ein festgelegtes Zollkontingent freier Import zum sog. Kontingents-Zollansatz (z.B. 5 Rappen pro Kilogramm Tomaten), welcher tief angesetzt ist und die Versorgung mit Lebensmitteln ohne grosse Hindernisse ermöglicht. Für Mengen ausserhalb des Zollkontingents und zur Zeit der bewirtschafteten Phase (d.h. zur eigentlichen Schutzphase) gelangt ein prohibitiv hoher Ausserkontingents-Zollansatz (z.B. Sfr. 1.50 pro Kilogramm Tomaten) zur Anwendung. Dieser Ausserkontingents-Zollansatz entspricht dem bei der WTO deponierten Tarifäquivalent und muss innerhalb von sechs Jahren (1995-2000) stufenweise um total 15% reduziert werden. Kann die Nachfrage während der geschützten Periode nicht befriedigt werden, können bei bestimmten Produkten Importe zu einem reduzierten Ausserkontingents-Zollansatz bewilligt werden. Der reduzierte Ausserkontingents-Zollansatz soll so bemessen sein, dass die Importware etwa denselben Preis aufweist wie einheimische Produkte zur selben Zeit.[206]

[205] Vgl. Schweizerischer Bundesrat 1992, S. 145.
[206] Vgl. Amman/Anwander Phan huy 1996, S. 197.

Die jährlichen Zollsenkungssätze von 2.5% scheinen auf den ersten Blick marginal. Der spürbare externe Druck entsteht denn auch vielmehr aufgrund des Potentials möglicher Folgen nach den nächsten WTO-Verhandlungen. Es ist zu erwarten, dass die Verhandlungspartner der Schweizer Schonfrist allmählich ein Ende bereiten und den Liberalisierungsdruck weiter erhöhen werden (Festlegung höherer Zollsenkungssätze). Die schrittweise Senkung der Zollsätze ist gleichbedeutend mit einer Öffnung der Grenzen, was die Gefahr eines Eintritts *internationaler Anbieter* erhöht. Dadurch wird wiederum der Importdruck auf dem Schweizer Lebensmittelmarkt zunehmen, die Wettbewerbsintensität steigen und die Lebensmittelpreise sowie die Einkommen der Produzenten sinken. Da die Akteure auf dem Schweizer Lebensmittelmarkt als Folge der praktizierten Agrarpolitik jahrzehntelang vor ausländischer Konkurrenz geschützt wurde, ist deren Wettbewerbsfähigkeit zu bezweifeln. Der Bund richtet in Antizipation dieser Ereignisse die Weichen der Agrarpolitik frühzeitig neu aus.

3.3.3 Regelungen des Lenkungssystems Agrarpolitik

Mit der Verabschiedung des *7. Landwirtschaftsberichtes* leitete der Bundesrat 1992 die *erste Etappe der Agrarreform* ein. Mit einem neu formulierten Zielsystem erhält die Pflege der natürlichen Lebensgrundlagen und der Landschaft gegenüber der Versorgungssicherheit ein grösseres Gewicht.[207] Die neuen Artikel 31a und 31b des Landwirtschaftsgesetzes bilden die Rechtsgrundlage für *produktunabhängige Direktzahlungen.* Im Zuge dieser Neuorientierung wurden 1993 erstmals Öko-Beiträge entrichtet. Seit 1995 werden weitere Preissenkungen ausschliesslich mit einer Erhöhung der ökologischen Direktzahlungen kompensiert. Heute bildet der ökologische Leistungsausweis die Grundlage für den Bezug jeder Art von Direktzahlungen. Mit dieser ersten Etappe der Agrarreform erfolgte eine Kurskorrektur in Richtung *"mehr Ökologie"*.

Im Zentrum der *zweiten Etappe* der Agrarreform, welche 1995 mit der *"Agrarpolitik 2002"* eingeleitet wurde, steht eine marktwirtschaftliche Erneuerung zur Verbesserung der Wettbewerbsfähigkeit des gesamten Ernährungssektors (*"mehr Markt"*). Das Erscheinen der Vernehmlassungsunterlage zur "Agrarpolitik 2002" fiel in den Zeitraum WTO-Beitritts, in dessen Zuge eine partielle Marktöffnung mit einem erhöhten Wettbewerbsdruck auf die gesamte inländische Lebensmittelkette zu erwarten ist.

Die Zielsetzung, den Konsumenten umweltfreundlicher hergestellte Produkte zu tieferen Preisen anbieten zu können, beinhaltet einen *Widerspruch*. Denn solange die konventionelle Landwirtschaft die von ihr verursachten externen Kosten nicht zu tragen hat, führen umweltschonende Bewirtschaftungsformen zu höheren Produktionskosten und die extensive Bewirtschaftung der Felder zu Produktivitätsverlusten. Höhere Kosten und Produktivitätsverluste münden in höheren Produktpreisen, welche das Ziel einer verbesserten Wettbewerbsfähigkeit im internationalen Kontext konkurrenzieren.

Die seit 1993 entrichteten *ökologischen Direktzahlungen* nach Art. 31b Landwirtschaftsgesetz heben den beschriebenen Zielkonflikt auf und wirken in Richtung "mehr Ökologie" wie auch "mehr Markt": Die eingeleitete Agrarreform soll die Lebensmittelpreise senken helfen ("mehr Markt"), die Einkommen der Landwirte sichern und einen Beitrag zum Umweltschutz leisten ("mehr Ökologie"). Die Direktzahlungen ergänzen somit das zunehmend auf ökonomische Anreize ausgerichtete Instrumentarium des Bundes (Forschung, Bildung und Beratung sowie Ge- und Verbote).

Im Oktober 1997 schliesslich verabschiedete der schweizerische Bundesrat die "Verordnung über die biologische Landwirtschaft und die entsprechende Kennzeichnung der pflanzlichen Erzeugnisse und Lebensmittel" (*"Bio-Verordnung"*), die 1998 rechtskräftig wurde. Die Bio-Verordnung begegnet der Gefahr irreführender Bezeichnungen und legt fest, welche Voraussetzungen erfüllt sein müssen, damit ein Produkt als *"Bioprodukt"* gekennzeichnet werden darf. Die Verordnung bezweckt einen doppelten Schutz: a) *der Konsumenten* vor Täuschungsversuchen und b) *der Anbieter* von biologischen Erzeugnissen vor unlauterem Wettbewerb, indem *Mindeststandards* für die biologische Produktion festgelegt wurden, die zur Vergabe von (privaten) Labels zwingend einzuhalten sind. Für die Kennzeichnung biologischer Erzeugnisse darf sowohl der Ausdruck "biologisch" wie auch "ökologisch" verwendet werden (Art. 2 Abs. 1). Erzeugnisse, die nicht den Anforderungen dieser Verordnung entsprechen, dürfen hingegen nicht mehr mit den Bezeichnungen gemäss Abs. 1 gekennzeichnet werden (Art. 2 Abs. 2). IP-Produkte gelten somit nicht mehr als "ökologische Produkte".[208]

---

207 Vgl. Schweizerischer Bundesrat 1992, S. 2 f.

208 Der Geltungsbereich der Bio-Verordnung beschränkt sich vorderhand auf die pflanzlichen Erzeugnisse. Die Nutztierhaltung bleibt vorerst ausgeklammert, da das europäische Recht die Tierhaltung noch nicht geregelt hat. Der Bundesrat versucht dadurch, das Risiko möglicher Handelshemmnisse zu umgehen und beabsichtigt, die Kennzeichnung der Erzeugnisse aus der tierischen Produktion im Gleichschritt mit der EU festzulegen. Die Bestimmungen der Bio-Verordnung sind national verbindlich, aber gleichzeitig EU-kompatibel. Nach den Regeln der Reziprozität

Keine Konsequenzen hat die Bio-Verordnung vorderhand auf die Ausrichtung ökologischer Direktzahlungen. Dies bedeutet, dass obwohl IP-Produkte nicht mehr als "ökologisch" bezeichnet werden dürfen, deren Produktion weiterhin bezugsberechtigt bleibt - allerdings zu tieferen Sätzen als die biologische Landwirtschaft. Dadurch entsteht für die Konsumenten eine *verwirrende Situation*. Die Integrierte Produktion wird durch die Bezugsberechtigung von ökologischen Direktzahlungen wohl weiterhin als *ökologisches Programm* behandelt und gilt daher als Methode des ökologischen Landbaus - die daraus gezogenen Erzeugnisse dürfen jedoch nicht mehr als "ökologische Produkte" vermarktet werden. Dieser paradoxe Sachverhalt dürfte zu weiteren Auseinandersetzungen zwischen Konsumentenschutzorganisationen und den Vertretern des Biologischen Landbaus auf der einen sowie der offiziellen Agrarpolitik - welche zusehends von der IP-Lobby beeinflusst wird - auf der anderen Seite führen.

Marktseitig ist zu erwarten, dass Bio-Produkte durch den Vermarktungsvorteil "ökologisch" künftig auch auf Kosten der IP-Produkte Auftrieb erhalten dürften. Dies ist für die Schweizer Landwirtschaft mit weiteren Umstellungsanreizen auf den Biologischen Landbau verbunden, da Bio-Produkte auf dem Markt nun klarer positioniert und abgegrenzt werden können.

3.3.4 Ökologisierungsprozess in der Schweizer Landwirtschaft

Die Schweizer Landwirte reagierten schnell auf das veränderte Anreizsystem: 1999 wurden in der Schweiz bereits 80% der landwirtschaftlichen Nutzfläche nach den Richtlinien der Integrierten Produktion und 7% nach denjenigen des Biologischen Landbaus (Bio Suisse) angebaut.[209] Der konventionelle Ackerbau ist stark abnehmend und wird nach dem Jahr 2000 nur noch in Auslaufbetrieben vorkommen. Abb. 13 zeigt, wie die Integrierte Produktion die konventionelle Landwirtschaft im Zeitraum von 1993-1999 als vorherrschende Anbauweise der Schweiz abgelöst hat. Der Biologische Landbau entwickelt sich langsam aber stetig.

---

anerkennt die Schweiz gleichwertige Qualifikationen aus dem Ausland (und umgekehrt). Vgl. hierzu Anhang 4 der Bio-Verordnung.

209 Im Gegensatz zur konventionellen Landwirtschaft verzichtet der Biologische Landbau konsequent auf chemisch-synthetische Dünge- und Pflanzenschutzmittel. Davon abzugrenzen ist die Integrierte Produktion (IP), die zwischen diesen beiden Extremen liegt. Die Integrierte Produktion ist durch einen eingeschränkten Gebrauch von chemisch-synthetischen Dünge- und Pflanzenschutzmittel gekennzeichnet. Vgl. hierzu Kap. 4.

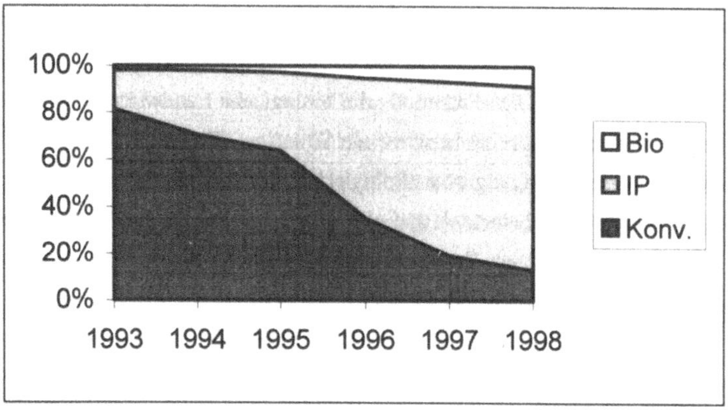

Abb. 13: Entwicklung der Anbaufläche in der Schweizer Landwirtschaft

Quelle: Bundesamt für Landwirtschaft 1999

Seit der Lancierung der ökologischen Direktzahlungen nach Art. 31b LwG im Jahr 1993 nimmt die Integrierte Produktion etwa zehnmal mehr Nutzfläche in Anspruch als der Biologische Landbau. Infolge längerer Umstellungszeiten und höherer Umstellungsbarrieren verzögert sich der Ausbreitungsprozess bei letzterem. Das in der "Agrarpolitik 2002" formulierte Ziel, eine qualitativ hochstehende Öko-Nische im europäischen Lebensmittelmarkt zu besetzen, lässt darauf schliessen, dass die biologische Anbauweise langfristig (auch gegenüber der Integrierten Produktion) stärker gefördert wird (höhere ökologische Direktzahlungen). Dies zielt daraufhin, den Schweizer Landwirten mit Bio-Produkten in einer europäischen Qualitätsnische Marktchancen zu eröffnen. Diese Chancen ergeben sich aus dem Umstand, dass auch die EU-Richtlinien die Begriffe "ökologisch" und "biologisch" für Lebensmittel gleichsetzen und die Vermarktung der aus der Integrierten Produktion stammenden Erzeugnisse als "ökologische Produkte" verbieten.

3.4 Fazit

Im Verlaufe dieses Kapitels zeigte sich zunächst, dass jedes Glied der Schweizer Lebensmittelkette mehr oder weniger gravierende Umweltbelastungen verursacht. Hieraus werden vielfältige ökologische Ansprüche abgeleitet und an die Akteure der Schweizer Lebensmittelbranche herangetragen. Es zeigte sich weiter, dass jedes Glied der Lebensmittelkette in zumindest einem ökologischen Wettbewerbsfeld einen massgebenden Beitrag zur Umweltentlastung beitragen kann.

In einem nächsten Schritt wurde am Beispiel des aktuellsten ökologischen Wettbewerbsfeldes "Anbauweise/Tierhaltung" nachgezeichnet, wie der ökologische Transformationsprozess in den 80er Jahren durch die von der konventionellen Landwirtschaft ausgehenden finanziellen, ökologischen und gesundheitlichen Probleme angestossen wurde. Der hieraus entstehende Unmut in der Schweizer Bevölkerung führte - unterstützt von Veränderungen im internationalen Umfeld - zu einer Neugestaltung der Agrarpolitik. Das im Zuge der Agrarreform neu definierte Anreizsystem sorgte in der Folge für einen weitreichenden Ökologisierungsprozess auf der Anbaustufe.

Damit schliesst sich im untersuchten Beispiel der Kreis wieder zum Ausgangspunkt der ökologischen Transformation, zu den von der Landwirtschaft verursachten ökologischen Belastungen. Mit diesem Bogen zurück zur Produktionsstufe hat der ökologische Transformationsprozess das erste Glied der Schweizer Lebensmittelkette erfasst. Nun stellt sich die Frage, ob und wie sich die ökologisch induzierten Veränderungsprozesse auf dem Schweizer Lebensmittelmarkt fortpflanzen: Werden die nachfolgenden Branchenstufen vom Ökologisierungsprozess der Schweizer Landwirtschaft - aufgrund der lange Zeit aufrechterhaltenen, weitreichenden Marktabschottung (Autarkiegrad: 60%) und der sich hieraus ergebenden Verwebung der verschiedenen Branchenkettenglieder auf dem Schweizer Lebensmittelmarkt - unumgänglich erfasst ("ökologische Vorwärtsintegration")? Oder sorgen der Handel als Folge ökonomischer Sachzwänge (Liberalisierung) oder die Verbraucher "als der eigentliche Souverän des Handels" dafür, dass der Bio-Boom an der Schwelle zum Markt wirkungslos verpufft?

Nach der Beschreibung des ökologischen Transformationsprozesses hin zum Schweizer Lebensmittelmarkt (vertikale Entwicklung), wird im folgenden die Fortsetzung des Ökologisierungsprozesses auf der Stufe Lebensmittelmarkt analysiert (horizontale Entwicklung) (vgl. Abb. 14).

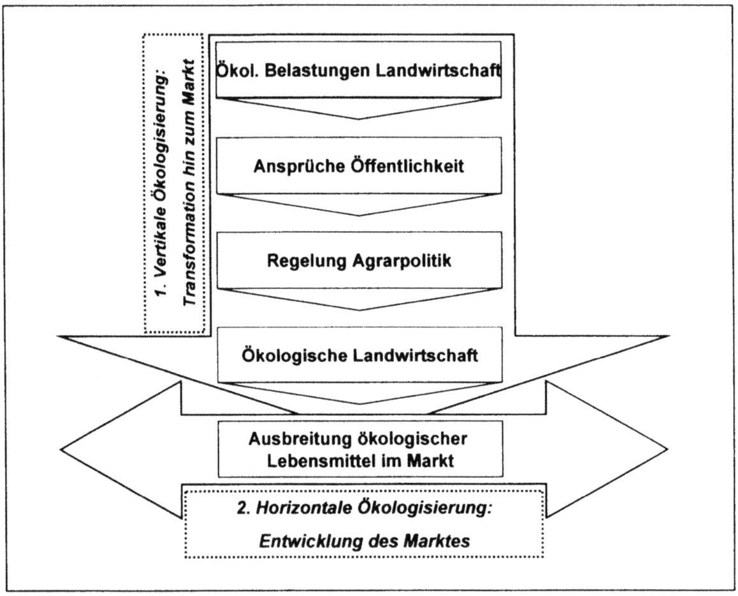

Abb. 14: Vertikaler und horizontaler Ökologisierungsprozess

4 Landkarte des ökologischen Massenmarktes

☞ Nachdem in Kap. 2 (aus einer ökonomischen Optik) ein Bild der Schweizer Lebensmittelbranche vermittelt wurde, galt das Augenmerk im vorangegangenen Kap. 3 dem (vertikalen) Ökologisierungsprozess - von den Umweltbelastungen hin zu marktrelevanten ökologischen Forderungen. Die veränderten Anreize der Agrarpolitik zeigten auf der Landwirtschaftsstufe (in Form einer grossflächigen Umstellung auf ökologische Bewirtschaftungsformen) Wirkung. Damit haben die ökologischen Ansprüche die letzte Ebene des ökologischen Transformationsprozesses, den Lebensmittelmarkt, erreicht. In diesem Kapitel gilt es nun zu ermitteln, wie sich diese ökologischen Impulse in der Lebensmittelkette (horizontal) fortpflanzen, oder in Anlehnung an die Eingangsfrage: Welche Pfade führen "von der Öko-Nische zum ökologischen Massenmarkt"? Was hat man sich unter dem Konstrukt "ökologischer Massenmarkt" näher vorzustellen? Welche Schlüsselakteure und -prozesse, resp. Trends und Kräfte wirken unterstützend und welche behindernd bzgl. der einzelnen Pfade dieses Ökologisierungsprozesses?

Die Spezifikation der verschiedenen Pfade, welche in Richtung eines ökologischen Massenmarktes führen, erfordert zwei analytische Schritte. Zunächst gilt es, eine Kategorisierung des Produktangebotes auf dem Schweizer Lebensmittelmarkt in verschiedene ökologische Qualitätsstandards vorzunehmen (4.1). Anschliessend werden die ökonomische sowie die ökologische Perspektive zur Illustration der geschilderten Problemstellung in der "Landkarte des ökologischen Massenmarktes" zusammengeführt (4.2), bevor schliesslich sechs Pfade mit ihren jeweiligen Schlüsselakteuren und -prozessen beschrieben werden (4.3).

4.1 Drei ökologische Qualitätsstandards auf dem Lebensmittelmarkt

☞ Die Grundlage der im Zentrum dieses Kapitels stehenden Analyse verschiedener Entwicklungspfade in Richtung eines ökologischen Massenmarktes ist die Unterteilung des Produktangebotes in verschiedene *ökologische Qualitätsstandards*. Welche Segmente ökologischer Qualität lassen sich auf dem Schweizer Lebensmittelmarkt unterscheiden? Wie gross sind die Marktanteile dieser Segmente?

Lebensmittel lassen sich grundsätzlich in pflanzliche und tierische Erzeugnisse unterteilen. Seit 1993 werden den Schweizer Landwirten für die "Integrierte Produktion" und den "Biologischen Landbau" in der pflanzlichen, sowie für "Besonders Tierfreundliche Stallhaltungssysteme" sowie die "Kontrollierte Freilandhaltung" in der tierischen Produktion ökologische Direktzahlungen (nach Art. 31 b Landwirtschaftsgesetz) entrichtet.[210] Im *pflanzlichen Sektor* herrscht seit dem Inkrafttreten der Bio-Verordnung gesetzliche Klarheit über die Rangordnung der ökologischen Qualitätsstandards. Bei den *tierischen Produkten* existiert hierfür noch keine eindeutige gesetzliche Regelung. Die in der "Oeko-Beitragsverordnung"[211] geregelten Beiträge ökologischer Direktzahlungen pro Grossvieheinheit und Jahr geben dennoch Aufschluss, wie der Bund die verschiedenen Programme gewichtet. Dies ermöglicht, eine Einordnung der tierischen analog zu den pflanzlichen Programmen vorzunehmen.

Obwohl auf dem Schweizer Lebensmittelmarkt Ende der 90er Jahre immer noch eine Vielzahl von verschiedenen Standards und Labels existiert, lässt sich das verfügbare Angebot grundsätzlich in *drei ökologische Qualitätsstandards* unterteilen: in ein Segment "niedriger ökologischer Qualität" mit *konventionell produzierten Lebensmitteln*, in ein Segment "mittlerer ökologischer Qualität" mit Erzeugnissen aus *Integrierter Produktion* (resp. aus "Besonders Tierfreundlichen Stallhaltungssystemen") sowie in ein Segment "hoher ökologischer Qualität" mit *Bio-Produkten* (resp. Produkten aus "Kontrollierter Freilandhaltung").

---

210 Hinzu kommt als fünftes Programm der unproduktive ökologische Ausgleich. Vgl. hierzu Oeko-Beitragsverordnung Art. 1.

211 "Verordnung für besondere Leistungen im Bereich der Ökologie und der Nutztierhaltung in der Landwirtschaft" (OeBV) vom 24. Januar 1996.

4.1.1 Konventionelle Lebensmittel (niedrige ökologische Qualität)

Pflanzliche Produkte: Konventionelle Lebensmittel werden unter dem Primat quantitativer Leistungsziele produziert. Die Bewirtschaftungsmethoden der konventionellen Landwirtschaft orientieren sich nicht mehr an natürlichen Vorgaben, sondern an einer *Maximierung der Erträge.* Der vermehrte Einsatz von Handelsdünger und Chemikalien sowie die Mechanisierung der Landbewirtschaftung führten zur angestrebten Produktivitätssteigerung.[212] Diese Produktivitätssteigerung in der Landwirtschaft hatte jedoch auch unerwünschte ökonomische (Überproduktionen) wie auch ökologische (Umweltbelastungen) *Nebenfolgen.* Mit der Orientierung an quantitativen Leistungszielen musste zudem eine Einbusse an Lebensmittelqualität in Kauf genommen werden. So weisen konventionell hergestellte pflanzliche Produkte teilweise hohe chemische Rückstände (z.B. Nitrat im Kopfsalat) sowie einen geringeren Nährstoffgehalt auf als extensiv hergestellte Lebensmittel.

Tierische Produkte: Die einseitige Orientierung an der Produktivität hatte weiter eine Entkopplung von Tierhaltung und Pflanzenbau zur Folge. Die Spezialisierung auf den reinen Ackerbau, resp. die Tierzucht mündete in *Monokulturen* und *Massentierhaltung.* Diese Trennung ist mit einem Aufbrechen natürlicher Kreisläufe verbunden. Futter wird infolgedessen nicht mehr selber angebaut, sondern zugekauft, bzw. importiert. Dadurch verliert der Lebensmittelproduzent die Kontrollmöglichkeit über die Herstellung der Futtermittel, was sich in jüngerer Zeit in verschiedenen Lebensmittelskandalen negativ auswirkte. Mit der Massentierhaltung konnte zwar immer mehr Milch, Eier und Fleisch in immer kürzerer Zeit hergestellt werden. Damit verbunden ist jedoch eine Entkopplung der Produktion von ökologischen und gesundheitlichen Anforderungen, welche für Tier (krankheitsanfällige, gestresste Tiere) wie auch Mensch negative Folgen hat. Es lässt sich festhalten, dass die Massentierhaltung mit erheblichen gesundheitlichen, ethischen und ökologischen Problemen verbunden ist.[213] Konventionell hergestellte Lebensmittel werden als Konsequenz dieser Entwicklungen mit einer *"niedrigen ökologischen Qualität"* gleichgesetzt.

---

[212] So haben sich die Hektarerträge für Getreide seit 1955 verdoppelt und die Milchproduktion pro Kuh hat um rund zwei Drittel zugenommen. Vgl. Statistisches Jahrbuch 1997, S. 185. Zit. n. Rigendinger 1997, S. 31.

[213] Vgl. Belz 1998a, S. 8.

Obwohl die konventionelle Landwirtschaft in der Schweiz Ende der 90er Jahre nur noch in Auslaufbetrieben vorkommt, weisen Produkte aus der konventionellen Landwirtschaft im Lebensmittelhandel einen *Marktanteil von über 50%* auf. Dieser hohe Anteil ist auf die Importquote zurückzuführen, welche bei landwirtschaftlichen Produkten mittlerweile 40% beträgt und in Zukunft, als Folge der WTO-Verträge, weiter ansteigen wird. Und mit der steigenden Importquote wächst auch der Anteil der konventionellen Lebensmittel am Gesamtmarkt, da diese Anbaumethode im Ausland die vorherrschende ist.

4.1.2 Erzeugnisse aus Integrierter Produktion/Besonders Tierfreundlichen Stallhaltungssystemen (mittlere ökologische Qualität)

Pflanzliche Produkte: Die Anbaumethode der *Integrierten Produktion* wurde in den 70er Jahren entwickelt, als erste Stimmen vor der "Chemie-Euphorie" in der Landwirtschaft sowie den absehbaren Folgen für die Umwelt und die Gesundheit der Menschen warnten. Heute ist die Integrierte Produktion ein genau definiertes und auf die Schonung der Umwelt ausgerichtetes Pflanzenbaukonzept. Kunstdünger darf bei der Integrierten Produktion angewendet werden, organischer Dünger hat jedoch Vorrang.[214] Weil der Einsatz von chemischen Pflanzenbehandlungsmitteln erlaubt ist (sofern dies ein an den Kulturen ermittelter Unkraut-, Schädlings- oder Krankheitsbefall rechtfertigt), wird die Integrierte Produktion oft als "Kompromisslösung" bezeichnet. Erzeugnisse aus der Integrierte Produktion werden deswegen als *"mittlere ökologische Qualität"* bezeichnet.[215]

Tierische Produkte: Als Folge der Tier- und Lebensmittelskandale ist in der Schweiz in den letzten Jahren eine verstärkte Nachfrage nach Fleischprodukten aus *artgerechter Tierhaltung* festzustellen. Darunter ist eine Tierhaltung zu verstehen, die dem Tier - im Gegensatz zur Massentierhaltung - artgemässe Nahrung und Pflege sowie eine verhaltensgerechte Unterbringung gewährleistet. Dabei wird neben den Haltungssystemen auch auf das soziale Umfeld der Tiere geachtet. Der Bund gewährt denjenigen Landwirten ökologische Beiträge, "die Nutztiere in besonders tierfreundlichen Stallungen

---

214 Vgl. LBL o.A.

215 Die wichtigsten IP-Labels sind das Migros-Sano-Label, der IP-Suisse-Käfer sowie die IP-Zwetschge der Gemüseunion und der Obstverbände.

halten oder regelmässig ins Freie lassen."[216] Zentrales Merkmal der *Besonders Tierfreundlichen Stallhaltungssysteme* (BTS) ist ein mehrflächiges Haltungssystem, welches den Tieren Liege-, Fress- und Auslaufmöglichkeiten garantiert. Die "Oeko-Beitragsverordnung" schreibt vor, dass die Tiere nicht fixiert sein dürfen und dass das Wohlbefinden der Tiere durch genügend Tageslicht, ein geeignetes Stallklima sowie durch dem natürlichen Verhalten der Tiere angepasste Bewegungs- und Beschäftigungsmöglichkeiten zu fördern sei (Art. 27). Die Besonders Tierfreundlichen Stallhaltungssysteme werden - analog zur Integrierten Produktion im pflanzlichen Sektor - gefördert, allerdings mit reduzierten Beitragssätzen.[217] Dieses Programm kann unter diesen Umständen als "Kompromisslösung" im tierischen Bereich bezeichnet und somit ebenfalls unter *"mittlere (ökologisch-ethische) Qualität"* subsumiert werden. Obwohl das Angebot artgerecht produzierter Fleischerzeugnisse auf dem Lebensmittelmarkt für den Konsumenten noch unübersichtlich ist (vgl. Textbox), weisen diese - trotz der im Vergleich zu konventionellen Produkten mit ca. 30% höheren Verkaufspreisen - zweistellige Wachstumsraten auf.[218]

Die Integrierte Produktion nimmt in der Schweiz Ende der 90er Jahre 80% der Nutzfläche in Anspruch. Bei einem Autarkiegrad von 60% kann von einem Marktanteil Integrierter Produkte von gegen 48% ausgegangen werden.[219]

---

216 Direktzahlungsverordnung Art. 59, Ziff. 1.

217 Die Beiträge für die Besonders Tierfreundlichen Stallhaltungssysteme betragen für Rinder, Ziegen und Kaninchen Sfr. 60.--, für Schweine Sfr. 90.--, für Geflügel Sfr. 120.--. Vgl. Oeko-Beitragsverordnung Art. 29, Ziff. 1.

218 Vgl. Belz 1998a, S. 11 sowie IHA-GfM 1997, S. 8 f. Dabei nimmt sich der Anteil der Produkte aus Besonders Tierfreundlichen Stallhaltungssystemen - auch im Vergleich zur Kontrollierten Freilandhaltung - noch sehr bescheiden aus.

219 Da die Schweiz aufgrund der Dominanz im Anbausektor auch IP-Produkte exportiert und im Gegenzug v.a. konventionelle Lebensmittel importiert, mag diese Zahl von 48% eher hoch gegriffen sein. Angesichts der tiefen Exportquote der Schweizer Landwirtschaft ist der "Streuverlust" jedoch gering.

Unübersichtliche Situation auf dem Schweizer Fleischmarkt

Mehr als zwei Drittel der Endproduktion der Schweizer Landwirtschaft entfallen auf Milch- und Fleischprodukte. Zudem ist der Selbstversorgungsgrad bei tierischen Produkten bedeutend höher als im pflanzlichen Sektor. Dies verweist darauf, dass die staatliche Eingriffstiefe im Fleischmarkt lange Zeit ausgeprägt war. Im Zuge der GATT-Vereinbarungen sind die Marktpreise in den letzten drei, vier Jahren auch bei tierischen Erzeugnissen zurückgegangen. Dies ist zum einen auf das Preisgefälle zwischen In- und benachbartem Ausland zurückzuführen.[220] Zum anderen ist dieser Preisrückgang das Resultat eines strukturellen Marktungleichgewichtes zwischen einem künstlich hoch gehaltenen Angebot sowie einer seit Jahren sinkenden Nachfrage.[221] Weil die Handelsstufe ihre Marge auch in diesem Bereich vergrössern konnte, geht der Rückgang des Fleischkonsums vor allem zulasten der Produktionsstufe. Dies äussert sich in einer abnehmenden Endproduktion der Schweizer Landwirtschaft, welche von 1993-1998 - bei einer stabilen Rate im pflanzlichen Sektor - um 17% gesunken ist (von 9.5 auf 7.9 Mrd. Sfr.) .[222]

Der Nachfragerückgang im Fleischbereich ist auf die zahlreichen Tier- und Fleischskandale zurückzuführen, welche in den 80er und 90er Jahren nicht mehr abreissen wollen und von den Konsumenten als Gefährdung ihrer Gesundheit wahrgenommen werden. Hinzu kommen ethische Bedenken bei der Massentierhaltung. Im Zuge des steigenden Gesundheits- und Tierhaltungsbewusstseins haben sich auf dem Schweizer Fleischmarkt verschiedene Standards sowie zahlreiche Handelsmarken und Labels herausgebildet ("Freiland KAG", "Natura Beef", "Agri Natura", "Gourmet mit Herz", "M-Sano", "Fidelio", "M-Bio" oder "Knospe"). Dies deutet darauf hin, dass das steigende Bewusstsein der Bevölkerung zu einem entsprechenden Marktangebot geführt und die artgerechte Tierhaltung sich wiederum zu einem wichtigen Kaufkriterium entwickelt hat.

---

220 Rind- und Schweinefleisch sowie Geflügel ist in der Schweiz doppelt so teuer wie im europäischen Ausland. Vgl. Belz 1998a, S. 6.

221 So ist der jährliche pro-Kopf-Verbrauch von Fleisch in der Schweiz von 59 Kilogramm im Jahr 1985 auf 50 Kilogramm im Jahr 1995 um 15% zurück gegangen. Vgl. Belz 1998a, S. 8.

222 Die pflanzliche Endproduktion zu laufenden Preisen betrug 1998 2.5 Mrd. Sfr. (32%), die tierische Endproduktion 5.4 Mrd. Sfr. (68%). Vgl. Schweizerischer Bauernverband 1999, S. 191.

Eine Vielzahl von Labels und Marken sorgt allerdings auch dafür, dass dem Konsumenten die Orientierung vor dem Lebensmittelregal erschwert wird. Das Fehlen einer gesetzlichen Grundlage (analog zur Bio-Verordnung im pflanzlichen Bereich) wird von den Konsumentenschutzorganisationen kritisiert. Zudem sind die Beträge ökologischer Direktzahlungen bei den tierischen im Vergleich zu den pflanzlichen Programmen bescheiden.[223] Diese beiden Einschränkungen führen beim Fleisch zu einem im Verhältnis zu den pflanzlichen Produkten noch tiefen Anteil von Produkten aus dem mittleren, resp. hohen ökologisch (ethischen) Qualitätsstandard am Gesamtmarkt. Der Mangel einer gesetzlichen Regelung soll behoben werden, sobald die europäischen Richtlinien erlassen sind. Dies dürfte voraussichtlich im Jahr 2000/2001 der Fall sein.

4.1.3 Bio-Produkte (hohe ökologische Qualität)

Pflanzliche Produkte: Ein geschlossener Nährstoffkreislauf sowie eine sorgfältige Pflege der Bodenfruchtbarkeit gelten als Oberziele des *Biologischen Landbaus*. Die Regeln des Biologischen Landbaus verbieten den Einsatz von chemisch-synthetischen Spritzmitteln, Kunstdünger oder der Gentechnologie. Massnahmen wie Vielfalt der Kulturen, naturnah belassene Ausgleichsflächen, Fruchtwechsel oder eine speziell widerstandsfähige Sortenwahl sollen die Erträge sichern. Bio-Erzeugnisse werden vermehrt natürlichen Einflüssen wie Saisonalität, Witterung oder Schädlingen überlassen. Dadurch weisen Bio-Produkte tiefere Chemierückstände und einen höheren Nährstoffgehalt auf. Bio-Lebensmittel werden daher im folgenden unter die Kategorie *"hohe ökologische Qualität"* subsumiert.[224]

---

223 1998 ging 1.8% (1997: 1.3%) der ökologischen Direktzahlungen zuhanden der Besonders Tierfreundlichen Stallhaltungssysteme und 8.2% (1997: 6.3%) zuhanden der Kontrollierten Freilandhaltung. Vgl. Bundesamt für Landwirtschaft 1999, S. 34. Dies entspricht 171'500 Grossvieheinheiten BTS (1997: 139'700) sowie 434'500 Grossvieheinheiten KF (1997: 355'500). Vgl. Bundesamt für Landwirtschaft 1999, S. 35.

224 1998 wurden in der Schweiz 7% der landwirtschaftlichen Nutzfläche nach den Richtlinien von Bio Suisse angebaut. Dies kommt einer Anbaufläche von 82'000 Hektaren gleich. Damit nimmt die Schweiz nach Schweden und Österreich den dritten Rang in der europäischen Rangliste der Bioländer ein. Vgl. Bio Suisse 1998.

Tierische Produkte: Analog zum mittleren Standard existiert auch im Premium-Bereich ein tierisches Pendant zu den pflanzlichen Produkten. Die "Oeko-Beitragsverordnung" schreibt für die *Kontrollierte Freilandhaltung* neben einer bedürfnisgerechten Stallhaltung den Aufenthalt im Freien (frei während der Vegetationsperiode; eingeschränkt während der Winterfütterungsperiode) zwingend vor. Hierfür werden doppelt so hohe Beiträge wie für die Besonders Tierfreundlichen Stallhaltungssysteme entrichtet.[225] Aufgrund der strengeren Vorschriften und der höheren Beiträge wird dieses Programm - gemeinsam mit den Bio-Produkten - unter *"hohe (ökologisch-ethische) Qualität"* zusammengefasst.

Die Erzeugnisse aus der Kontrollierten Freilandhaltung werden zuweilen als "Bio-Produkte" bezeichnet und bei Coop auch unter derselben Handelsmarke geführt ("Coop Naturaplan").[226] Produkte aus Kontrollierter Freilandhaltung können jedoch nicht mit dem Begriff *"Bio-Fleisch"* gleichgesetzt werden, da die mit einer Knospe versehenen Produkte zudem den Anspruch einer *gesamtbetrieblichen Umstellung* auf die biologische Produktion erfüllen müssen. Damit wird gewährleistet, dass auch das Futter vom eigenen (Bio-) Hof stammt (Ziel: Kreislaufwirtschaft).[227] Die Bio-Verordnung sieht im erläuternden Bericht jedoch vor, dass "für Nutztiere auf Bio-Betrieben in Zukunft die Vorschriften des Bundes über die Kontrollierten Freilandhaltung eingehalten werden müssen."[228] Insofern scheint das Zusammenfassen von Knospe-Produkten sowie Erzeugnissen aus Kontrollierter Freilandhaltung unter denselben Standard der Absicht des Bundes zu entsprechen, auch wenn die Erlangung der Knospe an die Einhaltung weiterführender Anforderungen geknüpft ist.

1998 wurden auf dem Schweizer Lebensmittelmarkt mit Bio-Produkten (inklusive tierischer Produkte) ca. 500 Mio. Sfr. umgesetzt.[229] Dies entspricht einem Marktanteil von knapp 2%.

---

225 Die Beiträge für die Kontrollierte Freilandhaltung betragen für Rinder und für übrige rauhfutterverzehrende Nutztiere Sfr. 120.--, für Schweine Sfr. 180.--, für Geflügel Sfr. 240.--. Vgl. Oeko-Beitragsverordnung Art. 29, Ziff. 2.

226 Dies wird damit begründet, dass es in den nächsten fünf bis zehn Jahren kein realistisches Ziel sei, den gesamten Fleischbedarf von Coop mit Bio-Produkten zu decken. Hierfür fehlt sowohl biologisches Tierfutter als auch die entsprechenden Auslauffläche für die Tiere. Vgl. Aeschbach 1999, S. 32.

227 Dieses Bio-Futter für Tiere bildet somit den zentralen Engpass für die Diffusion von Bio-Fleisch.

228 Erläuternder Bericht zur Bio-Verordnung, ad Artikel 14.

229 Vgl. hierzu näher Kap. 5.

Ist der Biologische Landbau ökologischer als die Integrierte Produktion?

Die Integrierte Produktion wurde weiter oben als "Kompromisslösung" bezeichnet. Der Biologische Landbau wird dahingegen mit "hoher ökologischer Qualität" gleichgesetzt. Bislang gibt es allerdings nur wenige Studien, in denen versucht wird, diese Einordnung mit Hilfe von Energie- bzw. Ökobilanzen zu bestätigen.

Energiebilanzen zeigen, dass das beim Biologischen Landbau durch den Verzicht auf Kunstdünger entstehende Einsparungspotential durch geringere Ernteerträge teilweise wieder ausgeglichen wird. In summa spricht der Energieeinsatz pro Ertrag im direkten Vergleich dennoch für die biologische Landwirtschaft. Weiter führt der Verzicht auf organische Pflanzenbehandlungsmittel zu Vorteilen in der Kategorie Toxizität, auch wenn Alternativpräparate ebenfalls toxische Effekte zur Folge haben können. Ökologische Nachteile des Bio-Landbaus entstehen zudem durch einen höheren Landverbrauch sowie Versauerungsprobleme.[230]

Dass der Biologische Landbau nicht einwandfrei als umweltfreundlicher beurteilt werden kann, liegt auch am Entwicklungsstand der Bewertungsmethodik. So können mit der Ökobilanz zahlreiche Vorteile, welche der Biologische Landbau gegenüber der Integrierten Produktion aufweist (z.B. in den Bereichen Biodiversität, Bodenbelastung, Pestizideinsatz), noch nicht entsprechend abgebildet werden. Ausserdem entziehen sich qualitative Unterschiede einer Bewertung (z.B. höherer Nährwert, besserer Geschmack, weniger chemische Rückstände). Jungbluth zieht die Bilanz, dass die biologische gegenüber der Integrierten Produktion über alles gesehen "leichte Vorteile" aufweist.[231]

---

230 Zu einem Überblick vgl. Jungbluth 1998, S. 25 f.

231 Jungbluth 1998, S. 53.

Die folgende Abb. 15 zeigt die verschiedenen ökologischen Qualitätsstandards und Programme auf dem Schweizer Lebensmittelmarkt im Überblick. Basierend auf der Einteilung des Produktangebotes in die drei Kategorien "hohe", "mittlere" sowie "tiefe ökologische Qualität" können in der Landkarte des ökologischen Massenmarktes nun sechs verschiedene Entwicklungspfade "von der Öko-Nische zum ökologischen Massenmarkt" identifiziert werden.

Qualitätsstandard	Pflanzliche Produktion	Tierische Produktion
hoch	Biologischer Landbau	Kontrollierte Freilandhaltung
mittel	Integrierte Produktion	Besonders Tierfreundliche Stallhaltungssysteme
tief	Konventionelle Landwirtschaft	Massentierhaltung

Abb. 15: Ökologische Qualitätsstandards in der Schweizer Lebensmittelbranche

4.2 Landkarte des ökologischen Massenmarktes - ein Modell

☞ Die *"Landkarte des ökologischen Massenmarktes"* gibt einen Überblick über die produktspezifische Zusammensetzung des schweizerischen Lebensmittelmarktes, resp. über die Marktanteile der drei ökologischen Qualitätsstandards (vgl. Abb. 16). Die "Landkarte des ökologischen Massenmarktes"[232] ermöglicht es mit anderen Worten, die von verschiedenen Produktgruppen einer Branche verursachten *Umweltbelastungen* (ökologische Dimension) mit deren *Marktanteilen* (ökonomische Dimension) in Bezug zu setzen. Weiter kann mit diesem Konzept der *Ist*-Zustand (wo steht die Branche heute?) oder auch eine *Ziel*-Grösse (wohin soll sich die Branche entwickeln?) des Diffusionsgrades unterschiedlicher ökologischer Produktstandards veranschaulicht (resp. modelliert) werden.

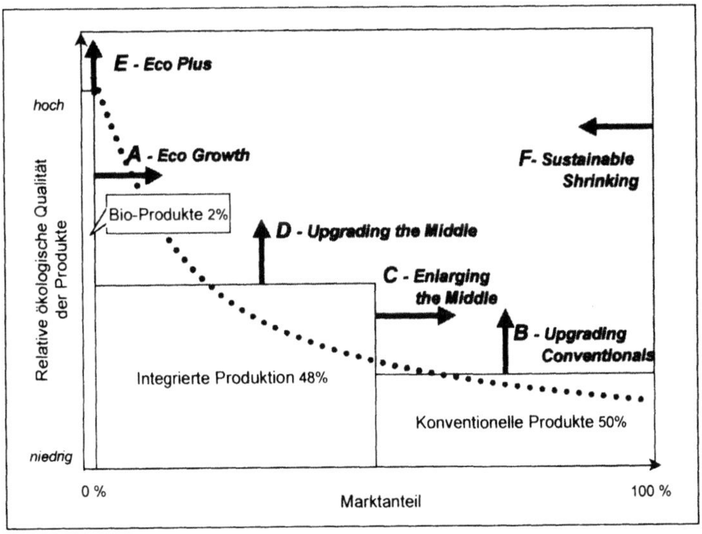

Abb. 16: Landkarte des ökologischen Massenmarktes

Quelle: Wüstenhagen/Meyer/Villiger 1999, S. 27

232 Das Konzept der "Landkarte des ökologischen Massenmarktes" wurde erstmals in der Zeitschrift "Ökologisches Wirtschaften" veröffentlicht. Vgl. hierzu den Beitrag von Wüstenhagen/Meyer/Villiger 1999.

Der linke Balken in der Abbildung stellt Produkte mit hoher ökologischer Qualität (niedriger spezifischer Umweltbelastung) dar, die erfahrungsgemäss keinen sehr hohen Marktanteil haben und eine Öko-Nische besetzen (Bio-Produkte/Kontrollierte Freilandhaltung). Der rechte Balken bildet Angebote ab, die eine niedrige ökologische Qualität (hohe spezifische Umweltbelastung), dafür aber einen relativ hohen Marktanteil aufweisen (konventionelle Massenmarktartikel). Zwischen diesen beiden Polen werden mögliche Zwischenstufen unter einer "mittleren ökologischen Qualität" zusammengefasst. Diese Produkte mit mittlerer ökologischer Qualität (Lebensmittel aus Integrierter Produktion/Besonders Tierfreundlicher Stallhaltungssysteme) erzielen in der Schweiz als Folge der Agrarreform ebenfalls hohe Marktanteile.[233]

Anhand der Abb. 16 lassen sich nun sowohl die *Zielsetzung* eines ökologischen Massenmarktes als auch alternative Wege oder *Pfade* dorthin veranschaulichen. Das Ziel "Ökologisierung des Massenmarktes" besteht demnach in einer Verkleinerung der grauen Fläche. Diese Fläche ist das Produkt aus dem Abstand zu einer maximalen ökologischen Qualität (oder anders ausgedrückt: der spezifischen Umweltbelastung) des jeweiligen Produktes multipliziert mit dem jeweiligen Marktanteil. Im Idealfall, wenn Produkte mit maximaler ökologischer Qualität (minimaler spezifischer Umweltbelastung) einen Marktanteil von 100% hätten, würde die Grösse dieser Fläche gegen null sinken. Da es sich bei dieser Vorstellung allenfalls um eine regulative Idee handelt, müssen andere Indikatoren für eine Operationalisierung herangezogen werden. Hierfür bieten sich verschiedene Möglichkeiten.[234] So ist ein *"ökologischer Massenmarkt"* erreicht, wenn:

---

[233] Die "Landkarte des ökologischen Massenmarktes" impliziert, dass es prinzipiell möglich ist, die ökologische Qualität von bestimmten Produktgruppen, bzw. Marktsegmenten eindeutig zu bestimmen. Die praktische Operationalisierung dieser Annahme schafft aufgrund der komplexen Zusammenhänge in der Ökologie sowie des Forschungsstandes in der Umweltbewertungmethodik jedoch Probleme. Eine derartige Operationalisierung ist heute allenfalls anhand bestimmter Umweltdimensionen (z.B. CO_2-Emissionen von Produkten) möglich. Eine umfassende Integration zu einer ökologischen Gesamtbewertung (z.B. in Form von Umweltbelastungspunkten, welche die Ökobilanzforschung anstrebt) ist jedoch noch nicht zu bewerkstelligen. Die Landkarte des ökologischen Massenmarktes ist somit als ein mehr oder weniger grob vereinfachendes Abbild der Wirklichkeit zu verstehen, welches zur Illustration der vorliegenden Zusammenhänge und Entwicklungslinien dennoch wertvoll erscheint. Vgl. hierzu Wüstenhagen/Meyer/Villiger 1999.

[234] Die sich zum Teil nicht inhaltlich unterscheiden, sondern lediglich unterschiedliche Messgrössen für den gleichen Sachverhalt heranziehen.

a) die grau schraffierte Fläche bis zu einem als ökologisch vertretbar angesehenen Grenzwert verkleinert werden kann, resp. einen solchen nicht übersteigt

b) die durchschnittliche ökologische Qualität der angebotenen Produkte einen als vertretbar anzusehenden Mindeststandard erreicht (z.B. IP-Standard)

c) oder der Marktanteil von "Premium-Öko-Produkten" einen als zufriedenstellend angesehenen Wert erreicht (z.B. 50% Bio-Marktanteil)

Die unterschiedlichen Operationalisierungsvarianten haben spezifische Vor- und Nachteile. So ist *Variante a* gut kompatibel mit der *Umweltpolitik*, mit ihr kann zum Beispiel der Zielerreichungsgrad von Klimaschutzzielen gemessen werden. Ihr Nachteil liegt in der vergleichsweise aufwendigen Operationalisierung. Ein weiterer Vorteil besteht in ihrer Ergebnisorientierung, welche den betroffenen Marktakteuren Freiräume für ein offenes Suchen und Finden der effizientesten und angemessensten Lösung einräumt. In Richtung dieser Operationalisierungsvariante a wirkt zum Beispiel ein "Sustainable Shrinking" (4.3.6) oder ein "Upgrading Conventionals" (4.3.1).

Der Vorteil von *Variante b* ist der *Produktbezug*, der dafür sensibilisiert, dass ein diversifiziertes Sortiment aus Produkten mit unterschiedlicher ökologischer Qualität die realitätsnächste Vorstellung eines ökologischen Massenmarktes ist. Weiter zeigt diese Variante b auf, dass es bei einer langfristigen Umstellung von einer tiefen zu einer hohen ökologischen Qualität (und als Folge davon: von einem konventionellen zu einem ökologischen Produktangebot im Handel) *Zwischenstufen* - wie im vorliegenden Beispiel der Integrierten Produktion - bedarf. Mit der Öffnung der Grenzen halten vermehrt konventionelle Produkte Einzug in die Regale der Lebensmittelanbieter, so dass das Festsetzen einer "durchschnittlichen ökologischen Qualität der angebotenen Produkte" auch aus diesem Grund realistisch erscheint. Dies bezweckt zum Beispiel die "Strategie für eine nachhaltige Landwirtschaft" des Bundes, welche u.a. vorsieht, dass bis zum Jahr 2007 die Schweizer Landwirtschaft zumindest nach den Kriterien der Integrierten Produktion und 70% des angebotenen Fleisches aus artgerechter Tierhaltung stammt.[235] In diese Richtung wirken die beiden Pfade "Enlarging the Middle" (4.3.3) oder "Upgrading the Middle" (4.3.4).

---

[235] Vgl. Traber 1998.

Im Sinne einer Nachhaltigen Entwicklung ist wünschenswert, dass nicht am Zwischenziel einer "durchschnittlichen ökologischen Qualität" festgehalten wird. Bevor eine solche realisiert ist, gilt es weiterführende, auch anfänglich noch utopisch anmutende Zielsetzungen zu formulieren. In diese Richtung wirkt *Variante c*, indem zum Beispiel die langfristige Zielgrösse des Bio-Marktanteils auf 50% festgesetzt wird. Der Charme dieser Version liegt in einer vergleichsweise einfachen Operationalisierung. Zudem bedingt sie im Unterschied zu den beiden anderen Varianten keine vollständige Information über ökologischen Belastungen im Gesamtmarkt. In Richtung dieser Operationalisierungsvariante c wirkt der Entwicklungspfad "Eco Growth" (4.3.2). Bei einer ausreichenden Annäherung an diese Zielsetzung wird auf dem Markt zudem ein "Eco Plus" (4.3.5) ein Thema.

4.3 Sechs Entwicklungspfade zum ökologischen Massenmarkt

☞ Nachdem auf Basis der Einteilung des Produktangebotes auf dem Schweizer Lebensmittelmarkt in drei ökologische Qualitätsstandards sechs verschiedene Pfade in Richtung ökologischer Massenmarkt identifiziert werden konnten, gilt es diese nun näher zu analysieren: Welche Bedeutung hatten die sechs Pfade für die Entwicklung des Marktes bis zum heutigen Stand? Welche Bedeutung werden sie künftig zur Unterstützung des ökologischen Entwicklungsprozesses der Branche einnehmen? Und welche Akteure, resp. *Akteursgruppen*[236] sowie Prozesse, resp. Trends können und werden einen Aufschwung der jeweiligen Entwicklungspfade unterstützen oder behindern?

---

236 Der Ausdruck "Akteursgruppen" ist als Synonym für "Anbieter" oder "Marktakteure" zu verstehen.

4.3.1 "Eco-Growth" - Ausweitung des Marktanteils von "Premium-Öko-Produkten" (Bio-Produkten) und die Metapher von "Davids und Goliaths"

Beim ersten Pfad, "Eco-Growth", handelt es sich um die "klassische Vorstellung" der Entwicklung von der Öko-Nische zum ökologischen Massenmarkt, um die Ausweitung des Marktanteils derjenigen Produkte, welche die höchste ökologische Qualität aufweisen. Dieses Segment der "Premium-Öko-Produkte" wird auf dem Schweizer Lebensmittelmarkt von den Bio-Programmen abgedeckt. 1999 weisen Bio-Lebensmittel einen Marktanteil von 2% auf - Tendenz steigend.

Auf den Spuren dieses Pfades zu wandeln bedeutet, die Vision eines "Bio-Landes Schweiz" zu verfolgen. Hierfür wird es mittelfristig möglicherweise notwendig, dass das *Lenkungssystem Agrarpolitik* die Anreize anpasst, d.h. die Unterstützung der Integrierten Produktion zugunsten des Biologischen Landbaus reduziert. Die Gefahr des praktizierten Systems mit den statischen, nicht veränderbaren Beitragssätzen besteht in der Tendenz, strukturerhaltende Wirkung zu erzeugen; d.h. letztlich, einen weiterführenden Ökologisierungsprozess zu verhindern. Konstante Direktzahlungssätze könnten folglich die Dynamik in Richtung "Bio-Land Schweiz" auf halbem Wege abbremsen. Der Zweck des Direktzahlungssystems liegt jedoch gerade darin, Anreize für "mehr Ökologie" zu schaffen, d.h. eine *dynamische Entwicklung* in Richtung einer ökologischeren Landwirtschaft zu fördern.[237] Für eine Weiterentwicklung in Richtung einer nachhaltigen Landwirtschaft wird diesen Ausführungen zufolge eine Anpassung der Anreize in Form einer *relativen Erhöhung der Direktzahlungen* für das Premium-Segment notwendig. Unter Berücksichtigung des zweiten agrarpolitischen Ziels ("mehr Markt"), kann dies nur ein Senken der Sätze für das mittlere Qualitätssegment bedeuten - bei konstanten oder weniger stark sinkenden Beiträgen für den Biologischen Landbau. Angesichts des herrschenden Übergewichtes integriert produzierender Landwirte dürfte eine solche Massnahme im politischen Prozess jedoch auf Widerstände stossen. Geht man davon aus, dass die Liberalisierung des Lebensmittelmarktes voranschreitet und - als Folge der steigenden Importquote - der Anteil konventioneller Lebensmittel in Zukunft weiter zunehmen dürfte, ist eine Anreizkonstanz auf der Schweizer Anbaustufe (aus ökologischer Sicht) jedoch mit einem Rückschritt gleichzusetzen (Kompensation ökologischer Entlastungseffekte).

---

[237] Vgl. hierzu auch Minsch 1998, S. 65-88.

Neben diesen politischen Implikationen interessieren *marktakteursorientierte (Sub-) Pfade*, welche in Richtung eines "Eco-Growth" begehbar sind. Zur Analyse des Beitrages, den verschiedene Akteursgruppen für einen Übergang von der Öko-Nische zum ökologischen Massenmarkt grundsätzlich leisten können, schlägt Wüstenhagen eine Unterteilung der Angebotsseite in zwei Gruppen vor, die jeweils spezifische Aufgaben erfüllen. Diese beiden Akteursgruppen werden in der folgenden Textbox zunächst charakterisiert, bevor auf weitere Sub-Entwicklungspfade in Richtung eines "Eco-Growth" vertieft eingegangen wird.[238]

"Greening Goliaths" vs. "Multiplying Davids" auf dem Lebensmittelmarkt

Bis vor wenigen Jahren waren es die kleinen Bioläden und Reformhäuser, die sog. "Davids" des Schweizer Lebensmittelmarktes, welche Bio-Produkte einem begrenzten Publikum als Hochqualitäts- und Hochpreissortiment anboten. Bei den sog. "Goliaths", den Grossverteilern, spielten Bio-Produkte lange Zeit kaum eine Rolle: Ökologie war (angebots- wie nachfrageseitig) ein Thema für eine Marktnische ("Öko-Nische").

Aus dieser Nische sind zwei Auswege denkbar: Einerseits eine Ökologisierung des Sortiments der grossen Akteure ("Greening Goliaths"), wie sie im Schweizer Lebensmittelmarkt Ende der 90er Jahre auch in beachtlichem Umfang zu beobachten ist, andererseits eine "Vermehrung" der bestehenden Nischenanbieter ("Multiplying Davids"). Die folgende Abb. 17 illustriert die beiden (Sub-) Pfade.

[238] Zur praktischen Anwendung der David-&Goliath-Metapher in einem Tourismusprojekt vgl. Villiger/Pichel 1998, S. 7 ff.

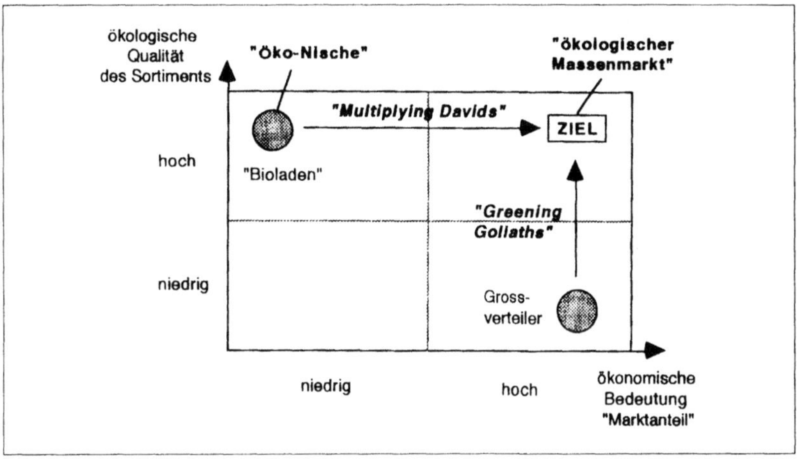

Abb. 17: Multiplying Davids und Greening Goliaths als alternative Pfade von der Öko-Nische zum ökologischen Massenmarkt

Quelle: Wüstenhagen 1998, S. 2

Beide (Sub-) Pfade weisen spezifische Möglichkeiten und Grenzen auf.[239] So haben *Goliaths* das grössere Potential zur Realisierung von Skaleneffekten und können dank ausgebauten Distributionsstrukturen ein grosses Kundensegment effizient bedienen. Wenn innerhalb des bestehenden ökonomischen Zielsystems verstärkt ökologische Ziele verfolgt werden sollen, sind hier jedoch häufig *interne Widerstände* zu überwinden. *Davids* hingegen - seien es ökologisch orientierte Newcomer oder etablierte Nischenanbieter - sind tendenziell experimentierfreudiger und besser auf dezentrale Strukturen ausgerichtet. Sie stehen jedoch oft *internen Wachstumsschwellen* gegenüber.

Diese kurze Charakterisierung deutet an, dass möglicherweise in der Interaktion der beiden Akteursgruppen, resp. in einer *Coevolution* von "Greening Goliaths" und "Multiplying Davids" ein besonderes Potential liegt, mit ökologischen Produkten ein "jenseits der Nische" zu erreichen.[240]

---

[239] Für eine ausführlichere Darstellung vgl. Wüstenhagen 1998.

[240] Eine mögliche Form, wie diese Coevolution spielen kann, wird im folgenden Kap. 5 auf Branchenebene dargestellt. Vgl. hierzu auch Kap. 7.

Je nachdem, ob sich die Marktanteilsausweitung ökologischer Produkte bei spezialisierten Anbietern ("Davids") oder innerhalb des Sortiments von Grossunternehmen mit einem gemischten Angebot ("Goliaths") abspielt, können auf dem Schweizer Lebensmittelmarkt verschiedene *Sub-Entwicklungspfade* differenziert werden.

"Multiplying Davids"-Pfad

Unter einem "Multiplying Davids", d.h. einem Aufkommen von Spezialanbietern kann Verschiedenes verstanden werden. Ein *"Multiplying Davids i.e.S."* zielt auf eine Multiplikation herkömmlicher Absatzstellen, welche dem Alternativkanal zugerechnet werden können. Unter einem *"Multiplying Davids i.w.S."* wird im folgenden das Aufkommen neuer Formen von Spezialanbietern von Bio-Produkten verstanden. Als dritte "Wachstumsvariante" können sich verschiedene Davids zu grösseren Konglomeraten zusammenschliessen *("Combining Davids")*. Und schliesslich kann unter diesen Sub-Pfad ein internes Wachstum bereits etablierter Davids zu einem "Green Goliath" gefasst werden (*"Upscaling Davids")*.

Unter einem *"Multiplying Davids i.e.S."* wird das Aufkommen von bestehenden Absatzkanälen des Alternativkanals (Konsummöglichkeiten ausserhalb des Detailhandels) verstanden. Da der Vertrieb von biologischen Produkten lange Zeit ausschliesslich über Direktverkauf ab Bauernhof oder den Alternativkanal (Bio-Läden, Reformhäuser) gefördert wurde,[241] sind diese Vertriebswege im Bio-Wettbewerb immer noch überproportional vertreten.[242]

Wie äussert sich auf dem Schweizer Lebensmittelmarkt Ende der 90er Jahre ein *"Multiplying Davids i.w.S."?* Unter diesem Stichwort sind grundsätzlich zwei Formen vorstellbar: das *Aufkommen neuer Spezialanbieter* oder *Vertriebsformen* von Bio-Produkten sowie die *Transformation* eines konventionellen zu einem Bio-Anbieter. In Anlehnung an die in Kap. 2 geschilderten Möglichkeiten einer potentiellen Konkurrenz für die etablierten Anbieter auf dem Schweizer Lebensmittelmarkt ist im ersten Fall ein Eintritt *ausländischer Bio-Ladenketten* in den Schweizer Bio-Markt oder aber das Erscheinen *virtueller Bio-Vertriebsformen* vorstellbar. Erste *Transformationen* in Bio-Betriebe wiederum sind bislang insbesondere im *Gastgewerbe* zu beobachten.

---

241 Vgl. zur Renaissance des Direktverkaufs ab Bauernhof die Textbox in Kap. 2.
242 Vgl. zum "Multiplying Davids i.e.S." näher Kap. 5.

Das *Angebot ausländischer Bio-Produkte* wird durch die Bio-Verordnung grundsätzlich ermöglicht, solange die darin vorgeschriebenen Mindestanforderungen erfüllt sind. Der Eintritt ausländischer Bio-Läden aus dem europäischen Ausland ist zum heutigen Zeitpunkt eher als unwahrscheinlich zu betrachten, da die Bio-Bewegung auch jenseits der Grenze noch jung und "unreif" ist. Vorstellbar sind solche Eintritte dereinst aus Deutschland oder aus Österreich: Deutschland aufgrund der Marktgrösse (erzielbare Skaleneffekte); Österreich aufgrund der führenden Rolle in Europa auf der Anbaustufe. Sobald die staatlich geförderte Produktion von Bio-Produkten die Aufnahmekapazität des Marktes in Deutschland oder in Österreich übersteigt, werden sich die Produzenten und Anbieter möglicherweise zu einem Ausweichen jenseits der Grenzen veranlasst sehen.[243] Die Schweiz stellt für diese ausländischen Anbieter aufgrund der geographischen Nähe und der gesundheits-/umweltbewussten sowie kaufkräftigen Konsumenten ein attraktiver Markt dar.[244]

Ein interessantes Beispiel einer *virtuellen Vertriebsform* von Bio-Produkten bietet die Internetadresse http://www.biohof.ch. www.biohof.ch ist ein virtueller Marktplatz, auf welchem Bio-Bauern aus dem Kanton Graubünden ihre Produkte zum Verkauf anbieten. Die Produkte sind alphabetisch und nach Kategorien sortiert. Zu jedem Produkt wird aufgelistet, welche Anbieter die Produkte liefern können. Ein Link führt zu einer Seite, auf welcher der jeweilige Betrieb mit Text und Bild kurz vorgestellt wird. Die Bestellungen gelangen via E-Mail an eine Schaltstelle, welche diese kontrolliert und an die Produzenten weiterleitet. Die Produzenten versenden ihre Ware per Post direkt an die Bestelladresse. Der virtuelle Markt ist dezentral aufgebaut und kennt kein Zentrallager. In den Bestellformularen auf dem Internet sind Angaben zu den Produkten (frisch oder gefroren, Verpackungsart, Gewichtseinheit) sowie zu den Lieferbedingungen zu finden. Nach Angaben der Initianten ist www.biohof.ch die bisher einzige Verkaufsplattform dieser Art für Bio-Produkte im Internet. Es wird betont, dass diese Vertriebsform nicht nur für Bio-Produzenten ökonomische (zusätzlicher Absatzkanal

---

243 Eine Rückumstellung von der biologischen Anbauweise auf die Integrierte Produktion oder die konventionelle Landwirtschaft einmal ausgeschlossen.

244 Bereits viel früher war jedoch der Import einer Ideologie in den Schweizer Lebensmittelmarkt zu beobachten. Nachdem 1924 Rudolf Steiner seinen "landwirtschaftlichen Kurs" durchführte, formte sich im damaligen Ostpreussen (heute Teil von Polen) die Demeter-Bewegung. 1937 vereinigten sich in der Schweiz die biologisch-dynamisch wirtschaftenden Bauern ebenfalls zu einer Demeter-Vereinigung. Auf diese Weise wurde zumindest eine "Bio-Ideologie" importiert. Zur Demeter-Ideologie vgl. http://www.demeter.de. Zur Geschichte der Bio-Bewegung in der Schweiz vgl. näher Kap. 5.

mit zudem höheren Margen), sondern auch ökologische Vorteile bietet, da nicht mehr jeder Konsument einzeln aufs Land zum Bauern fahren muss.[245]

Erste Beispiele für *Umstellungen* von einem konventionellen *zu einem biologischen Angebot* sind im *Gastwirtschaftskanal* zu finden. Nach dem Motto "was im Detailhandel Anklang findet, soll auch in der Gastronomie Schule machen", konnte Bio Suisse 1998 die ersten Bio-Restaurants zertifizieren.[246] Allerdings haben Ende der 90er Jahre erst zwei Betriebe total auf Bio umgestellt.[247] Die geringe Anzahl von Bio-Restaurants ist damit zu begründen, dass das Angebot an Bio-Produkten lange Zeit bescheiden war. Zudem zeigen sich die Wirte aufgrund der höheren Einkaufspreise zurückhaltend. Durch die Zertifizierung des Betriebes oder einzelner Menüs entsteht nun aber eine Möglichkeit, die Mehrleistung und den Aufpreis glaubwürdig zu kommunizieren.[248] Die Knospe wird vergeben, wenn zumindest 70% der verwendeten Lebensmittel aus biologischem Anbau stammen.[249] Neben der Umstellung der gesamten Küche bietet Bio Suisse den Gastro-Betrieben auch die Option, *einzelne Zutaten oder Menüs* zu zertifizieren.[250]

Im *"Combining Davids"* wird das Wachstum durch den Zusammenschluss bereits bestehender, jedoch "versplitterter" Davids zu einer grösseren Verkaufsorganisation (z.B. zu einer Bio-Ladenkette mit einheitlichem Auftritt und zentraler Einkaufslogistik) angestrebt, um dadurch Synergieeffekte (wie Grössenersparnisse, Marketingvorteile) zu erzielen. Ende der 90er Jahre lassen sich verschiedene Organisationen eruieren, die sich zu Bio-Akteursnetzen zusammengeschlossen haben, allerdings sind darunter keine Bio-Ladenketten zu finden. Bestrebungen, eine übergeordnete Vertriebsorganisation aufzubauen, zerschlugen sich aufgrund der individuellen Charaktere der Bio-Ladenbetreiber, welche eine engere Zusammenarbeit verhindern.

---

245 Vgl. http://www.biohof.ch vom 10.10.1999.

246 Poldervaart 1998, S. 13.

247 Vollständig umgestellt haben 1998 das Hotel "Bethanien" in Davos (GR) sowie das Restaurant "Steinbock" in Steinhausen (ZG). Drei weitere Restaurants haben die Knospe für einzelne Zutaten erhalten.

248 Vgl. Poldervaart 1998, S. 13.

249 Die restlichen 30% der Zutaten aus konventioneller Produktion wird durch eine "weisse Liste" eingeschränkt und muss zudem von Bio Suisse bewilligt werden. Vgl. Schlenczek 1998, S. 13.

250 1999 nimmt die Betriebszertifizierung seinen Gang. Im Herbst 1999 kündigt das High-Tech-Unternehmen Hamilton in Bonaduz (GR) an, die Betriebskantine als Bio-Betrieb zertifizieren zu lassen.

Ende der 90er Jahre kommt für die Betreiber der Bio-Läden erschwerend hinzu, dass sich als Folge des Marktanteilsgewinns von Coop und Migros der Wettbewerb verschärft, so dass bei den kleinen Bio-Läden-Betreiber neben dem Willen zur Kooperation nun auch die notwendigen (zeitlichen wie monetären) Ressourcen zur Gründung einer "Bio-Ladenkette" fehlen. Der Bio-Handelskanal ist und wird wohl zersplittert bleiben.[251]

Das bekannteste Beispiel eines Zusammenschlusses biologisch produzierender Landwirte in der Schweiz ist *"Bio Suisse"* (ehemals Vereinigung Schweizerischer Biologischer Landbau Organisationen, VSBLO). Bio Suisse berät die Schweizer Bio-Landwirte als Dachverband seit 1981 auch in Marketingfragen. Bio Suisse versteht sich jedoch nicht als Handelsorganisation.[252]

Ein weiteres Beispiel eines "Combining Davids" ist die *"Via Verde"*. Via Verde ist ein Zusammenschluss verschiedener Bio-Regionalverteiler und befasst sich mit Import- und Koordinationsaufgaben. Via Verde ist folglich nicht im Endverkauf, sondern im Zwischenhandel tätig.[253]

In Deutschland existieren *Grossistenketten*, welche eigene Bio-Läden betreiben. Diese arbeiten gemäss Minder professioneller als die Schweizer Bio-Laden-Betreiber. Diese Professionalität konnten sie sich aneignen, weil in Deutschland die Grossverteiler den Bio-Wettbewerb nicht in vergleichbarem Ausmasse verschärften wie auf dem Schweizer Lebensmittelmarkt.[254] Unter Berücksichtigung dieser Zusammenhänge ist ein Markteintritt einer Deutschen Bio-Ladenkette längerfristig durchaus als ein mögliches Szenario zu betrachten.

Ein "Combining Davids" ist hingegen bei den "3. Welt-Läden" zustande gekommen. Unter dem Namen *"claro"* haben sich 135 Fair-Trade-Geschäfte zu einer Organisation zusammengeschlossen und diese 1997 in die Aktiengesellschaft "claro fair trade AG" umgewandelt (früher: "OS3"). Diese 135 Läden arbeiten nach einheitlichen Grundsätzen und einem einheitlichen Erscheinungsbild.[255]

---

[251] Telefonisches Kurzinterview mit Hr. Höhener von "Höheners biologische Lebensmittel" in Basel vom 26.10.1999.

[252] Zu Zusammenschlüssen bei regionalen Produktorganisationen vgl. Hofer/Stalder 1998.

[253] Vgl. http://www.biofrisch.ch/frameset1.html vom 19.10.99

[254] Telefonisches Kurzinterview mit Hr. Minder von PKG vom 19.10.1999.

[255] claros oberstes Ziel ist die permanente Verbesserung der sozialen, wirtschaftlichen und ökologischen Situation ihrer Produzenten. Vgl. claro fair trade AG o.A.

Unter einem *"Upscaling Davids"* ist eine Umsatzsteigerung bestehender Spezialanbieter von Bio-Produkten zu verstehen. Auch hier sind zwei Wege vorstellbar: Ein professionell geführter Bio-Laden positioniert sich erfolgreich in einer Qualitätsnische. Tritt der Erfolg ein, mutiert "Green David" auf evolutivem Wege zu einem *"Green Goliath"* (aus innerem Wachstum heraus).[256] Beispiele eines "Upscaling Davids" zu einem "Green Goliath" existieren in der Schweiz Ende der 90er Jahre erst in Ansätzen. Ein gewachsener David ist zum Beispiel die *"Produktions- und Konsumgenossenschaft"* in Bern (PKG). Die PKG wurde 1980 gegründet und ist bis 1997 auf ein Umsatzvolumen von 1.5 Mio. Sfr. gewachsen. Inzwischen stagniert das Wachstum, was der Geschäftsführer der PKG auf den Marktanteilszuwachs von Coop zurückführt, welcher grösser ist als das Branchenwachstum. Die einzige Chance für Bio-Läden sieht Minder im Bereich der Qualitätsdifferenzierung (Flucht nach oben), bei welcher eine kompetente, zuvorkommende Bedienung sowie ein Bio-Sortiment mit frischen Produkten aus der Region im Zentrum stehen.[257]

Mit einer solchen Qualitätsdifferenzierung hat die Nummer zwei in der Schweizer "Bio-Laden-Szene", *"Höheners biologische Lebensmittel"* in Basel Erfolg. Höhener öffnete 1995 seine Türen und erzielte 1999 bereits einen Umsatz von knapp 3 Mio. Sfr. Dieser Erfolg wird vom Inhaber auf ein Qualitätskonzept zurückgeführt. Dieses erfasst neben der Sortiments- auch die Ladengestaltung sowie den Bereich Beratung/Verkauf. Zudem wird die biologische Anbauweise an weitere Anforderungen geknüpft, wie an einen tiefen Verarbeitungsgrad (z.B. Angebot ausschliesslich unpasteurisierter Milchprodukte), an die Regionalität (zu den Bio-Produzenten werden persönliche Verbindungen gepflegt) oder an die Saisonalität der Produkte. Das Sortiment ist zudem innovativ und breit, indem zum Beispiel über vierzig Bio-Apfelsorten sowie neben zahlreichen anderen auch Bio-Holzofenbrote angeboten werden. Als kritischer Erfolgsfaktor erweist sich in zunehmendem Masse die Qualifikation des Personals. Dies ist u.a. darauf zurückzuführen, dass in der Schweiz keine Ausbildungsmöglichkeit zu einem "Bio-Fachverkäufer" existiert.[258]

---

[256] In Anlehnung an die Grössenverhältnisse der Davids und der Schweiz soll ein David als "Green Goliath" bezeichnet werden, wenn er einen jährlichen Umsatz von über einer Mio. Sfr. erzielt.

[257] Telefonisches Kurzinterview mit Hr. Minder von PKG vom 19.10.1999.

[258] Telefonisches Kurzinterview mit Hr. Höhener von "Höheners biologische Lebensmittel" in Basel vom 26.10.1999.

"Greening Goliaths"-Pfad

Der "Multiplying Davids"-Pfad hat sich als facettenreich gezeigt. Innerhalb des "Greening Goliaths"-Pfades sind ebenfalls verschiedene Sub-Pfade gangbar. Neben einem *"Greening Goliaths i.e.S."*, d.h. einer Ökologisierung bereits etablierter, grosser, konventioneller Anbieter, ist bei diesem Pfad eine Abwandlung denkbar, in welcher sich neue Anbieter von Beginn weg als *"Green Goliath"* auf dem Markt etablieren.

Wenn ein Goliath des Lebensmittelhandels grünere Pfade einschlägt (*"Greening Goliaths i.e.S.")*, kann er dies durch eine Umsetzung betriebsökologischer Massnahmen (z.B. im Energie- oder Transportwesen) oder in Form einer veränderten Sortimentspolitik tun. Im für die vorliegende Fragestellung relevanteren zweiten Fall wird das konventionelle Sortiment i.d.R. durch biologische Produkte oder Programme ergänzt (Coop Naturaplan, M-Bio, Bio Domaine). Durch die Angebotsausweitung mit Bio-Produkten entsteht eine *Ausdifferenzierung* des Sortiments grosser Anbieter. Weiterführender ist eine *Substitution* konventioneller durch biologische Produkte, was letztlich in einem reinen "Bio-Angebot" münden würde.

In der *Gastronomie* ist an eine partielle Substitution des konventionellen durch Bio-Angebote zu denken, indem (neben anderen) täglich ein *Bio-Menü* angeboten wird. Von dieser Möglichkeit machen der Marktleader in der Systemgastronomie, SV-Service, sowie die Coop-Restaurants Gebrauch. Aufrund der vorgeschriebenen Trennung der Bio- von den übrigen Warenflüssen eignet sich die Zertifizierung einzelner Menüs in erster Linie für die Goliaths der Gastronomie.[259] Yves Schätzle von Bio Suisse prophezeit: "So wie das Vegi-Menu heute bereits ein Muss auf der Speisekarte ist, wird dies auch mal beim Knospe-Gericht der Fall sein."[260]

Als erste Fluggesellschaft stellt *Swissair* ihre *Bordverpflegung* in sämtlichen Klassen auf Lebensmittel aus naturgerechtem Anbau um. Im Sommer 1999 betrug der Anteil von Bio-Produkten am Swissair-Catering bereits 65%. Das Ziel lautet, bis Ende 2000 einen Bio-Anteil von 90% zu erreichen (was heute aufgrund der Beschaffungslage jedoch als illusorisch bezeichnet wird). Auch im Bereich der Getränke stellt Swissair auf Bio um (erhältlich sind Bio-Wein, Bio-Bier und Bio-Säfte).[261] Mit dieser Substitution

---

259 Vgl. Schlenczek 1998, S. 13.

260 Schätzle in: Schlenczek 1998, S. 13.

261 Die Qualität von Natural Gourmet wird von "bio.inspecta" kontrolliert und von IFOAM (International Federation of Organic Agriculture Movements) zertifiziert. Vgl. http://www.swissair.com.

konventioneller durch biologische Produkte bezweckt Swissair, unter dem Label "naturalgourmet™" eine Qualitätsdifferenzierung vorzunehmen (ökonomischer Aspekt) und zudem die Öko-Bilanz zu verbessern (ökologischer Aspekt).[262]

Unter dem Stichwort *"Green Goliath"* positioniert sich ein Anbieter direkt als grosser *Bio-Supermarkt* auf dem Markt, ohne dass er zuvor eine Entwicklung in Form eines "Upscaling Davids" oder "Greening Goliaths" erfahren hätte. Ein "Green Goliath" in dieser reinen Form existiert in Bern. 1992 eröffnete das Ehepaar Vatter an zentraler Lage den 5000 Quadratmeter grossen *"Logischen Supermarkt"*. Der "Logische Supermarkt" wird von den Besitzern des Gebäudes (Eltern des Geschäftsführers) über Mietreduktionen subventioniert. Der "Logische Supermarkt" beschäftigt 40 Angestellte und erzielte 1998 einen Umsatz von über 7 Mio. Sfr.

Der "Bio-Goliath" ist in verschiedene Abteilungen unterteilt (Käse, Backwaren, Metzgerei, Milchprodukte, Gemüse oder Reformbereich), welche teilweise bedient, teilweise unbedient geführt werden.[263] Eher untypisch für einen Bio-Laden ist das Angebot von Fleisch. Dies weist daraufhin, dass die Betreiber des "Logischen Supermarktes" ein grösseres Kundensegment ansprechen wollen, was sich zum Beispiel im Angebot eines Vollsortimentes oder in den langen Öffnungszeiten äussert.[264]

In einer "Zwickmühle" fühlen sich die Betreiber des "Logischen Supermarkts" beim Angebot von Convenience-Produkten, welche vom Kunden zusehends gewünscht werden. Aufgrund des mit jedem zusätzlichen Verarbeitungsschritt verbundenen Nährwertverlustes kann ein solches Angebot jedoch nicht mit der Ideologie des "Gesunden" in Übereinstimmung gebracht werden. Die Abgrenzung zu Migros und Coop wird weiter durch das Angebot von Demeter-Produkten gesucht, welche unter Befolgung der Grundsätze des biologisch-dynamischen Landbaus erzeugt werden ("Bio-Plus").[265]

---

262 Telefonisches Kurzinterview mit Felix Kaufmann von Swissair vom 23.12.1999. Vgl. hierzu auch http://www.swissair.com/service/air/gourmet.htm. Zur ökologischen Marktabsicherungsstrategie von Swissair vgl. Dyllick/Belz/Schneidewind 1997, S. 86 f.

263 Hinzu kommen Abteilungen des Non-Food-Bereichs wie Essenzen, Kosmetika, Papeterie, Putzmittel, Kleider sowie eine eigene Mühle.

264 Zum Beispiel der Abendverkauf am Donnerstag. Bemerkenswert erscheint die Information, dass zahlreiche heutige Stammkunden den Weg als Allergiker in den Logischen Supermarkt gefunden haben. Die Vatters haben daraufhin eine "Allergiker-Ecke" eingeführt, an welcher eine umfassende Beratung gewährt wird. Telefonisches Kurzinterview mit Frau Ehi vom Logischen Supermarkt in Bern vom 26.10.1999.

265 Telefonisches Kurzinterview mit Frau Ehi vom Logischen Supermarkt in Bern vom 26.10.1999.

Daneben lassen sich auch bei diesem Sub-Pfad verwandte Formen eines "Green Goliaths" beschreiben. Die *Betriebsgesellschaft "Oekomotive" in Luzern* hat ihre Tore 1995 geöffnet. Nach einem längeren Suchprozess, welcher mit einer offenen Marktstruktur begann, scheint man heute mit der Untervermietung der Lokalität an vier Öko-Läden eine stabile Angebotsform gefunden zu haben. Anfang 2000 bieten neben zwei Non-Food- (WWF, Drogerie) zwei Bio-Läden ihre Produkte an, wobei einer ein *"Bio-Take-away"* ist.[266] Die Betriebsgesellschaft "Oekomotive" betreibt somit ein "Combining Davids" im kleinen Rahmen.

Eine weitere Form eines "Green Goliaths" stellt die Eröffnung der ersten Schweizer *Engroshalle für Bio-Produkte* dar. *"Pico Bio"* möchte es Küchenchefs ermöglichen, zahlreiche Bio-Produkte aus einer Hand zu beziehen. Neben Frischprodukten wie Milch, Käse, Gemüse und Fleisch liefert "Pico Bio" auch Bio-Wein oder -Getreide.[267]

Zwischenfazit

Die Ausführungen zu diesem ersten Entwicklungspfad haben verdeutlicht, dass die klassische Vorstellung einer Entwicklung hin zum ökologischen Massenmarkt, die "Ausweitung des Marktanteils von Premium-Öko-Produkten" von zahlreichen Sub-Entwicklungspfaden getragen wird. Dass sich für die analytisch generierten Sub-Pfade jeweils konkrete Beispiele aus der Praxis beschreiben liessen, zeugt davon, dass sowohl die Davids wie auch die Goliaths ihre spezifische Rolle in der Entwicklung des Lebensmittelmarktes in Richtung eines ökologischen Massenmarktes gefunden haben und den Ökologisierungsprozess auf vielfältige Weise unterstützen.

Während sich der Davidkanal als facettenreich erwies, fiel die Diskussion der Goliath-Subpfade kürzer aus. Dies ist jedoch nicht mehr als Zeichen der Ignoranz gegenüber biologischen Lebensmitteln zu werten, sondern verweist auf klarer vorgegebene Angebotskonturen für die Goliaths des konventionellen Lebensmittelhandels.

Die Verantwortungsübernahme der Goliaths ist für die Weiterentwicklung des Bio-Marktes als notwendig zu erachten, indem diese mit ihrem Angebot die Erreichbarkeit grösserer Nachfragesegmente gewährleisten. Für die Davids entstehen mit dem

---

266 Telefonisches Kurzinterview mit Frau Beutler von der Oekomotive in Luzern vom 19.10.1999.
267 Pico Bio wurde 1998 in Zürich eröffnet. Vgl. Poldervaart 1998, S. 13.

Markteintritt der Goliaths jedoch neue Probleme. Beschaffungsseitig bleiben den kleinen Anbietern auf dem Lebensmittelmarkt oft nur die von den Goliaths übrig gelassenen Reste, was darauf hinweist, dass Bio-Produzenten oft lieber - auch zu tieferen Margen - an die grossen Händler liefern (aufgrund von Mengen- und Sicherheitsaspekten). Infolgedessen fällt es vielen Davids schwer, ein Vollsortiment von Bio-Produkten anzubieten, was sich absatzseitig negativ auswirkt. Möglicherweise wird sich dieser Zustand mit einer steigenden Anzahl von Bio-Landwirtschaftsbetrieben allmählich entspannen. Im folgenden werden die beschriebenen Entwicklungslinien und Sub-Pfade noch einmal tabellarisch zusammengefasst (vgl. Abb. 18):

Entwicklungsform Akteurszuordnung	neue Anbieter-/ Verkaufsformen	interne Veränderung / Wachstum
Davids	"Multiplying Davids i.e.S.": Multiplikation herkömmlicher Vertriebsformen (z.B. Renaissance des Direktverkaufs ab Bauernhof, Bio-Läden). "Multiplying Davids i.w.S.": Aufkommen neuer oder Transformation bestehender Vertriebsformen. Z.B. virtueller Bio-Laden (www.biohof.ch); Gefahr des Eintritts ausländischer Bio-Anbieter.	"Upscaling Davids": Umsatzsteigerung, internes Wachstum, Professionalisierung von Bio-Läden (z.B. PKG, Höhener). "Combining Davids": Zusammenschluss zu Bio-Kette (Bio Suisse, Via Verde), jedoch keine Verkaufsorganisationen. Keine Bio-Ladenkette analog zu Deutschland oder "claro" bekannt. Oekomotive mit "Bio-Take-away".
Goliaths	"Green Goliaths": Bio-Anbieter etabliert sich direkt als neuer Goliath auf dem Markt ("der Logische Supermarkt", "Pico Bio" als Grossist).	"Greening Goliaths i.e.S.": Ausdifferenzierung des Angebotes (Coop-Naturaplan, M-Bio), partielle (SV-Service mit Bio-Menü) oder totale Umstellung (Swissair mit Bio-Catering oder Bio-Restaurants).

Abb. 18: Akteursgruppen und Entwicklungslinien auf dem "Eco-Growth"-Pfad

Die Diskussion der Sub-Entwicklungspfade hat einen Überblick vermittelt, wie unterschiedlich oder vielgestaltig die Ansatzstellen in Richtung eines ökologischen Massenmarktes für die Davids und Goliaths auf dem Schweizer Lebensmittelmarkt sind. Trotz unterschiedlicher Charakteristika und Ideologien ist ein dritter Weg möglicherweise der Effektivste: die *Coevolution von Davids und Goliaths*. Dass dieser dritte, kooperative Weg funktionieren kann, beweist die *Partnerschaft zwischen Coop und Bio Suisse*, welche nicht nur für die Akteure im speziellen, sondern auch für die übergeordnete Entwicklung des Gesamtmarktes im allgemeinen positive Wirkungen hervorbringt. Während Migros traditionsgemäss auf den Aufbau eigener Handelsmarken (M-Bio, M-Sano) setzt, ergänzt Coop seine "Kompetenzmarke" Coop-Naturaplan mit dem Knospenlabel, welches von Bio Suisse vergeben wird.[268] Hieraus entstehen Synergien, wovon beide Partner profitieren: Coop gewinnt durch Bio Suisse als neutrale Stelle an (externer) Glaubwürdigkeit hinzu, während die Knospe durch die Coop-Produkte ihren Bekanntheitsgrad steigern kann (vgl. Abb. 19. Aus dieser Einsicht heraus ist eine vertraglich fixierte Partnerschaft zwischen Coop und Bio Suisse entstanden (Ziel: langfristige Weiterentwicklung des Bio-Marktes).[269]

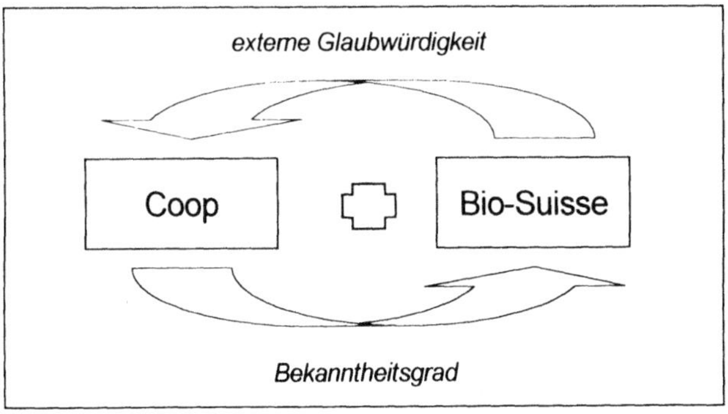

Abb. 19: Synergien zwischen Coop und Bio Suisse

Quelle: Villiger/Belz 1998, S. 75

[268] Bei den Bio-Programmen lässt sich zwischen ökologischen Handelsmarken und Öko-Labels unterscheiden: Während Öko-Labels von unabhängigen Institutionen vergeben werden (z.B. Knospe der Bio Suisse), welche für eine "externe Glaubwürdigkeit" sorgen, werden ökologische Handelsmarken vom Lebensmittelhandel selbständig aufgebaut. Vgl. Villiger/Belz 1998, S. 74 und 80.

[269] Vgl. Coop 1998, S. 5.

4.3.2 "Upgrading Conventionals" - Anheben des ökologischen Mindeststandards im konventionellen Massenmarkt

Der vielgestaltige Entwicklungspfad "Eco Growth" setzt am oberen Qualitätssegment des Lebensmittelmarktes an, indem eine Ausweitung des noch in einer Marktnische verharrenden Bio-Segmentes angestrebt wird. Der komplementäre Pfad zum "Eco Growth" setzt an jenem Segment an, welches sich am unteren Ende der Qualitätsskala bewegt, in der Regel jedoch einen hohen Marktanteil aufweist. Das Begehen dieses Pfades zeichnet sich ebenfalls durch ein hohes Wirkungspotential aus, da im *Marktsegment der konventionellen Produkte* durch ein *Anheben des ökologischen Mindeststandards* bereits mit kleinen relativen Verbesserungen spürbare ökologische Entlastungen erreicht werden können. Dieser Pfad wird im folgenden *"Upgrading Conventionals"* genannt.

Ein Anheben des ökologischen Mindesstandards im konventionellen Massenmarkt liegt nur bedingt im Interesse der Marktakteure. Denn während die Erträge im Premiummarkt durch eine Qualitätsdifferenzierung mit hohen Preisen (und Margen) anvisiert werden, werden diese im von konventionellen Produkten dominierten Massenmarkt mit hohen Stückzahlen und tiefen Preisen erzielt. Und in einem intensiven Preiswettbewerb fehlen in der Regel die Spielräume für ökologische Optimierungsmassnahmen, welche über die Einhaltung der gesetzlich vorgeschriebenen Mindeststandards hinaus reichen.[270] Ökologische Wirkungen auf dem "Upgrading-Conventionals-Pfad" werden daher weniger durch Massnahmen im marktlichen, sondern vielmehr im *politischen Lenkungssystem* zu erreichen sein. Auf dem Schweizer Lebensmittelmarkt erfolgt dies seit längerem durch eine steigende Regelungsdichte.[271] Allein in der "Lebensmittelverordnung" schreiben heute gegen 450 Artikel vor, was bei der Herstellung, der Behandlung, beim Transport oder der Abgabe von Lebensmitteln erlaubt ist und was nicht. Mit einer kontinuierlichen Ergänzung des Lebensmittelgesetzes wird bezweckt, die Konsumenten vor Gesundheitsgefährdungen und Täuschungen zu schützen sowie den hygienischen Umgang mit Lebensmitteln sicherzustellen.[272]

---

270 Sofern diese Massnahmen nicht zu Einsparpotentialen führen, wie dies zum Beispiel bei der Abfall-, Wasser- oder Energiebewirtschaftung durchaus möglich ist.

271 Zum Beispiel im Lebensmittelgesetz, dem "Bundesgesetz über Lebensmittel und Gebrauchsgegenstände" (LMG) vom 09. Oktober 1992.

272 Art. 1, Lebensmittelgesetz. Von den Vorschriften wird nicht nur das ökologische Wettbewerbs-

Bezogen auf das weitere Ausbreitungspotential (und damit verbundenen Umweltbelastungen) konventioneller Produkte sind auf dem Schweizer Lebensmittelmarkt *gegenläufige Tendenzen* zu erwarten:

- In der *Schweizer Inlandproduktion* wird die konventionelle Landwirtschaft bis Ende des nächsten Jahrzehnts weitgehend verschwunden sein. Damit wird der ökologische Mindeststandard in der Schweizer Landwirtschaft auf IP-Niveau angehoben. Der Anteil konventioneller Produkte am Gesamtsortiment wird somit künftig vorwiegend von der Importquote bestimmt.
- Durch die Öffnung der Grenzen (EU/WTO) wird diese Importquote von heute 40% auf 50% und mehr steigen. Mit einer *steigenden Importquote* sind zahlreiche Umweltbelastungen verbunden, infolge a) einer Zunahme konventioneller Produkte am Gesamtsortiment (Produktion), b) einem steigenden Transportaufkommen, c) einem höheren Verarbeitungsgrad der über eine längere Strecke zu transportierenden Produkte und d) einer Zunahme an Verpackungsstoffen.

Es muss folglich damit gerechnet werden, dass die in einer ersten Phase durch die Schweizer Inlandproduktion erzielten ökologischen Entlastungseffekte (Umstellung auf Bio/IP) in einer zweiten Phase durch die Folgeeffekte der Liberalisierungs-/Globalisierungstendenzen überkompensiert werden. Nach einem anfänglichen *"Upgrading Conventionals"* in einem weitgehend abgeschotteten Markt, bei welchem sich die Integrierte Produktion bis zur Jahrtausendwende als Qualitätsmindesstandard auf der Produktionsstufe durchsetzen wird, ist danach folglich wieder mit einem vermehrten *"Conventionals Growth"* in einem offenen Markt zu rechnen.

Neben diesen direkten ist weiter mit *indirekten Umweltbelastungseffekten* zu rechnen: Der Markteintritt ausländischer Anbieter wird die Wettbewerbsintensität steigern und die Handlungsspielräume der etablierten Wettbewerber einschränken. Dies zwingt die Anbieter auf dem Schweizer Lebensmittelmarkt möglicherweise dazu, die Aufmerksamkeit (zulasten ökologischer Qualitätskriterien) wieder verstärkt ökonomischen Gesichtspunkten zuzuwenden. In Richtung eines "Upgrading Conventionals" wiederum wirken die europäischen Richtlinien. Die europäischen Gesetze stellen zum Teil hohe

---

feld "Anbauweise/Tierhaltung" tangiert, sondern zum Beispiel auch die Verpackung oder die Gentechnologie.

Anforderungen an die Hygiene und an die Produktion/Verarbeitung von Lebensmitteln. Dadurch werden mit einer steigenden Importquote aus dem europäischen Raum vermehrt Produkte (und mit ihnen die geltenden Richtlinien) eingeführt, die unter einem hohen (konventionellen) Niveau hergestellt wurden.

4.3.3 "Enlarging the Middle" - Ausdehnung des mittleren Qualitätssegmentes (Integrierte Produktion) zulasten konventioneller Produkte

Sofern eine Ausdehnung des mittleren Qualitätssegmentes zulasten konventioneller Produkte geht, können mit einem *"Enlarging the Middle"* ebenfalls bemerkenswerte Umweltentlastungseffekte erzielt werden. Die schweizerische Agrarpolitik hat den ökologischen Leistungsnachweis inzwischen zur Grundvoraussetzung für den Bezug aller Arten von Direktzahlungen vorgeschrieben. Dies bedeutet, dass nur wer seine Felder zumindest nach den Kriterien der Integrierten Produktion bewirtschaftet, einen Anspruch auf staatliche Unterstützung geltend machen kann. Diese Regelung bewirkte die beschriebene grossflächige Umstellung der Schweizer Landwirtschaft auf die Integrierte Produktion von heute 80% der landwirtschaftlichen Nutzfläche. Damit hat sich die Integrierte Produktion zum (Mindest-) *Standard* schweizerischer Agrarerzeugnisse entwickelt. Von welchen Akteuren wird der Entwicklungspfad "Ausdehnung des mittleren Qualitätssegmentes" vorangetrieben?

- *Markt:* Migros war an der Entwicklung der Richtlinien der Integrierten Produktion massgebend beteiligt. Basierend auf einer Genossenschaftsabstimmung, an welcher sich die Genossenschaftler gesündere Lebensmittel wünschten, hat Migros in den 70er Jahren in enger Zusammenarbeit mit der Landwirtschaft und dem Bund die Richtlinien für die Integrierte Produktion erarbeitet.
- *Politik:* Heute wird die Schweizer "Bauernlobby", welche einen hohen Einfluss auf die Schweizer Agrarpolitik ausübt, weitgehend durch IP-Landwirte vertreten. Damit konnte u.a. bewirkt werden, dass auch für die Integrierte Produktion (als "Kompromisslösung" und Zwischenstufe auf dem Weg zu einer ökologischen Landwirtschaft) ökologische Direktzahlungen entrichtet werden.

1999 belegten Lebensmittelprodukte aus der Integrierten Produktion einen Marktanteil von gegen 48%. Es ist damit zu rechnen, dass der Zenit der Integrierten Produktion bald erreicht ist. Denn nach einem erfolgreichen Verdrängen der konventionellen Landwirtschaft in den 90er Jahren auf der Anbaustufe, wird dem Ausbreitungsgrad des mittleren Qualitätssegmentes im nächsten Jahrzehnt durch die steigende Importquote konventioneller Produkte (Liberalisierung) eine "untere" und durch das Aufkommen biologischer Lebensmittel eine "obere Grenze" gesetzt. Eine weitere Ausdehnung dieses dritten Entwicklungspfades wird - trotz seines vernünftigen Preis-/Leistungsverhältnisses - durch den Umstand weiter erschwert, dass Produkte des mittleren Segmentes auf dem Markt schwer zu positionieren sind.

Mit einer Förderung der Integrierten Produktion läuft die Agrarpolitik Gefahr, den "Bio-Boom" zu bremsen. Eine weitere Ausdehnung der Integrierten Produktion zulasten des Bio-Standards käme aus Sicht einer ökologischen Nachhaltigkeit einem Rückschritt gleich (Entökologisierung des Lebensmittelmarktes). Dieser Gefahr gilt es seitens des agrarpolitischen Lenkungssystems vorzubeugen.

4.3.4 "Upgrading the Middle" - Anheben der ökologischen Qualität im Mittelsegment

Ein weiterer Entwicklungspfad in Richtung eines ökologischen Massenmarktes besteht im Anheben des mittleren ökologischen Qualitätsstandards. Auf den ersten Blick ist man geneigt, diesen Pfad als wenig verheissungsvoll einzuschätzen. Denn durch ein Anheben der ökologischen Qualität im Mittelsegment läuft ein Anbieter Gefahr, sich strategisch den im Hochqualitätssegment bereits positionierten Bio-Produkten anzunähern, ohne dies transparent und nachvollziehbar kommunizieren zu können. Über den IP-Standard hinaus reichende Zusatzmassnahmen zu ergreifen, ohne diese bei den Konsumenten entsprechend verankern zu können, entbehrt somit der ökonomischen Logik. Versucht ein Anbieter dennoch, seine Zusatzaufwendungen über einen höheren Preis abzugelten, besteht das Risiko, die breite Mittelschicht zu verlieren. Dennoch sind eine realistische sowie eine utopische Entwicklung anzuführen, welche in Richtung eines *"Upgrading the Middle"* wirken (könnten):

- *Realistische Entwicklung:* Das M-Sano-Programm von Migros wird oft als "IP+" bezeichnet. Damit wird zum Ausdruck gebracht, dass die Erlangung der M-Sano-Qualität anspruchsvoller ist als diejenige der offiziellen Integrierten Produktion. Migros betreibt mit der Vermarktung von M-Sano somit faktisch ein "Upgrading the Middle". Da die Entstehungsgeschichte der Integrierten Produktion eng an Migros geknüpft ist und Migros das IP-Programm mitentwickelt hat, sind die Unterschiede zur "offiziellen Integrierten Produktion" jedoch gering.[273]
- *Utopische Entwicklung:* Angesichts der Tatsache, dass auf dem Schweizer Lebensmittelmarkt verschiedene IP-Standards existieren, ist vorstellbar, dass das "Upgrading the Middle" langfristig in beschränktem Ausmass eine Umsetzung erfährt. So könnte zum Beispiel ein IP-Segment entstehen, das die Bestrahlung von Lebensmitteln oder gentechnologische Eingriffe verbietet ("Upgrading the Middle") und ein weiteres IP-Programm im Gegenzug dazu diese Massnahmen zulässt ("Downgrading the Middle"). Auf diese Weise sorgen in der Zukunft neue Verarbeitungsmethoden möglicherweise für eine weitere Ausdifferenzierung des mittleren Qualitätssegmentes.

Gegen einen Aufschwung dieser beiden Entwicklungslinien spricht die gesetzliche Tendenz, Ordnung in den "Label- und Standardsalat" zu bringen.[274] Dem Konsumenten soll es ermöglicht werden, sich vor dem Lebensmittelregal zu orientieren. So können nur noch diejenigen Produzenten, welche die in der Bio-Verordnung vorgeschriebenen Mindestanforderungen erfüllen, ihre Produkte als "ökologisch" oder "biologisch" vermarkten. Dasselbe gilt für die IP-Produzenten (offizielle IP-Richtlinien gemäss Direktzahlungsverordnung als Orientierungsrahmen). Ein "IP+"-Produkt bleibt somit aus Sicht der Konsumenten "mittlere Qualität", und einem *"Downgrading the Middle"* sind durch die IP-Richtlinien wiederum Untergrenzen gesetzt. Werden diese nicht eingehalten, fällt ein Produkt zu den konventionellen Lebensmitteln in das "untere Qualitätssegment".

---

[273] Die Differenzen zwischen den Richtlinien von Migros und IP Suisse sind auf geschichtliche Entwicklungen sowie die Ideologie einer eigenständigen Unternehmenskultur von Migros zurückzuführen. So ist zum Beispiel die Liste zugelassener Spritzmittel bei M-Sano kürzer als diejenige der IP Suisse. Telefonisches Kurzinterview mit Walter Staub, MGB Zürich vom 25. Februar 1999.

[274] Zum "Labelsalat" vgl. die Textbox in Kap. 6.

Es lässt sich festhalten, dass das Entwicklungspotential des Pfades "Upgrading the Middle" begrenzt ist. Zum einen wird dieser Pfad durch politische Bestrebungen eingeengt (Förderung klarer Anforderungen an Standards), zum anderen fehlen die marktlichen Anreize zur Unterstützung dieses Pfades (fehlende Möglichkeiten zur Abgeltung eines Mehraufwandes).

4.3.5 "Eco Plus" - Anheben der ökologischen Qualität im "Premium-Öko-Segment"

Treffen die in diesem Kapitel beschriebenen Szenarien ein, d.h. findet die erwartete Polarisierung des Lebensmittelmarktes in Richtung Qualitätssegment *("Eco Growth")* sowie - als Folge der Liberalisierung und Öffnung der Grenzen - in Richtung Tiefpreissegment *("Enlarging Conventionals")* statt, wird das Bio-Segment irgendwann eine Marktgrösse erreicht haben, welche weitere Differenzierungsmassnahmen zulässt. Es ist vorstellbar, dass sich das Bio-Segment als Folge davon in unterschiedliche Qualitätsstandards unterteilt. Die untere Grenze würde diesem Szenario zufolge von Bio-Produkten oder -Programmen gebildet, welche gerade noch die von der Bio-Verordnung vorgeschriebenen Mindestanforderungen einhalten *("Bio Minimum")*, wohingegen sich am oberen Ende der Spannbreite Qualitätslabels herausbilden, zu deren Erlangung die Einhaltung weiterer und strengerer Kriterien vorgeschrieben ist *("Bio Plus")*.[275] Während "Bio-Massenartikel" (Import-Produkte) für die weitere Verarbeitung vorgesehen sind und vermehrt Convenience-Aspekte berücksichtigen ("hybride Produkte"), fragen die anspruchsvolleren Konsumenten Bio-Produkte nach, die unverarbeitet, frisch, saisonal und unverpackt sind sowie aus der Region stammen *("Premium-Bio-Produkte")*. Der Bio-Wettbewerb weitet sich demzufolge zu einem *differenzierten Öko-Wettbewerb* aus, in dem nicht nur die Anbauweise, sondern auch weitere ökologische Wettbewerbsfelder eine Rolle spielen.

---

[275] Die Voraussetzungen für diesen Entwicklungspfad sind mit der Bio-Verordnung und der Zulassung verschiedener Öko-Labels gegeben.

Diese Ausführungen verweisen auf - aus ökologischer Sicht - bestehende Defizite bei der Vergabe der Knospe durch Bio Suisse, welche derzeit in der Schweiz nahezu ein "Bio-Monopol" innehat.[276] Die Erlangung der Knospe ist wohl an Richtlinien geknüpft, die nicht nur die Anbaustufe erfassen. So schliessen die Bio Suisse-Richtlinien etwa gentechnologische Eingriffe oder Flugtransporte aus. Dennoch wird der Knospe gegenüber kritisch vorgebracht, dass die Richtlinien zu wenig anspruchsvoll seien, um die Positionierung der Knospe als "Öko-Label" zu rechtfertigen (vgl. Textbox).

Verein Ökomarkt Graubünden: Einsatz für ein "Eco-Growth" und "-Plus"

Der Verein Ökomarkt Graubünden (im folgenden: VÖM) bezweckt, "die Erhaltung der natürlichen Lebensgrundlagen durch die Veredelung einheimischer Güter und deren Absatz in der Region zu fördern".[277] Dies wird mit der Realisierung einer regionalen Kreislaufwirtschaft nach ökologischen Kriterien angestrebt.[278] Der innovative Lösungsansatz wirkt sowohl in Richtung eines *"Eco-Growth"*, wie auch eines *"Eco-Plus"*.

Der Kanton Graubünden wird massgebend vom Tourismus und der Landwirtschaft geprägt. Somit liegt es nahe, diese beiden Branchen als erste in einen regionalen Kreislauf einzubinden. Zur Erreichung dieses Zieles ging der VÖM innovative Wege. Nach dem Motto: "besteht erst einmal eine Nachfrage nach regionalen ökologischen Produkten, lassen sich auch die Anbieter für diese finden", wurde die Lebensmittelkette "rückwärts" betrachtet. Zu diesem Zweck entwickelte der VÖM in einem ersten Schritt ein Label, welches ökologisch orientierte Hotels mit "Öko-Grischun-Steinböcken" (Bündner Wappentier) anstelle der bekannten Sterne auszeichnet.[279] Im Rahmen dieser Zertifizierung verpflichten sich die Hoteliers - nebst einer ökologischen Betriebsführung - zur Abnahme von ökologischen Produkten aus der Region.

---

276 Auch wenn die Bio-Verordnung grundsätzlich weitere Akkreditierungsstellen zulässt.

277 Vgl. Statuten des Verein Ökomarkt Graubünden, Paragraph 3.

278 "Was regional produziert wird, soll soweit als möglich auch regional verarbeitet, konsumiert und entsorgt werden." Vgl. http://archiv.nzz.ch/books/nzzheutge/o/229791T.html vom 18. 08. 1999.

279 Das Öko-Grischun-Label stellt hohe Anforderungen an einen Betrieb, indem es zehn verschiedene Umweltbereiche nach zahlreichen Kriterien bewertet. Neben der Förderung der Nachfrage nach regionalen Öko-Produkten bieten die Steinböcke auch eine Entscheidungshilfe für umweltorientierte Touristen bei der Hotelauswahl. Somit dienen die Steinböcke den Tourismusanbietern als Profilierungsinstrument. Vgl. hierzu und zum folgenden Wicki 1998.

Im folgenden galt es, das Angebot zur Befriedigung dieser Nachfrage sicherzustellen, d.h. zu erweitern *("Eco-Growth")*.

In einem zweiten Schritt wurden in einer Musterregion die Anbieter, bzw. Produzenten ökologischer Produkte erfasst und mit der Nachfrage koordiniert. Durch die Vergabe eines ganzheitlichen Öko-Labels sollen die Anreize zur Produktion von Lebensmitteln gesetzt werden, welche wiederum von den Hotels nachgefragt werden. Parallel dazu wird am Aufbau einer Transportlogistik gearbeitet, welche die Warenströme auf eine möglichst ökologische Art und Weise zu bewältigen vermag.[280]

Der dritte Schritt, ein ganzheitliches Öko-Label zu gestalten, welches die Defizite der bestehenden Qualitätszeichen überwindet, erwies sich als zu anspruchsvoll. Die Analysen zeigten, dass die etablierten Labels *zwei Defizite* aufweisen: sie erfassen in der Regel *nur eine ökologische Kategorie* (sektorielle Bewertung wie z.B. Anbauweise oder Herkunft) und sie funktionieren nach einem *binären Schema* (Anspruchsniveau zur Labelerlangung ist entweder erfüllt oder nicht erfüllt). Eine Untersuchung der Konsumentenbedürfnisse zeigte jedoch, dass die Konsumenten von einem Label mehr erwarten, als bloss eine Produktionsangabe.[281] Der VÖM formulierte vor diesem Hintergrund den Anspruch, ein ganzheitliches Öko-Label zu gestalten, welches in der Lage ist, sämtliche Phasen des ökologischen Produktlebenszyklus' (mit den Kategorien Produktion, Verarbeitung, Transporte, Recycling, Fair Trade) zudem abgestuft zu bewerten. Ein solches "ganzheitliches Öko-Label" ginge über die Anforderungen der etablierten Labels hinaus und diente als Anreiz zur Produktion und Nachfrage von *"Eco-Plus-Produkten"*, welche mehr als bloss biologisch angebaut sind.

---

280 Das Zertifizierungssystem ist so angelegt, dass auch Unternehmen anderer Branchen in das System eingebunden werden können. Neben zahlreichen Hotels wurden bis heute Grosswäschereien sowie ein Seilbahnbetrieb ausgezeichnet. Zu einem späteren Zeitpunkt sollen die Erfahrungen zudem anderen Regionen vermittelt werden (Know how-Transfer).

281 Vgl. hierzu die Studien von Tanner/Wölfing Kast/Arnold 1999 sowie Tanner et al. 1998.

Die *Bio-Verordnung* schreibt vor, welche Mindeststandards eingehalten werden müssen, damit ein Lebensmittel- auch als Bio-Produkt vermarktet werden kann. Bio Suisse geht über diesen staatlich vorgegebenen Bio-Mindeststandard hinaus, indem die Vergabe der Knospe an weiterführende Richtlinien gebunden wird. Damit verfolgt *Bio Suisse* ein *"Eco-Plus"*. Dies wird angestrebt, indem die Erlangung der Knospe auch ökologische Anforderungen zu erfüllen hat, die a) nicht nur die Anbaustufe erfassen und b) über das Ziel "Einhaltung der gesetzlichen Mindestanforderungen" (gemäss Bio-Verordnung) hinaus führen (vgl. Abb. 20).

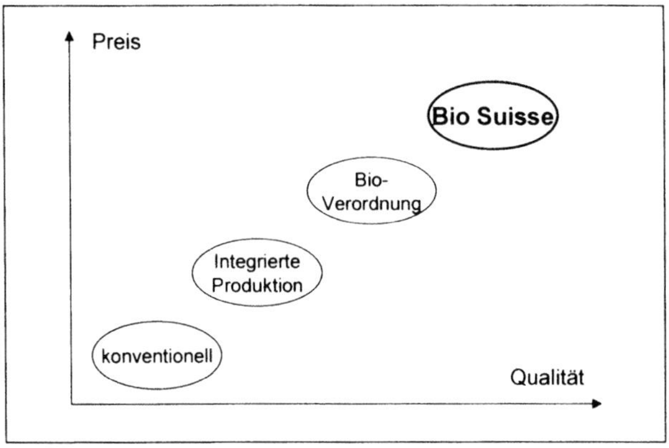

Abb. 20: Positionierung der Knospe von Bio Suisse

Quelle: Bio Suisse 1998, S. 2

Mit dieser Strategie sichert sich Bio Suisse zum einen gegenüber einer allfälligen ausländischen Konkurrenz ab (Positionierung in der Qualitätsnische). Zum anderen ist dies Ausdruck einer proaktiven Wettbewerbsstrategie, mit welcher langfristig auch im EU-Raum Märkte gesundheits- und umweltbewusster Konsumenten erschlossen werden sollen.[282] Dieser Absicht kann langfristig Chancen eingeräumt werden. Denn biologische Produkte passen hervorragend zum bestehenden "Made-in"-Image Schweizer Produkte im Ausland (exklusiv, umweltfreundlich, Spitzenqualität).[283]

---

282 Telefonisches Kurzinterview mit Karin Knauer von Bio Suisse vom 24. Februar 1999.

283 Das "Made-in"-Image ist die mit einem Land als Herkunftsort verbundene Vorstellung. Diese

Zur Realisierung eines "Eco-Plus" wird eine *politische Unterstützung* notwendig. Denn soll sich das durchschnittliche Produktangebot weiter "nach oben" entwickeln, ist das heutige Anreizsystem mit der statischen Effizienz von einer dynamischen Version abzulösen, welche zusätzliche Leistungen im Dienste der Umwelt honoriert sowie die Innovationsfähigkeit auf der Produktionsseite fördert.[284]

4.3.6 "Sustainable Shrinking" - Verringerung des Gesamtkonsums

Der sechste Weg unterscheidet sich analytisch von den bisher diskutierten. Der Entwicklungspfad des *"Sustainable Shrinking"* wendet sich an das *Ernährungsverhalten* der Schweizer Lebensmittelkonsumenten. Während der ökologische Massenmarkt bei den ersten fünf Entwicklungspfaden durch eine Ausbreitungs- oder Optimierungsstrategie angestrebt wird, welche durch ein "mehr" an ökologischen Produkten oder Anforderungen charakterisiert wird, lässt sich die Strategie eines "Sustainable Shrinking" durch ein "weniger" (quantitativer Aspekt) und ein "anders" (qualitativer Aspekt) umschreiben:

- *"weniger":* Eine Verringerung des Gesamtkonsums von Lebensmitteln wäre nicht nur aus ökologischer, sondern auch aus gesundheitlicher Perspektive sinnvoll. Während in der Schweiz vor fünfzig Jahren noch ein Mangel an Lebensmitteln bestand und eine Unterernährung weit verbreitet war, leiden heute viele Menschen an den Folgen einer *Überernährung*. Ein "Sustainable Shrinking" entspräche somit durchaus einer Anpassung an veränderte Lebensformen. Denn die steigende Motorisierung sowie die weitgehende Mechanisierung zahlreicher Arbeitsprozesse führte zu einem verringerten Kalorienbedarf des Menschen - gegessen wird aber immer noch gleich viel wie früher. So beträgt die durchschnittliche Kalorienaufnahme heute 3000 Kalorien pro Person und Tag. Empfehlungen belaufen sich jedoch auf 2000-2400 Kalorien. Eine Verringerung des Gesamtkonsums wäre somit als logische Folge für den verringerten Kalorienbedarf zu verstehen.[285]

Imagedimensionen können Unternehmen gezielt für einen Imagetransfer nutzen. Das Attribut "Made in Switzerland" ist ein Markenzeichen, welches helfen kann, biologische Lebensmittel auf dem europäischen Markt zu positionieren. Vgl. zur Studie des "Made-in"-Images der Schweiz Kühn/Weiss 1998.

284 Vgl. hierzu Minsch 1998, S. 80 ff.

285 Über- und Fehlernährung wirken sich auf die biologische Reproduktion des Körpers negativ aus,

- *"anders"*: Neben einer Über- ist in der Schweiz auch eine Fehlernährung zu beobachten: "Die Menschen essen heute im allgemeinen nicht nur zuviel, sondern auch zu fett, zu salzig und zu süss, und sie nehmen zu wenig Vollkornprodukte (Ballaststoffe) zu sich."[286] Dies führt zu zahlreichen ernährungsbedingten Gesundheitsstörungen.[287] Und was sich schädigend auf die menschliche Gesundheit auswirkt, ist auch nicht nachhaltig.[288] Zu einer gesünderen wie auch nachhaltigeren Ernährung führt etwa eine Reduktion des Fleischkonsums.[289] In der Schweiz ist der Fleischkonsum als Folge des Wohlstands lange Zeit gestiegen; seit Mitte der 80er Jahren ist er jedoch rückläufig.[290] Die Substitution von tierischen durch pflanzliche Produkte ist somit - sowohl unter gesundheitlichen wie auch unter ökologischen Gesichtspunkten - ein positives Beispiel für ein verändertes Ernährungsverhalten.[291] Hofer hält fest, dass unter einem ernährungsphysiologischen Standpunkt eine Krisenernährung mit einem höheren Kartoffel- und Getreidekonsum auf Kosten des Fleisches wesentlich gesünder wäre, als die heutige freie Wahl.[292]

---

was Zivilisationskrankheiten wie Herz-/Kreislaufstörungen zur Folge haben kann. Vgl. auch zum folgenden Rigendinger 1997, S. 29.

286 Rigendinger 1997, S. 29.

287 Wie Karies, Bluthochdruck, erhöhte Blutfettwerte, Gallensteine, Diabetes usw. Vgl. Hofer 1996, S. 3.

288 Dies verweist auf einen engen Zusammenhang von Ernährungsweise und Umweltbelastungen. Vgl. Hofer 1996, S. 3.

289 Ein Zuviel an tierischen Fetten und Eiweissen wird für die Zivilisationskrankheiten mitverantwortlich gemacht.

290 Während der jährliche Pro-Kopf-Verbrauch 1985 noch 59 kg Fleisch betrug, ist dieser innert zehn Jahren auf 50 kg zurück gegangen (-15%). Vgl. Belz 1998a, S. 5. Für 1999 wird damit gerechnet, dass sich die Kaufzurückhaltung gegenüber fleischlichen Produkten legt und die Fleischumsätze zum ersten Mal wieder leicht ansteigen. Vgl. Gutmann 1999, S. 8 f.

291 Vgl. Belz/Schneidewind/Villiger/Wüstenhagen 1997, S. 18. "Mit einer Senkung des Fleischkonsums auf ein auch der Gesundheit förderliches Mass könnte ein Viertel oder mehr der klimarelevanten Emissionen vermieden werden." Enquete-Kommission "Schutz der Erdatmosphäre" des Deutschen Bundestages 1995, S. 1323.

292 Vgl. Hofer 1996, S. 4.

Voraussetzungen für ein verändertes Ernährungsverhalten sind:

a) Das *Wissen* der Bevölkerung um die Zusammenhänge und Wirkungen einer entsprechenden Ernährungsweise. Hierbei kommt dem Staat in Kooperation mit nichtstaatlichen Organisationen die Aufgabe zu, eine breite Informations-, Erziehungs- und Bildungskampagne zu lancieren, welche bereits auf der Schulstufe ansetzt.

b) Die Bereitschaft des Konsumenten, sich mit dem Thema Ernährung bewusst auseinanderzusetzen sowie das *Ernährungsverhalten zu ändern*, was den Menschen der westlichen Länder bekanntermassen Mühe bereitet.[293] Voraussetzung hierfür ist wiederum ein entsprechendes Wissen um die positiven Wirkungen eines veränderten Verhaltens.

c) Die Bereitschaft der vorgelagerten Branchenstufen, *gesündere Produkte herzustellen* und anzubieten sowie *Rahmenbedingungen*, welche hierfür die Anreize stiften.

Mit einer gesünderen Ernährung sind erhebliche Einsparungen im Gesundheitswesen zu erzielen. Die volkswirtschaftlichen Kosten, die ernährungsbedingte Krankheiten jährlich verursachen, werden auf rund 3.5 Mia. Sfr. geschätzt.[294] Die Höhe dieses Betrags weist der Fehlernährung eine *politische Dimension* zu und verweist zudem auf die Bedeutung der Aufklärungsarbeit um die Zusammenhänge zwischen der Ernährungsweise und dem gesundheitlichen Wohlbefinden.[295] Dieser Sachverhalt deutet das *Kooperationspotential* zwischen politischen (Gesundheitswesen) und marktlichen Akteuren (Bio-Anbieter) an.

---

[293] Fallen Herzinfarktpatienten nach ihrer "Genesung" wieder in die alten, den Herzinfarkt mit verursachenden Essgewohnheiten zurück, ist zuweilen vom "Geschmackskonservatismus" die Rede. Vgl. Hofer 1996, S. 4.

[294] Was etwa 10-15% der Aufwendungen des gesamten Gesundheitswesens entspricht. Vgl. Hofer 1996, S. 3.

[295] Migros greift diese Zusammenhänge auf, indem mit der "Nahrungsmittelpyramide" in der "Feel-Good-Kampagne" für eine gesündere Ernährung geworben wird.

4.4 Fazit

☞ In diesem Kapitel wurde an der Beschreibung des vertikal verlaufenden ökologischen Transformationsprozesses (welcher durch die gesellschaftlichen Lenkungssysteme hin zum Markt führt) angesetzt und mit einer Analyse möglicher *horizontaler Entwicklungslinien* im Schweizer Lebensmittelmarkt fortgefahren. In der *"Landkarte des ökologischen Massenmarktes"* wurden die ökonomische (in Form von Marktanteilen der verschiedenen ökologischen Qualitätsstandards) und die ökologische Dimension (von diesen verursachte Umweltbelastungen) zusammengeführt. Hierfür waren zwei vorbereitende Schritte notwendig: Zuerst wurde das Produktangebot auf dem Schweizer Lebensmittelmarkt in die *drei Segmente* "hohe", "mittlere" sowie "tiefe ökologische Qualität" unterteilt, bevor "*sechs Entwicklungspfade* zum ökologischen Massenmarkt" analysiert wurden. In der Folge wurde untersucht, welche politischen sowie marktlichen Prozesse und Akteure (oder Akteursgruppen) die jeweiligen Pfade in Richtung eines ökologischen Massenmarktes vorantreiben oder diesen allenfalls entgegen wirken. Die Analysen haben ergeben, dass sämtliche sechs Pfade auch tatsächlich - mehr oder weniger ausgeprägt - einen Beitrag in Richtung einer Nachhaltigen Entwicklung leisten. Welche Bedeutung wird den verschiedenen Entwicklungspfaden aus Sicht der Marktakteure künftig zukommen?

Das Umsetzen geeigneter Massnahmen (z.B. in Form von Gesetzesartikeln) führte beim *"Upgrading Conventionals"* zu beträchtlichen Umweltentlastungseffekten. Das Ergreifen solcher Massnahmen liegt jedoch weniger im Interesse der Marktakteure, als vielmehr im Wirkungsbereich des politischen Lenkungssystems. Denn eine Erhöhung des Anspruchsniveaus an die Produktion konventioneller Lebensmittel ist für die Akteure mit Zusatzaufwand und somit mit Kosten verbunden, welche sich auf dem Markt nicht entsprechend abgelten lassen. Bezweckt ein Marktakteur, in Richtung eines "Upgrading Conventionals" zu wirken, läuft er vor dem Hintergrund eines sich abzeichnenden liberalisierten Lebensmittelmarkt somit Gefahr, seine Wettbewerbsfähigkeit einzuschränken.

Ein *"Sustainable Shrinking"* ist aus Sicht einer Nachhaltigen Entwicklung ebenfalls ein interessanter Pfad. Die Konsumenten zur Nachfrage geringerer Lebensmittelmengen zu bewegen (quantitativer Aspekt), dürfte jedoch kaum im Interesse gewinnorientierter Organisationen liegen. Auch der Umstieg auf gesündere Produkte (qualitativer Aspekt: weniger Fleisch, Fett, Zucker sowie Zusatzstoffe - mehr Gemüse, Früchte und Ballaststoffe) ist aus Sicht der Marktakteure kritisch zu beurteilen, ist doch mit fleischlichen oder hoch verarbeiteten Produkten tendenziell eine höhere Wertschöpfung zu erzielen als mit pflanzlichen, unverarbeiteten Lebensmitteln. Somit liegt auch die weitere Entwicklung des Pfades "Sustainable Shrinking" vorwiegend im Interesse des Staates (Kostensenkung im Gesundheitswesen und im Umweltschutz) sowie des einzelnen Konsumenten (gesundheitlicher Aspekt).

Ein *"Upgrading the Middle"* zu verfolgen, verliert infolge der gesetzlichen Bestrebungen und der Bedürfnisse der Konsumenten nach einer klaren Einteilung und Kennzeichnung der Qualitätssegmente ebenfalls die ökonomischen Anreize. Denn über den IP-Standard hinaus reichende Zusatzleistungen werden vom Markt je länger je weniger honoriert (das Premium-Segment wird von den Bio-Produkten besetzt. Dies bedeutet, dass ein Produkt "bio" resp. "öko" ist oder eben nicht). Diese Einschätzung scheint inzwischen auch der grösste Anbieter auf dem Schweizer Lebensmittelmarkt zu teilen: 1999 gab Migros bekannt, das M-Sano-Programm wohl weiter zu führen, aber nicht mehr aktiv als Qualitätslabel zu positionieren.

Das *"Enlarging the Middle"* war in der Schweiz in den 70er, 80er und 90er Jahren wohl der wirkungsvollste Pfad zur Entlastung der Umwelt. Die Anbaumethoden der Integrierten Produktion wurde 1970 von der Migros initiiert in Kooperation mit der Landwirtschaft entwickelt und in den 90er Jahren von der Agrarpolitik zum Standard ausgebaut. Ende der 90er Jahre stösst jedoch auch dieser Pfad an seine Grenzen. Denn die Integrierte Produktion ist zumindest auf der Anbaustufe zum Schweizer Standard geworden. Des weiteren gelten Erzeugnisse aus Integrierter Produktion als ökologische Kompromisslösung. Und was "Standard" ist oder "Mittelmässigkeit" verkörpert, kann im Sinne einer dynamischen Entwicklung nicht mehr als anzuvisierende Zielsetzung gelten.

Dass der "Enlarging the Middle"-Pfad Ende der 90er Jahre nicht mehr als zukunftsträchtige Lösung bezeichnet werden kann, ist auch ein Beweis für dessen Erfolg. Im Sinne einer dynamischen Effizienz ist die Unterstützung dieses Pfades jedoch nicht mehr hinreichend. Die weitere Entwicklung benötigt vielmehr eine neue, zugkräftige Vision. Daher kann die Zielsetzung seitens der Agrarpolitik nur lauten, denselben Umbruchprozess, wie er in den 90er Jahren von der konventionellen zu einer "integrierten Landwirtschaft" stattgefunden hat, für das folgende Jahrzehnt auch für die Weiterentwicklung in Richtung "Bio-Land Schweiz" zu initiieren.[296] Erste Hinweise für ein Umdenken lassen sich im Bericht zu den Direktzahlungen des Bundesamtes für Landwirtschaft finden.[297]

Vor dem Hintergrund dieser Entwicklungslinien kann die Zielsetzung für das nächste Jahrzehnt nur lauten, die Ökologisierung der Lebensmittelbranche in Richtung a) einer "Biologischen Landwirtschaft Schweiz" *("Eco Growth")* und b) einer Öffnung des Fokus über die Anbaustufe hinaus zu erweitern, indem im Zusammenhang mit dem Lebensmittelangebot künftig vermehrt weitere ökologische Dimensionen berücksichtigt werden *("Eco Plus")*. Diese beiden *"Eco-Pfade"* helfen nicht nur, weiterführende ökologische Entlastungseffekte zu erzielen (ökologische Relevanz), sondern bieten den Anbietern auf dem Schweizer Lebensmittelmarkt darüber hinaus willkommene Profilierungs- (erzielbare Umsatz- und Imageeffekte) sowie Differenzierungschancen (Positionierung im Qualitätssegment im Sinne einer "Flucht nach oben" angesichts der zu erwartenden ausländischen Konkurrenz im Tiefpreissegment (ökonomische Relevanz). Diese beiden "Eco-Pfade" werden im weiteren Verlauf dieser Arbeit verstärkt ins Zentrum der Untersuchungen gerückt.

Im folgenden werden die wichtigsten Aspekte der sechs Pfade noch einmal tabellarisch festgehalten (vgl. Abb. 21).

---

296 Diese Vision scheint im Kanton Graubünden Realität zu werden. Bereits 1996 ist die Beteiligung am IP-Programm leicht zurückgegangen, da zahlreiche IP-Landwirte auf den Biologischen Landbau umgestiegen sind. 1998 wurden in Graubünden 35% der Nutzfläche biologisch bewirtschaftet.

297 Im Ausblick wird angekündigt, dass im am 1.1.1999 in Kraft getretenen neuen Direktzahlungssystem die Integrierte Produktion nicht mehr als Programm der Ökobeiträge erscheint, "da die entsprechenden Auflagen als ökologischer Leistungsnachweis für Direktzahlungen gelten". "Dementsprechend (...) werden die bisher für die Integrierte Produktion verwendeten finanziellen Mittel in den allgemeinen Direktzahlungen eingesetzt". Bundesamt für Landwirtschaft 1999, S. 4.

Pfad	politische Unterstützung	marktliche Unterstützung	gegenläufige Trends	Bedeutung
Eco-Growth	Bio-Verordnung, Direktzahlungen	Davids & Goliaths (v.a. Coop)	Liberalisierung	↑
Upgrading Conventionals	Gesetze (z.B. Lebensmittelgesetz)	Import EU-Produkte/Richtlinien	steigende Wettbewerbsintensität	→
Enlarging the Middle	ökologische Direktzahlungen	Migros	IP = Standard	↓
Upgrading the Middle	keine	Migros	Bedürfnis nach klaren Segmenten	↓
Eco-Plus	keine	Davids (Flucht nach ganz oben), Bio Suisse	Goliaths dominieren Bio-Markt	(↑)
Sustainable Shrinking	Aufklärung, Ausbildung	(Migros mit "Feel-Good-Kampagne")	div. Markttrends	→

Abb. 21: Überblick über die sechs Pfade

So vielfältig die Ausführung in diesem Kapitel waren - drei wichtige Komponenten blieben bislang weitgehend ausgeblendet:

a) *Nachfrageseite:* Die Bemühungen des politischen Lenkungssystems sowie der marktlichen Akteure laufen ins Leere, wenn die Konsumenten diesen Bemühungen vor dem Regal ihre Unterstützung entsagen. Dies wiegt um so schwerer, als den Konsumenten steigender Einfluss in der Lebensmittelkette zugewiesen wird.

b) *Dynamik:* Die Ausführungen in diesem Kapitel waren vorwiegend statischer Natur - die dynamisch-zeitliche Dimension (insbesondere bzgl. "Timing" von Aktionen) blieb weitgehend unberücksichtigt.

c) *Gestaltungsempfehlungen:* Die *Handlungsanleitungen* für ökologisch interessierte Marktakteure (mit welchen *konkreten Massnahmen* können die Anbieter auf dem Schweizer Lebensmittelmarkt die beschriebene Entwicklung "von der Öko-Nische zum ökologischen Massenmarkt" unterstützen?) sowie die Diskussion möglicher *Anreize* hierfür blieben bislang unscharf.[298]

Während der dritte Themenblock Gegenstand der Ausführungen von Kap. 6 ist, werden die ersten beiden "Lücken" im folgenden Kapitel Schritt für Schritt gefüllt.

---

[298] Zur Legitimation (weshalb sollten sie dies tun?) vgl. bspw. Schneidewind 1998, S. 117 ff. oder Ulrich 1994, S. 35 ff.

5 Ökologischer Branchenlebenszyklus

☞ Die Würdigung der sechs Pfade hinsichtlich politischer Entwicklungslinien einerseits sowie marktlicher Bedeutung andererseits verdeutlichte, dass für die Marktakteure insbesondere die beiden *"Eco-Pfade"* ("Eco-Growth" in einer ersten sowie "Eco-Plus" in einer zweiten Phase ergänzend) an Wettbewerbsrelevanz hinzugewinnen dürften. Das Begehen der beiden "Eco-Pfade" hilft im Hinblick auf eine dynamische Effizienz nicht nur, weiterführende ökologische Entlastungseffekte zu erzielen (von politischem Interesse), sondern bietet den Akteuren auf dem Schweizer Lebensmittelmarkt zudem willkommene Profilierungs- und Differenzierungschancen (von marktlichem Interesse). Im folgenden wird zur vertieften Analyse dieser Zusammenhänge die Heuristik des *"ökologischen Branchenlebenszyklus"* entwickelt.[299]

Die Grundthese für dieses Kapitel lautet, dass nicht nur Produkte, sondern auch Branchen und Märkte einen Lebenszyklus durchlaufen. Während dieses Zyklusses verändern sich die Rahmenbedingungen, die Strategien der Marktakteure sowie die Präferenzen der Konsumenten. Dieses dynamische Zusammenspiel von Anbieterverhalten, Nachfrageentwicklung sowie Gestaltung der Rahmenbedingungen wird im folgenden Schritt für Schritt aufgebaut und für die Schweizer Lebensmittelbranche am Beispiel der beiden "Eco-Pfade" (Schwerpunkt: "Eco-Growth") im Zeitablauf analysiert.

Mit der Entwicklung des *"ökologischen Branchenlebenszyklus"* werden verschiedene Zielsetzungen verfolgt:

- *Beschreibung:* Die Beschreibung der *Entstehungsgeschichte* des Bio-Marktes bildet die Grundlage für die Einbettung des ökologischen Standes in ein Entwicklungsmuster sowie zur Formulierung plausibler Zukunftsszenarien für die Schweizer Lebensmittelbranche.

---

[299] Die konzeptionelle Grundlage zu diesem Kapitel wurde (in Anlehnung an Nordmann 1997) in Villiger/Wüstenhagen/Meyer 2000 erarbeitet.

- *Erklärung:* Das Unterteilen des ökologischen Entwicklungsprozesses in verschiedene Lebenszyklusphasen erlaubt, eine zeitliche Abfolge der in der jeweiligen Phase dominanten Anbietergruppe mit dem parallel hierzu aktiven Nachfragesegment als *phasentypische Entwicklung* zu erklären, resp. zu modellieren.[300]
- *Gestaltung:* Schliesslich sollen aus dieser dynamischen Perspektive die Grundlagen zur Ableitung phasengerechter Handlungsempfehlungen (für Markt- wie Politikakteure) zur *Mitgestaltung des weiteren Verlaufs* des ökologischen Branchenlebenszyklusses, resp. zur Unterstützung der Dynamik der "Eco-Pfade" auf dem Schweizer Lebensmittelmarkt erarbeitet werden (Hinführung zu Kap. 6).

Zur Annäherung an diesen Zielkatalog wird mit dem *"Produktlebenszyklus"* zunächst das theoretische Basiskonzept kurz erläutert (5.1). In Anlehnung an dieses idealtypische Modell wird dann in einem *"Anbieterzyklus"* die Geschichte der "Bio-Bewegung" nachgezeichnet. Die Brücke zwischen dem Produktlebens- und dem Anbieterzyklus bilden wettbewerbstheoretische Thesen, welche einleitend für die verschiedenen Lebenszyklusphasen formuliert werden. Im Anschluss daran wird der empirische Nachweis dieser Thesen erbracht. Hierfür wird am Beispiel des Schweizer Bio-Marktes untersucht, welche Akteursgruppe in welcher Phase des Zyklusses das Potential aufweist, die Ausbreitung biologischer Lebensmittel entscheidend voranzutreiben (5.2). In einem nächsten Schritt wird die *Nachfrageseite* in die Überlegungen miteinbezogen. Hier interessiert analog zur Anbieterseite, unter welchen Umständen und in welcher Phase gewisse Käufergruppen zum Segment der Bio-Konsumenten hinzustossen, welche Parameter die weitere Ausbreitung biologischer Produkte fördern und welche Barrieren diesen behindern, welche Segmente ökologischer Konsumenten sich unterscheiden lassen u.a. (5.3). Im Fazit wird der Anbieter- und die Nachfrageseite zum ganzheitlichen *"ökologischen Branchenlebenszyklus"* zusammen geführt. Weiter werden im Sinne einer dynamischen Effizienz erste Implikationen zur Ausgestaltung der *Rahmenbedingungen* vermittelt (5.4).

---

300 Das Marketing auf die entsprechenden Nachfragesegmente auszurichten ist notwendig, weil die Streuverluste bei einer unspezifischen Ansprache sehr hoch sind. Vgl. Kotler/Bliemel 1995, S. 550.

5.1 Produktlebenszyklus - theoretisches Basiskonzept

☞ Ein *Lebenszyklus* ist ein Konzept zur Analyse und Beschreibung evolutiver Vorgänge. Die Grundthese lautet, dass Produktinnovationen, selbst Märkte und Branchen in ihrer Entwicklung unterschiedliche "idealtypische" Lebensphasen durchlaufen. Lebenszyklusmodellen liegt die Annahme zugrunde, dass die Entwicklung gewissen zeitlich determinierten Gesetzmässigkeiten folgt, welche schliesslich eine Einteilung in verschiedene Phasen ermöglicht ("Phasenmodell").

"Der Stammvater aller Konzepte, die den Verlauf der Branchenentwicklung zu prognostizieren versuchen, ist der bekannte Produktlebenszyklus."[301] Der *Produktlebenszyklus* dient als Basismodell für die in diesem Kapitel entwickelten Anbieter-, Nachfrage- sowie Branchenzyklen. Der Produktlebenszyklus zeichnet ein Bild des erwarteten oder in der Vergangenheit empirisch festgestellten *Absatzmengenverlaufs* von bestimmten Produkten oder -gruppen während der Zeitspanne, innerhalb derer sie sich auf dem Markt befinden.[302] Als idealtypische Verlaufsform wird in der Regel ein S-förmiger Umsatzverlauf angenommen, welcher in vier oder fünf Phasen unterteilt wird.[303] Im folgenden wird von *vier Abschnitten* ausgegangen (vgl. Abb. 22).[304]

---

301 Vgl. Porter 1995, S, 209.

302 Vgl. Meining 1995, Sp. 1393.

303 Vgl. Meining 1995, Sp. 1395.

304 Die einzelnen Phasen des Zyklus werden durch die Wendepunkte der Wachstumsrate des Umsatzverlaufes unterteilt. Die erste Ableitung der S-Kurve ergibt einen glockenförmigen Umsatzverlauf.

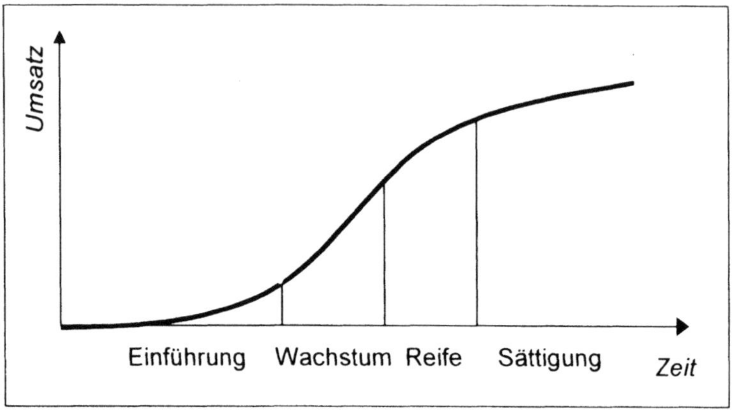

Abb. 22: Produktlebenszylus

Quelle: Thommen 1989, S. 237

Einführungsphase: Die Einführungsphase umfasst den erlöswirksamen Lebensbeginn eines neuen Produktes auf dem Markt. In dieser ersten Phase wird offenkundig, ob sich das Produkt zur Befriedigung eines Kundenbedürfnisses eignet und bei den Konsumenten auf Akzeptanz stösst. Die flache Einführungsphase widerspiegelt die Schwierigkeit, das träge Konsumentenverhalten zu überwinden und die Käufer zu bewegen, eine Produktinnovation auszuprobieren. Die Umsätze sind in der Einführungsphase tief und wachsen nur langsam.

Wachstumsphase: Wenn sich ein Produkt als erfolgreich erweist und sich auf dem Markt durchsetzt, setzt schnelles Wachstum ein. Sinkende Marktwiderstände führen zu einem beschleunigten Absatz des Produktes, was mitunter auf die Wirkung absatzpolitischer Massnahmen hinweisen kann. Mit dem Eintritt weiterer Konkurrenten in den Markt intensiviert sich der Wettbewerb. Die Preise fallen zunächst nur geringfügig, da die steigende Nachfrage hohe Preise zulässt.

Reifephase: Die Reifephase ist von abnehmenden Zuwachsraten gekennzeichnet. Die Wettbewerbsintensität steigt, die Preise sinken und die Nachfrage erreicht ihren Zenit. Dadurch entstehen Überkapazitäten auf dem Markt. Der hieraus resultierende Verdrängungswettbewerb bewirkt ein Absinken der Umsatzrendite.

Sättigungs-/Rückgangsphase: Das Umsatzmaximum ist erreicht, sobald das Käuferpotential des Produktes ausgeschöpft ist (Wachstum = 0). Treten Ersatzprodukte auf den Markt, welche die inzwischen veränderten Präferenzen der Konsumenten besser ansprechen, sinken die Umsätze des Produktes wieder ab.[305]

Kritik am idealtypischen Lebenszyklusverlauf

Die Kritik am Lebenszykluskonzept richtet sich in der Regel auf den vorausgesetzten idealtypischen Verlauf der Kurve. Dieser Annäherung liegt die Vorstellung eines bekannten Konsumentenverhaltens zugrunde. Zudem wird von einem gegebenen phasentypischen Verhalten der Anbieter ausgegangen.

Diese Kritikpunkte implizieren folgendes: Der idealtypische "Zwangsverlauf" ist nicht als gegeben hinzunehmen. Empirische Untersuchungen haben häufig links- oder rechtsschiefe Kurven festgestellt. Zudem ist es möglich, dass ein Produkt nicht alle Phasen (frühzeitiger Abbruch) oder mehrere Zyklen durchläuft. So ist vorstellbar, dass ein Bio-Produkt von einem ersten Konsumentensegment aufgrund seiner ökologischen Eigenschaften gekauft wird, dass ein zweites Segment aufgrund von Lebensmittelskandalen ein höheres Gesundheitsbewusstsein entwickelt und Bio-Produkten deswegen zu einem erneuten Aufschwung verhilft, dass Bio-Produkte in einer dritten Phase als Modetrend und "geschmackvoller" Beitrag zu einer höheren Lebensqualität betrachtet werden und infolgedessen einen dritten Aufschwung erfahren usf.[306]

Der Umstand, dass sich die Kritik auf die *Form des Zyklusses* sowie die Dauer und Anzahl der Lebenszyklusphasen, nicht jedoch auf den Zyklus als solchen bezieht, verweist auf die Akzeptanz des Grundmodells zur Erklärung des Ausbreitungsmusters von Produkten, resp. der Entwicklung von Branchen und Märkten. Dass diese Entwicklung verschiedene Phasen durchläuft, dabei das Entwicklungspotential (Umsatz, Gewinn usw.) zunächst steigt und später fällt und dabei zudem unterschiedliche Strategien vorteilhaft sind, wird nicht in Frage gestellt.[307]

---

[305] Vgl. Porter 1995, S. 210.

[306] Vgl. zu diesem "Nutzenzyklus" weiter unten in Kap. 5.

[307] Gestaltungsoptimistischere Kritiker gehen davon aus, dass die Absatzentwicklung keinem natürlichen und gesetzmässigen Zyklus folgt, sondern dass der Produktlebenszyklus vielmehr das Er-

Zwischenfazit

Während der Produktlebensdauer verändert sich der Charakter des Wettbewerbs. Die Rahmenbedingungen ändern, ein technologischer Fortschritt findet statt und die Kundenpräferenzen entwickeln sich weiter. Hieraus ergeben sich für die Anbieter unterschiedliche Chancen und Probleme hinsichtlich Strategieformulierung oder Gewinnrealisierung. Mit dem Lebenszyklusmodell soll den Marktakteuren die Antizipation der für sie relevanten Branchenentwicklung erleichtert werden, indem z.B. Aktionen oder Trends auf ihre (Folge-) Wirkungen hin abgeschätzt und in einer nächsten Stufe entsprechende strategische Implikationen abgeleitet werden können.[308] Je früher es den Marktakteuren gelingt, massgebende Veränderungen zu erfassen, desto geringer ist die Gefahr, von diesen überrascht zu werden und desto grösser ist das Mitgestaltungspotential der zukünftigen Entwicklung.[309]

Im folgenden wird das Konzept des Produktlebenszyklus' auf die Entwicklung des Schweizer Bio-Marktes übertragen. Es wird untersucht, ob sich bei der Ausbreitung biologischer Produkte im Schweizer Lebensmittelmarkt - analog zum idealtypischen Modell - verschiedene Lebenszyklusphasen identifizieren lassen. Eine solche Unterteilung in verschiedene Zyklusphasen hilft, die Entstehungsgeschichte des Lebensmittelmarktes Schweiz aus einer Retrospektive in ein Muster einzubetten und - darauf aufbauend - mögliche, plausible Zukunftsszenarien zu entwerfen.[310]

---

gebnis, und nicht die Ursache, der von den Unternehmen gewählten Unternehmensstrategien sei. Vgl. hierzu Kotler/Bliemel 1995, S. 587.

308 Das Verständnis für den Prozess der Branchenentwicklung und die Fähigkeit, Veränderungen zu prognostizieren, sind auch deshalb wichtig, weil die Kosten strategischer Reaktionen meist in dem Masse steigen, wie der Bedarf an Veränderungen dringender wird. Vgl. Porter 1995, S. 208.

309 Vgl. hierzu Dyllick 1990, S. 8 f.

310 Um in einem nächsten Schritt auf diesem Verständnis aufbauend, "rückschliessend" wiederum strategische Grundsatzentscheidungen zu erleichtern.

5.2 Anbieterzyklus - geschichtlicher Rückblick und Ausblick

☞ In diesem Abschnitt wird, auf dem theoretischen Vorverständnis aus Abschnitt 5.1 aufbauend, ein *"Anbieterzyklus"* entwickelt. Hierfür ist die These wegleitend, dass sich der Charakter des Wettbewerbs mit dem Markteintritt jeder neuen Akteursgruppe verändert. Diese Veränderungsprozesse erlauben es, im Anbieterzyklus verschiedene Phasen abzugrenzen. Die Ausführungen zu diesen Zyklusphasen orientieren sich an der Frage, welche Akteursgruppe den Ausbreitungsprozess biologischer Produkte zu welchem Zeitpunkt entscheidend mitprägt.

Die Schweizer Lebensmittelbranche befindet sich Ende der 90er Jahre in einem *frühen Stadium des (ökologischen) Lebenszyklusses*. Während zumindest die Einführungs- und die frühe Wachstumsphase empirisch nachvollzogen werden können, bleibt das, was auf diese ersten Phasen im Zyklus folgt, Gegenstand von Plausibilitätsannahmen und Szenarios. Dies gilt es zu beachten, wenn im folgenden die vier Phasen des Lebenszyklus' erläutert werden. Aufgrund des noch frühen Stadiums des "Bio-Lebenszyklus" wird die Bezeichnung der Phasen angepasst: Auf die "Einführungs-" (1980-1991) folgt die "frühe Wachstums-" (1992-1995), die "Take-off-" (1996-2005) sowie schliesslich die "Reife-Phase" (ab 2006). Diese Unterteilung orientiert sich an den in den jeweiligen Phasen neu auf den Bio-Markt tretenden Akteursgruppen.

Die Abschnitte sind so gegliedert, dass einleitend jeweils eine wettbewerbstheoretisch fundierte These formuliert wird, die anschliessend in einer ausführlichen historischen Rekapitulation (resp. einem szenarischen Ausblick) an der Realität geprüft wird.

5.2.1 Einführungsphase (1980-1991): Historischer Rückblick

Einleitende These: Ein Unternehmen lanciert eine ökologische Innovation auf dem Markt.[311] Sobald das ökologische Produkt auf dem Markt erhältlich ist, setzt die *Einführungsphase* ein. Oft werden ökologische Innovationen von kleinen, idealistisch-motivierten *Davids* lanciert, die jedoch nicht über die notwendigen Distributionsstrukturen oder Marketingbudgets verfügen, die Innovation breiteren Nachfragesegmenten bekannt zu machen.[312] Infolgedessen verharrt die ökologische Innovation in einer Marktnische, der sog. *"Öko-Nische"*.

Überprüfung: Die biologische Anbauweise hat in der Schweiz eine lange Tradition.[313] Die Ursprünge des Biologischen Landbaus reichen bis ins Jahr 1924 zurück, als Rudolf Steiner den ersten "Landwirtschaftlichen Kurs" anbot. Dies war der Impuls, aus welchem die *biologisch-dynamische Anbauweise* hervorging.[314] Während der folgenden Jahrzehnte wurden die Landwirte, die sich dieser naturgerechten Wirtschaftsweise verschrieben haben, belächelt und in eine Aussenseiterrolle gedrängt. Dies wird vor dem geschichtlichen Hintergrund verständlich: In der Nachkriegszeit kam der Landwirtschaft die vordringliche Aufgabe zu, den Nahrungsmittelbedarf der Bevölkerung zu decken. Der sich einseitig an diesem Auftrag orientierende technische Fortschritt führte auch in der Landwirtschaft zu einer Aufbruchstimmung, welche kritische Stimmen zurückwies.

In der Zeitspanne von 1940 bis 1970 entwickelten Hans Müller und Hans Peter Rusch die *organisch-biologische Landbaumethode*, welche sich verstärkt naturwissenschaftlichen Zusammenhängen zuwendete. Die Bio-Landwirte wurden mit ihren Erzeugnissen jedoch kaum wahrgenommen, was mitunter mit den gewählten Vertriebsformen zusammenhing. Denn biologische Lebensmittel, welche nicht für den *Eigenverbrauch* bestimmt waren, wurden entweder *"direkt ab Bauernhof"* oder mit konventionellen Lebensmitteln *vermischt* vertrieben. Dies deutet darauf hin, dass in den 50er und 60er

---

[311] Das ökologische Produkt verursacht über den gesamten Lebenszyklus hinweg betrachtet weniger Umweltbelastungen als konventionelle Substitutionsprodukte. Vgl. Töpfer 1985, S. 242.

[312] Vgl. hierzu näher Wüstenhagen 1998.

[313] Vgl. zu dieser und zu den folgenden Angaben Zentrum für biologischen Landbau Möschberg 1993 sowie Telefonisches Kurzinterview mit Karin Knauer, Bio Suisse vom 24. Februar 1999.

[314] Die biologisch-dynamische Wirtschaftsweise bezieht im Gegensatz zur organisch-biologischen Anbauweise, welche sich ausschliesslich auf naturwissenschaftliche Erkenntnisse abstützt, auch geisteswissenschaftliche Gesichtspunkte mit ein.

Jahren - trotz eines ökologischen und gesundheitlichen Zusatznutzens von Bio-Produkten - *keine Differenzierungsstrategie* verfolgt wurde. Biologisch hergestellte Produkte wurden lange Zeit zu denselben Preisen wie konventionelle Lebensmittel verkauft. Aufgrund mangelnder ökonomischer Anreize breitete sich der Biologische Landbau in diesen Jahrzehnten nur sehr langsam aus. Die Erkenntnisse und Spielregeln des Biologischen Landbaus wurden mündlich weitergegeben, schriftliche Richtlinien und Kontrollen existierten kaum.

Ab den 60er Jahren erhielten die Bio-Bauern vermehrt Gelegenheit, sich in der Öffentlichkeit zu präsentieren, als die USA mit Insektiziden verseuchten Schweizer Käse kurzerhand in die Schweiz zurück schickte. Dieses Ereignis lenkte die Aufmerksamkeit auf die Rückstandsproblematik von Lebensmitteln. Fungizide und Nitrate im Salat, Hormone im Kalbfleisch oder Anabolika im Rindfleisch sorgten im folgenden dafür, dass die Medien regelmässig über Lebensmittelskandale zu berichten wussten.[315] Diese Lebensmittelskandale sensibilisierten breitere Konsumentenkreise für eine umwelt- und gesundheitsbewusstere Ernährung.

Im Zuge dieser Entwicklung entstanden in den 70er Jahren die ersten *Bio-Läden*. Die Gründung der Bio-Läden ist teilweise das Resultat von *produktionsseitigen Selbsthilfegruppen* (Bio-Bauern erkennen das Nachfragepotential der produzierten Lebensmittel und schliessen sich zusammen, um ihre Produkte koordiniert und konzentriert zu vertreiben), zum Teil jedoch auch von *konsumentenseitigen Zusammenschlüssen* (verunsicherte Konsumenten suchen Möglichkeiten, gesunde, umweltfreundliche Lebensmittel in ausreichender Quantität zu erhalten).[316] Auf diese Weise entwickelte sich der *"Alternativkanal"*, welcher in den 70er und 80er Jahren mit der Eröffnung zahlreicher Läden in verschiedenen Schweizer Städten Auftrieb erhielt.[317] In der Folge wurden Bio-Produkte vermehrt zu höheren Preisen angeboten (Qualitätsdifferenzierung). Ein beträchtlicher Teil der Bio-Produktion wurde jedoch Migros für das M-Sano-Programm geliefert (Vermischung mit IP-Produkten).[318]

---

315 Vgl. Zentrum für biologischen Landbau Möschberg 1993, S. 37.

316 Als Beispiel ist hier die Produzenten-/Konsumentengenossenschaft von Bern anzufügen. Vgl. hierzu näher Kap. 4.

317 Ebenfalls zum Alternativkanal werden die Reformhäuser gezählt. Die Reformbewegung geht auf die 60er Jahre zurück und stellt gesunde Vollwertkost ins Zentrum ihrer Ideologie. Die biologische Herkunft von Lebensmitteln passt ins Konzept der Reformhäuser, ist aber keine zwingende Voraussetzung.

318 Telefonisches Kurzinterview mit Karin Knauer von Bio Suisse vom 24. Februar 1999.

1974 wurde das zuweilen als "Denkfabrik des ökologischen Landbaus" bezeichnete Forschungsinstitut für biologischen Landbau (*FiBL*) gegründet. Das FiBL treibt den Austausch von Wissenschaft, Politik und Praxis voran und war massgeblich dafür besorgt, dass das eidgenössische Parlament dem Bio-Landbau 1989 zum ersten Mal Unterstützungsgelder zukommen liess. 1980 wurde die Vereinigung schweizerischer biologischer Landbau-Organisationen *(VSBLO;* heute *"Bio Suisse")* aus der Taufe gehoben und mit ihr die *Knospe* als Bio-Label, dessen Erlangung an "einheitliche Richtlinien für Verkaufsprodukte aus biologischem Anbau" geknüpft ist.

In den 80er Jahren bildeten die "Davids" des Alternativkanals die Grundlage für einen gemässigten Bio-Aufschwung in einer Marktnische. Die Bio-Bauern und -Läden verfügten jedoch weder über die Distributionsstrukturen noch über die Marketingbudgets für eine breitere Vermarktung ihrer Produkte. Auf der Suche nach weiteren Absatzmöglichkeiten ausserhalb des konventionellen Handelskanals, entwickelten die Bio-Bauern innovative Vertriebssysteme, wie zum Beispiel den *Paketversand* biologischer Produkte. Auf diese Weise bildeten die Davids eine *Sub-Branche*, welche parallel zum konventionellen Lebensmittelmarkt weitgehend autonom funktionierte.[319] Da diese Sub-Branche aufgrund ihrer eigenen Vertriebskanäle nicht in direkter Konkurrenz mit den Grossverteilern stand, blieb sie in der "Öko-Nische" weitgehend geschützt. Als Folge davon, aber auch aufgrund der tieferen Produktivität des Biologischen Landbaus sowie der kleinen gehandelten Mengen, blieben die Produktpreise hoch. Dies war nicht weiter problematisch, da das umweltaktive Segment der Bio-Käufer dem ökologischen und gesundheitlichen Zusatznutzen biologischer Lebensmittel einen hohen Wert beimisst, für welchen es auch bereit ist, einen Mehrpreis von teilweise bis 200% zu bezahlen.[320] Mit dieser Strategie wurden jedoch weniger umweltbewusste Konsumentenschichten nicht angesprochen. In dieser frühen Lebenszyklusphase blieben Bio-Erzeugnisse als "Liebhaber-Produkte" einem kleinen Nischensegment vorbehalten.

---

319 Vgl. Belz 1998b, S. 13. Gemäss Porter bilden die Davids damit eine "zersplitterte Branche", welche durch eine Vielzahl von kleinen Unternehmen gekennzeichnet ist, die weder signifikante Marktanteile besitzen noch das Branchenergebnis massgeblich beeinflussen können. Eine (Sub-) Branche kann deswegen zersplittert sein, weil sie neu ist. Vgl. Porter 1995, S. 249-272.

320 Vgl. hierzu auch Belz 1998b, S. 14.

1978 tappte Migros in die ökologische Zeitfalle

1978 lancierte Migros eine erste "Bio-Offensive". In einem Migros-Markt in Neuenburg wurde eine Ecke mit Bio-Gemüse eingerichtet. Die steigenden Absatzzahlen von Bio-Produkten im Alternativkanal, die hohen Margen ("Bio-Prämie") sowie das grundsätzliche Engagement von Migros im Dienste der Umwelt und der Volksgesundheit sind als Gründe für diesen frühen Einstieg in den Bio-Markt zu nennen.

Die Bio-Ecke stiess bei den Konsumenten auf wenig Beachtung.[321] Dies mag auf zwei Gründe zurückzuführen sein: Öko-Pioniere, welche zu dieser Zeit das Bio-Segment nachfrageseitig besetzten, waren aus Prinzip keine Kunden der Grossverteiler und zogen den Alternativkanal vor.[322] Und die in der Rezession der 70er Jahre eher preisorientierten Grossverteiler-Konsumenten wiesen für den Kauf der bis zu doppelt so teuren Bio-Produkte nicht das notwendige Gesundheits- und Umweltbewusstsein auf. Weiter mag die gewählte Distributionsform dazu beigetragen haben, dass sich der Migros-Kunde durch das Aufsuchen der "Bio-Ecke" nicht als "Öko-Käufer" exponieren wollte. Die Zeit für Bio-Produkte im Grossverteiler war noch nicht reif - Migros tappte in die "ökologische Zeitfalle" und legte das Bio-Ecken-Konzept als Misserfolgsbeispiel ad acta.[323]

Es lässt sich festhalten, dass biologische Lebensmittel bis 1992 ein "Nischendasein" fristeten oder undifferenziert, d.h. mit konventionellen oder IP-Produkten vermischt vertrieben wurden. Dies widerspiegelt den Stellenwert, welcher biologischen Lebensmitteln bis Anfang der 90er Jahre zukam. Der Marktanteil biologischer Lebensmittel bewegte sich folglich im Promillebereich (<1% Marktanteil).[324]

---

321 Telefonisches Kurzinterview mit Karin Knauer von Bio Suisse vom 24. Februar 1999.

322 Zum Zusammenhang zwischen Einkaufsort und eingekauften Lebensmitteln vgl. Tanner et al. 1998, S. 45 ff.

323 Zur "ökologischen Zeitfalle" vgl. Dyllick/Belz/Schneidewind 1997, S. 146 f.

324 Belz schätzt, dass Mitte der 80er Jahre 200-300 Bio-Bauern einen Umsatz von max. 20-30 Mio. Sfr. erzielten, was weniger als 0.1% des Schweizerischen Lebensmittelmarktes entspricht. Vgl. Belz 1998b, S. 16.

5.2.2 Frühe Wachstumsphase (1992-1995): Markteintritt des Pioniergoliaths

Einleitende These: Erweist sich das Konsumentenbedürfnis als stabil, wird bald der erste Goliath auf den Markt treten. Der *"Pioniergoliath"* bemüht sich, das ökologische Produkt in ausreichender Quantität und Qualität bereitzustellen. Dies zwingt ihn, neben Absatz- auch Beschaffungsmarketing zu betreiben ("Balanced Marketing").[325] Beim "Pioniergoliath" fallen im Gegensatz zu den "Davids" hohe Einführungskosten an, so dass er zu Beginn kaum Gewinne realisiert. Der Differenzierungsgrad der Produktprogramme ist noch gering. Da das ökologische Produkt nun auch im Detailhandelskanal erhältlich ist, finden - angesprochen von den Marketingmassnahmen des Pioniergoliaths - neue Konsumentensegmente Gefallen am Produkt.

Überprüfung: Mit der Verabschiedung des 7. Landwirtschaftsberichtes leitete der Bundesrat 1992 die erste Etappe der *Agrarreform* ein. Die Versorgung der Bevölkerung mit qualitativ hochwertigen, gesunden Nahrungsmitteln sowie die Nutzung und Erhaltung der natürlichen Lebensgrundlagen und der Kulturlandschaften wurden neu als prioritäre Ziele festgelegt.[326] Zur Erreichung dieser Zielsetzung wurden 1993 erstmals Öko-Beiträge entrichtet.[327] Mit dieser Kurskorrektur in Richtung *"mehr Ökologie"* wurden die Rahmenbedingungen auf eine Ausbreitung der ökologischen Anbaumethoden ausgerichtet. Parallel dazu stieg Anfang der 90er Jahre die Nachfrage nach biologischen Lebensmitteln kontinuierlich an. Neben den politischen Anreizen war es somit auch das Resultat eines spürbar werdenden *Ökologie-Pulls*, dass *Coop* als *"Pioniergoliath"* mit einer proaktiven Strategie auf den Markt trat.[328]

1993 lancierte Coop mit dem *Coop Naturaplan* das erste *Bio-Programm*. Die zeitliche Übereinstimmung mit der Agrarreform ist kein Zufall, denn Coop unterstützte aktiv den politischen Kurswechsel in Richtung einer ökologischen Schweizer Landwirtschaft.[329] Mit dem Coop Naturaplan-Programm wurde nicht mehr ein Öko-Nischensegment, sondern direkt der Massenmarkt anvisiert. So war es mehr als ein

---

[325] Zum "Balanced Marketing" vgl. Raffée 1979 sowie auch Kap. 6.

[326] Vgl. Schweizerischer Bundesrat 1992, S. 2 f.

[327] Heute ist der Bezug sämtlicher Direktzahlungen an einen ökologischen Leistungsausweis geknüpft.

[328] Anfang der 80er Jahre lancierte Coop in den Genossenschaften Bern und Basel erste Bio-Gemüseecken. Im Gegensatz zum Vorstoss von Migros war dieser Versuch erfolgreich. Dennoch sollte es noch Jahre dauern, bis mit dem "Coop Naturaplan" 1993 das erste eigentliche "Bio-Programm" lanciert wurde.

[329] Vgl. Belz/Villiger 1997, S. 26.

symbolischer Akt, als Coop die Bio-Produkte aus der "Ecke heraus holte" und in die *Hauptsortimente integrierte*. Migros bewahrte die skeptische Haltung gegenüber dem Bio-Programm und glaubte auch Mitte der 90er Jahre noch nicht daran, dass es der Schweizer Landwirtschaft möglich sei, für die Grossverteiler Bio-Produkte in ausreichender Quantität und Qualität bereit zu steilen.[330]

Mit einer offensiven Marketingstrategie entfachte Coop in der Folge einen *Nachfragesog*, der das Angebot bei verschiedenen Bio-Produkten bald überstieg. Der Erfolg dieser Strategie zwang Coop, ein *aktives Beschaffungsmarketing* zu betreiben und Schweizer Landwirte vermehrt zur Umstellung auf den Biologischen Landbau zu bewegen ("Balanced Marketing"). Damit wurde versucht, zwischen dem verfügbaren Angebot und der stetig wachsenden Nachfrage einen Ausgleich herzustellen. Dieses aktive Beschaffungsmarketing von Coop ist ein Hauptgrund, dass die Schweizer Landwirte nun vermehrt auf den Biologischen Landbau umstellten. Während 1991 noch weniger als 1'000 Landwirte nach den biologischen Richtlinien wirtschafteten, stieg diese Zahl bis 1995 (mit jährlichen Wachstumsraten von durchschnittlich gut 20%) auf über 2'100 Bio-Höfe.[331]

Coop gelang es in der zweiten Hälfte der 90er Jahre - trotz eines stagnierenden Lebensmittelmarktes - Marktanteile hinzu zu gewinnen. Dies ist zum einen auf direkte *Umsatzgewinne* zurück zu führen, welche mit dem "Coop Naturaplan-Programm" erzielt werden. Der Umsatz des Coop Naturaplan stieg in der frühen Wachstumsphase von 21 Mio. Sfr. (1993) auf 95 Mio. Sfr. (1995).[332] Zum anderen haben die ökologischen Kompetenzmarken positive Ausstrahlungs- und *Imageeffekte* zur Folge, womit wiederum indirekte Umsatzeffekte verbunden sind.[333]

---

330 Was auf die negativen Erfahrungen sowie den Erfolg des M-Sano-Programmes zurück zu führen ist.

331 Vgl. Bio Suisse 2000.

332 Vgl. Coop 1998, S. 9 sowie Coop 1999b, S. 8.

333 Vgl. Belz/Villiger 1997, S. 29. 1998 bestätigen 72% der befragten Konsumenten, das Naturaplan-Label von Coop zu kennen. 9% der Befragten gaben an, wegen des Naturaplans häufiger in Coop-Verkaufsstellen einzukaufen. Vgl. Coop 1999b, S. 10. Durch das Angebot des Coop Naturaplans ist der Anteil Konsumenten, die Coop als Detailhändler bezeichnen, welcher seine Umweltverantwortung am besten wahrnimmt, von 21% (1993) auf 35% (1997) gestiegen. Vgl. Städler 1997, S. 29.

Coop sorgte mit einer offensiven Marktentwicklungsstrategie für einen hohen Bekanntheitsgrad und eine steigende Akzeptanz biologischer Lebensmittel in der Bevölkerung, was in dieser frühen Lebenszyklusphase zu einer *Ausdehnung des gesamten Bio-Marktes* führte, wovon vorerst auch der alternative Kanal profitierte. Denn während die "Davids" des Alternativkanals das Segment bereits umweltaktiver Konsumenten abdeckten, hat der Grossverteiler neue, trägere Käuferschichten zum Kauf von Bio-Produkten bewegt, wodurch der Bio-Markt erweitert werden konnte. Es kann Coop damit attestiert werden, als "ökologischer Diffusionsagent" den Übergang von den Konsumenteninnovatoren zu den Massenmarktkunden ermöglicht zu haben.[334] In der frühen Wachstumsphase stieg der Marktanteil biologischer Lebensmittel infolgedessen über die Einprozent-Marke.

5.2.3 Take-off-Phase (1996-2005): Bio-Verordnung und Bio-Wettbewerb

Einleitende These: Angelockt von den erzielbaren Gewinnen auf einem lukrativen Bio-Markt, führen "Folgergoliaths" neue Produktprogramme und -varianten ein und erhöhen mit ihren Vertriebskanälen die Erhältlichkeit des Produktes ("Ubiquität"). Als Folge des (Marketing-) Engagements der Goliaths steigt der Bekanntheitsgrad und die Akzeptanz des ökologischen Produktes weiter an. Da sich die Marketingkosten infolge des Absatzwachstums auf ein grösseres Produktvolumen verteilen, können Skaleneffekte erzielt werden. Produktionserweiterungen schliessen bestehende Nachfrageüberhänge auf dem Markt. Amortisierte Entwicklungs- und Einführungskosten, Mengen- und Erfahrungskurveneffekte führen zu sinkenden Produktionskosten, was verbunden mit einer steigenden Wettbewerbsintensität die Produktpreise allmählich sinken lässt. Begleitet von einem "moderneren" Design, einem höheren Differenzierungsgrad usw. werden nun grössere, trägere, preissensiblere Marktsegmente angesprochen. Die Davids beginnen, unter dem rauhen Wettbewerbsklima und den steigenden Marktanteilen der Goliaths zu leiden und sehen sich gezwungen, eine strategische Re-Orientierung vorzunehmen.

---

334 Der "Gatekeeper-Ansatz" weist auf die strukturelle Regulierungsposition des Handels hin, während der "Diffusionsansatz" den Fokus auf Beeinflussungsprozesse und das Aktionspotential des Handels legt. Vgl. zu einem Vergleich dieser beiden Ansätze Hansen/Kull 1996, S. 92 f. sowie Kap. 6.

Überprüfung/Ausblick: Mit dem Markterfolg des Coop-Naturaplan-Programmes erzeugte Coop Druck auf die Mitbewerber. 1995 positionierte die "Dritte Kraft" im Schweizer Lebensmittelhandel mit *"Bio Domaine"* ein zweites Bio-Programm auf dem Markt, welches von primo/visavis, Waro, Pick Pay und Volg angeboten wird. Ebenfalls 1995 zog Migros mit *"M-Bio"* nach. Die Etablierung dieser ökologischen Handelsmarke hatte zu diesem Zeitpunkt jedoch lediglich den Charakter eines "oberen Flankenschutzes" für "M-Sano".[335] Ab diesem Zeitpunkt kann von einem *"Bio-Wettbewerb"* gesprochen werden.[336] Hinzu kommen die *alternativen Kanäle*. Da der Vertrieb von biologischen Produkten lange Zeit ausschliesslich über den Direktverkauf oder den Alternativkanal (Bio-Läden, Reformhäuser) gefördert wurde, sind diese Vertriebswege im Bio-Wettbewerb immer noch überproportional erfolgreich. Gemäss Schätzungen von Bio Suisse betrug der "Bio-Marktanteil" der Reform- und Bioläden 1997 noch 30% (Direktvermarktung 10%).

Im Oktober 1997 verabschiedete der Schweizer Bundesrat die *"Bio-Verordnung"*. Damit wurden die politischen Weichen und die marktlichen Voraussetzungen für einen weiteren Ausbreitungsschub biologischer Lebensmittel gestellt. Die Bio-Verordnung reserviert Bio-Produkten das Prädikat "ökologisch" und verhilft den Bio-Anbietern damit zu einem Vermarktungsvorteil. Coop hat diese Entwicklung durch aktives Lobbying im eigenen Interesse mitgetragen.

Der Erfolg dieser Strategie zeigt sich in den Umsatzzahlen. Der Umsatz des Coop Naturaplan stieg in der Take-off-Phase von 95 Mio. Sfr. (1995) auf 467 Mio. Sfr. (1999).[337] Davon entfielen 1999 knapp 300 Mio. sfr. auf Knospe-Produkte und 175 Mio. Sfr. auf Fleisch und Eier aus artgerechter Tierhaltung.

---

335 Den "unteren Flankenschutz" bildet das M-Budget-Programm mit konventionell hergestellten Billigprodukten.

336 Vgl. Belz/Villiger 1997, S. 27.

337 Vgl. Coop 1998, S. 9 sowie Coop 1999b, S. 8.

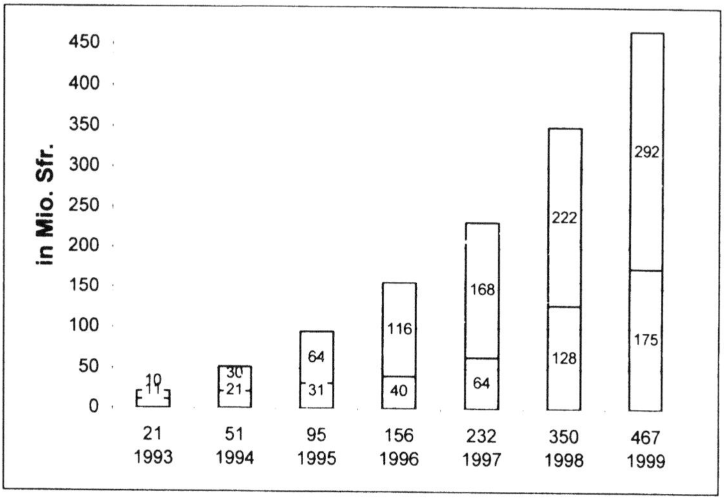

Abb. 23: Umsatzentwicklung des Coop Naturaplan-Programmes

Quelle: Coop 2000, S. 10

In der Take-off-Phase verzeichnen das "Coop Naturaplan-" und das "M-Bio-Programm" jährliche Wachstumszahlen von bis zu 50%. Letzteres wächst innert vier Jahren von 30 Mio. Sfr. (1996) auf 132 Mio. Sfr. (1999) an.[338]

Damit nehmen die Marktanteilsgewinne der beiden Grossverteiler Dimensionen an, die zunehmend auch den Alternativkanal bedrängen. Während Coop den Marktanteil des Naturaplan im Bio-Markt 1998 von 35% auf 38% und 1999 (um weitere 5%) auf 43% ausweiten konnte, stieg der Marktanteil von M-Bio im selben Zeitraum von 17% auf 20%. Der gemeinsame Bio-Marktanteil der beiden Grossverteiler beläuft sich 1999 auf 63%. Die gesamte Marktausdehnung der Bio-Lebensmittel von 490 (1997) auf 656 Mio. Sfr. (1999) geht somit auf das Konto der beiden Grossverteiler. Die Umsätze des Alternativkanals (150 Mio. Sfr.) sowie des Direktverkaufs (50 Mio. Sfr.) blieben von

[338] Damit erzielt das M-Bio-Programm innerhalb des Migros-Sortimentes 1999 (mit über 400 Artikeln) einen Anteil am "Food"-Umsatz von 2%. Vgl. http://www.miosphere.ch/produkte/-labels.php3 vom 19.05.2000.

1997 bis 1999 konstant. Damit sank der Anteil des Alternativkanals am Bio-Markt auf 23% (Direktvermarktung: 8%). Der Marktanteil von Bio Domaine stagniert bei einem Umsatzwachstum von 15 (1997) 18 Mio. Sfr. (1999) bei 3%. Importe und andere Programme verharren ebenfalls bei 3% (vgl. Abb. 24).

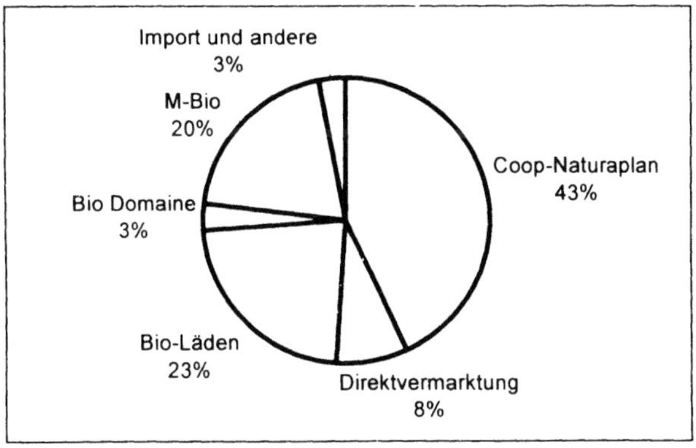

Abb. 24: Marktanteile am Bio-Markt 1999

Quelle: Bio Suisse 2000

Für die Davids entstehen damit neue Probleme: Zum einen spüren kleine Bio-Läden die Konkurrenz der Goliaths, zum anderen begeben sich Bio-Landwirte zunehmend in deren Abhängigkeit. Als Folge dieser Entwicklung bleibt zahlreichen Bio-Läden nur noch die *"Flucht nach weiter oben"*, indem neben der biologischen Anbauweise verstärkt weiterführenden ökologischen Aspekten (Regionalität, unverpackt, frisch, saisonal) Beachtung geschenkt wird. Dies sind möglicherweise Vorboten einer weiteren Ausdifferenzierung des Bio-Marktes. Diese *ökologische Qualitätsdifferenzierung* wird von einer *Konzentration auf Nischenprodukte* begleitet, indem Bio-Läden vermehrt "Randprodukte" anbieten, die nicht zum Standardsegment eines Grossverteilers zählen (z.B. Bio-Sojasauce, Bio-Holzofenbrot).[339] Mit dieser Positionierung in neuen Markt-

[339] Telefonisches Kurzinterview mit Hr. Höhener von "Höheners biologische Lebensmittel" in Basel vom 26.10.1999.

nischen weichen die kleinen Anbieter des Alternativkanals dem direkten Wettbewerb mit den Goliaths aus. In ökologischer Hinsicht kann dieses Ausweichen auf ein Angebot höherwertiger ökologischer Produkte als ein "Voranschreiten auf dem *Eco-Plus-Pfad*" interpretiert werden.

Für die *Bio-Landwirte* ist die Belieferung der Goliaths wohl mit *Abnahmegarantien* verbunden. Gleichzeitig kommt dies aber einem beträchtlichen *Verlust der Autonomie* gleich. Denn mit der schrittweisen Integration des bis anhin weitgehend unabhängig funktionierenden Bio-Marktes ("Sub-Branche") in den konventionellen Lebensmittelmarkt sind auch dessen marktwirtschaftliche Funktionsmechanismen zu adaptieren. Dies bedeutet, dass die Produktion und der Absatz grösserer Mengen mit einem steigenden Preisdruck des Goliaths "erkauft" werden müssen ("Preisdiktat der Goliaths"), was in Form einer sinkenden "Bio-Prämie" auf die Margen drückt.

Wie verteilt sich der Bio-Markt Ende der 90er Jahre auf die einzelnen *Produktgruppen*? Die grössten Anteile des Bio-Marktes nehmen Lizenznehmer von Milchprodukten ein (30%), gefolgt vom Obst- und Gemüsehandel (24%), Getreideprodukten (23%), Futtermittel (9%) sowie Getränken (8%). Bio-Fleisch fristet noch ein Nischendasein im Bio-Markt (6%) (vgl. Abb. 25).

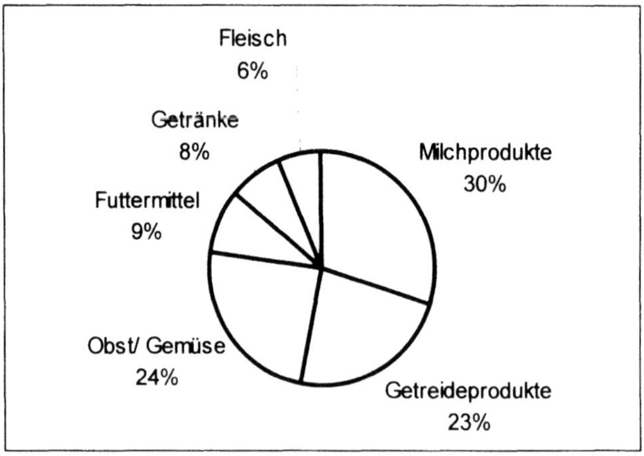

Abb. 25: Verteilung der Knospe-Lizenznehmer 1998

Quelle: Bio Suisse 1999

Weshalb Bio-Produkte mehr kosten und die Bio-Preise fallen werden

Bio-Produkte sind teurer als konventionelle Substitute.[340] Hierfür sind verschiedene Gründe verantwortlich, wie zum Beispiel "Kinderkrankheiten" (Regenfleckenkrankheit beim Bio-Obst), Umstellungskosten auf den Biologischen Landbau, Ernteverluste während dieser Umstellungszeit, die Vorherrschaft schwer zugänglicher Produktionsflächen,[341] eine höhere Witterungs-, Schädlings- und Krankheitsanfälligkeit im Anbau, die Orientierung an inneren Qualitätseigenschaften (längerer und dünnerer Behang der Früchte am Baum), die vorgeschriebenen, unproduktiven Ausgleichsflächen für Nützlinge, ein weitgehender Verzicht auf intensive Bearbeitungsmethoden (z.B. schwere Landmaschinen), eine junge "Forschungsgeschichte", Verzicht auf chemisch-synthetische Dünge- und Pflanzenschutzmittel oder ein höherer administrativer Aufwand (Protokollführung, Kontrollen, detaillierte Aufzeichnungen usw.).[342] Diese zahlreichen Gründe verursachen eine *tiefere Produktivität* (höherer Aufwand bei niedrigeren Erträgen) beim Biologischen Landbau, was höhere Endverkaufspreise bei biologischen Lebensmitteln rechtfertigt.[343]

Das FiBL schätzt die Mehrkosten beim Biologischen Landbau je nach Produkt auf gut 30%.[344] Die Differenz zwischen den anfallenden Mehrkosten sowie dem von den ökologischen Direktzahlungen kompensierten Betrag (entspricht ca. 10%) werden auf die Produktpreise überwälzt. So beträgt der Mehrpreis für Bio-Produkte im Vergleich zu konventionellen oder IP-Erzeugnissen im Lebensmittelhandel durchschnittlich 20-30%.[345]

---

340 Vgl. Müller 1998, S. 16.

341 In der produktiveren Talzone wird im Vergleich zur extensiveren Bergregion ein Bruchteil der Anbaufläche nach den biologischen Richtlinien bewirtschaftet. Vgl. Bio Suisse 1999.

342 Vgl. hierzu Bio-Verordnung Art. 25.

343 Weiter preistreibend wirkt die unreife Marktkonstellation (zum Teil noch ungesättigte Nachfrage).

344 Bei Bio-Kartoffeln ergab eine Untersuchung einen Mindererertrag von 25%, bei Bio-Zuckerrüben von 35% und bei Bio-Weizen von 25%. Vgl. hierzu FiBL o.A.

345 Bei Bio-Milchprodukten betragen die Mehrpreise 10-20%, bei Bio-Brot 15-30% und bei Bio-Gemüse 40% und mehr. Vgl. Rouhani 1998, S. 38.

Zu den sinkenden Kosten im Zeitablauf äussert sich das "*Erfahrungskurvenkonzept*". Wie verschiedene empirische Untersuchungen belegen, treten zwischen der Entwicklung der Absatzmenge eines Produktes und den Stückkosten bestimmte Regelmässigkeiten auf. Das "Erfahrungskurvenkonzept" besagt, dass die in der Wertschöpfung eines Produktes enthaltenen Stückkosten bei jeder Verdoppelung der im Zeitablauf kumulierten Produktionsmenge um 20-30% zurück gehen. Diese Stückkostenreduktion ist auf folgende Effekte zurückzuführen:[346]

Lernkurveneffekte: In der gesamten Wertschöpfungskette werden Lernprozesse erzielt, was sich in sinkenden variablen Stückkosten niederschlägt.

Grössendegression: Mit einer steigenden Losgrösse können die Fixkosten auf eine grössere Anzahl Produkte verteilt werden.

Rationalisierung: Rationalisierungsmassnahmen in der gesamten Wertschöpfungskette (z.B. Logistik) führen ebenfalls zu sinkenden Stückkosten.

Der Marktanteil biologischer Lebensmittel steigt in der Take-off-Phase kontinuierlich an und beträgt 1999 2%. Es kann vermutet werden, dass der Bio-Markt die Öko-Nische im Jahr 2005 bei gleichbleibenden Wachstumsraten in Richtung eines ökologischen Massenmarktes verlassen und weitere, grössere Konsumentschichten jenseits der 5%-Nische erreichen wird.[347]

---

346 Vgl. Haedrich/Tomczak 1996, S. 107-111.

347 Die Anbaustufe entwickelt sich ebenfalls positiv weiter: 1999 bewirtschaften 5'300 Bio-Betriebe 8.5% der Schweizer Anbaufläche. Im Kanton Graubünden sind es bereits 40%. Vgl. Bio Suisse 2000.

5.2.4 Reifephase (ab 2005): "Bio-Land Schweiz" oder "Diktat der Ökonomie"?

Für die Zeit nach 2005 ist die Entwicklung als offen zu betrachten. Wächst der Bio-Markt im selben Stil weiter? Oder entpuppen sich Bio-Produkte bloss als Modewelle der 90er Jahre?[348] Anhand zweier Szenarien wird im folgenden die Bandbreite möglicher Entwicklungslinien aufgezeigt. Die optimistische Vision *"Bio-Land Schweiz 2010"* ist gekennzeichnet durch ein habitualisiertes Bio-Kaufverhalten sowie (im Vergleich zu konventionellen Produkten) gleich hohen Preisen biologischer Produkte. Der Marktanteil biologischer Lebensmittel steigt kontinuierlich von 5% auf 20% an. Das pessimistische Szenario *"Diktat der Ökonomie"* zeigt dahingegen einen ökonomisch dominierten Lebensmittelmarkt Schweiz (Bio-Marktanteil wieder kleiner als 1%). Dieses Szenario ist geprägt von einer steigenden Wettbewerbsintensität, welche sich als Folge der Öffnung des Lebensmittelmarktes einstellt und das ökologische Gedankengut zunehmend aus den Köpfen der Marktakteure verdrängt.[349]

Mit diesen Szenarien wird zum Ausdruck gebracht, dass die Vorhersage der Marktentwicklung mit Unsicherheiten behaftet bleibt, da der Ausbreitungsprozess von Produkten das Resultat zahlreicher Einflussfaktoren ist und zudem zu einem beträchtlichen Teil eigendynamischen Gesetzen unterliegt. Dies wiederum bedeutet, dass die Diffusion ökologischer Produkte nur bedingt beeinfluss- und prognostizierbar ist.[350]

---

348 Die Länge eines Modetrends hängt davon ab, ob die Produkte ein echtes Bedürfnis befriedigen, wie sehr sie mit anderen gesellschaftlichen Entwicklungen, sozialen Normen und Werten in Einklang stehen und inwiefern sie technisch machbar und enwicklungsfähig sind. Vgl. Kotler/Bliemel 1995, S. 564. Diese Punkte werden von den Bio-Produkten in hohem Masse erfüllt, was auf mehr als nur eine kurze "Bio-Modeerscheinung" hindeutet.

349 Im Gegensatz zur Prognose soll mit diesen Szenarios nicht versucht werden, die Zukunft vorherzusagen. Vielmehr geht es darum, denkbare zukünftige Entwicklungsmöglichkeiten darzustellen. "Dies aus der Einsicht heraus, dass das Aufzeigen von Wahlmöglichkeiten bei zukünftigen Entwicklungspfaden für Gesellschaft und Wirtschaft von zentraler Bedeutung ist. Nur wenn man weiss, welche Alternativen es für die Zukunft gibt, kann man die Wahl treffen, was man gerne geschehen lassen möchte." Vgl. http://www.sgzz.ch/links/zubild.htm vom 9. Februar 2000.

350 Weil die Prognose aufgrund der Komplexität der Wirklichkeit nicht nur schwierig, sondern etwas grundsätzlich Unmögliches ist, empfiehlt Lutz, die Prognose als Methode der Auseinandersetzung mit der Zukunft durch die Szenariotechnik abzulösen. Vgl. Lutz 1997, S. 35.

"Bio-Land Schweiz 2010": Ein Bild der Zukunft

Dass man heute, am 1.1. 2010 resümieren kann, dass die "Bio-Convenience-Suppe" im Schweizer Lebensmittelmarkt schliesslich nicht so heiss gegessen werden musste, wie sie gekocht wurde, liegt auch daran, dass sich starke EU-Mitgliedstaaten wie Deutschland, Frankreich oder England schliesslich doch auf nationalstaatliche Interessen besannen und den europäischen Agrarreformprozess erfolgreich verzögerten. Zudem war es ein geschickter Schachzug der Schweiz, zwei charmante Bundesrätinnen an die männlich dominierten WTO-Verhandlungen von 2000/01 zu senden. Der WTO konnten Zolltarifsätze und weitere Übergangsfristen abgerungen werden, welche der Schweizer Lebensmittelbranche die notwendige Schonzeit einräumte, sich sanft weiter zu restrukturieren und für den internationalen Wettbewerb zu rüsten.

Auf diese Weise konnten sich die Öko-Programme auf dem Schweizer Lebensmittelmarkt mehr oder weniger geschützt ausbreiten. Bei jährlichen Wachstumsraten von 20% haben es die Bio-Produzenten und -Anbieter geschafft, den Bio-Marktanteil im ersten Jahrzehnt des neuen Jahrtausends von 2% auf 20% auszuweiten. Hierfür waren verschiedene Gründe verantwortlich. Zum einen führten Lebensmittelskandale (von der Gentechnologie hervorgerufene Allergien, zu hohe Strahlendosis infolge bestrahlter Lebensmittel), Öffentlichkeitskampagnen und Bildungsoffensiven des Bundesamtes für Gesundheit sowie sinkende Bio-Rohstoffpreise bei breiteren Konsumentenschichten zu einem Umdenken. Zum anderen bewirkten zahlreiche Lawinenniedergänge und Überschwemmungen, dass die Klimadiskussion wieder aufflammte. Als Folge dieser Diskussionen wurden indirekte Energieträger wie Dünge- und Spritzmittel mit hohen Lenkungsabgaben belastet. Dies erhöhte die Produktionskosten für konventionelle und IP-Produkte. Im Gegensatz dazu blieb der Biologische Landbau von Auflagen verschont. Zudem sorgten Forschungsfortschritte für eine höhere Produktivität sowie Mengen- und Lernkurveneffekte für stark sinkende Bio-Produktpreise. Dadurch verbesserte sich die relative Wettbewerbsposition von Bio-Produkten weiter, was der Agrarpolitik wiederum ermöglichte, die Direktzahlungen für den Biologischen Landbau schrittweise zu senken und die Öko-Programme schliesslich dem freien Markt zu überlassen (für IP-Produkte wurden auf Druck der EU seit 2005 keine Direktzahlungen mehr entrichtet).

Ein grosser Teil der IP-Produzenten hat die Zeichen der Zeit nicht erkannt und die Chance verpasst, sich von der "geschützten Planwirtschaft" zu verabschieden und sich an den rauhen Wind einer "offenen Marktwirtschaft" zu gewöhnen. Zu lange haben sie versucht, sich gegen den Reformprozess zu stemmen. Für den Biologischen Landbau kam begünstigend hinzu, dass sich Bio-Lebensmittel auch im Ausland verkaufen liessen. Denn Bio-Produkte passen ins Bild des Schweizer Qualitätsimages und erwiesen sich als erfolgreiches Exportprodukt. Die bilateralen Verträge mit der EU stellten sich für den Biologischen Landbau somit weniger als Gefahr, sondern aufgrund der EU-Marktgrösse als Chance heraus.

Zur Verdeutlichung der Bandbreite möglicher Entwicklungslinien sowie der Unsicherheit, mit welcher Prognosen über die Entwicklungsrichtung des Schweizer Lebensmittelmarktes behaftet sind, wird im folgenden ein pessimistisches Szenario skizziert. Dieses hat die Öffnung der Schweizer Grenzen zum Inhalt. Das hiermit einsetzende *"Diktat der Ökonomie"* verbannt das Thema Ökologie aus dem Wortschatz und dem Handlungskalkül der Marktakteure.

"Diktat der Ökonomie": Ein anderes Bild der Zukunft

Nachträglich müssen die Akteure der Schweizer Lebensmittelbranche einräumen, dass es wohl falsch war, sich darauf zu verlassen, dass das Beitrittsgezänk in der Schweiz ewig andauern und die Gesetzesmühlen der EU weiterhin so langsam mahlen würden. Als Nationalrat Christoph Blocher auch noch die letzte Produktionsstätte der EMS-Chemie nach Südamerika verlagert hatte, verloren dessen Parolen an Glaubwürdigkeit und die EU-Gegenwehr an Kraft. Dann ging alles sehr schnell. 2005 trat die Schweiz der EU bei, zur selben Zeit, als die EU-Minister die Bonner-Erklärung (früher "Agenda 2000") ratifizierten. In der Bonner-Erklärung verpflichteten sich die EU-Staaten, künftig auf sämtliche Unterstützungsleistungen im Agrarsektor zu verzichten. Dies kam einer vollständigen Liberalisierung der europäischen Agrarmärkte gleich. Mit dieser Öffnung drangen Lebensmittelgiganten aus dem Ausland in den Schweizer Markt ein. So gelang es der weltweit grössten Handelskette "Wal Mart" aus den USA, mit dem Kauf der Dennerkette in der Schweiz Fuss zu fassen.

Vielleicht hätte die Schweizer Regierung dem Druck der im Bauernverband zusammengeschlossenen Landwirte doch standhalten und ab dem Jahr 2000 nicht wieder Konzessionen eingehen sollen. Die Vereinheitlichung der Direktzahlungen sicherte den Schweizer IP-Landwirten ein geschütztes Einkommen, obwohl die Preise im angrenzenden Ausland weiter sanken und die Kaufkraftabflüsse für Lebensmittel im Jahr 2005 eine Quote von gegen 25% erreichten. Mit jedem ausländischen Anbieter wurde der Wettbewerb intensiver und mit jedem Neueintritt sank das Preisniveau im Lebensmittelmarkt weiter ab. Heute beträgt der Preis für ein Kilogramm Rindfleisch noch 8 Euro (entspricht etwa einem Drittel des Preises, den man in der Schweiz vor 1990 zu bezahlen hatte).

Unter diesem Preiszerfall wurde auch die für kurze Zeit aufflammende Bio-Bewegung im Keime erstickt. Während sich Coop rechtzeitig in eine kleine europäische Marktnische flüchten konnte (es war rückblickend ein kluger strategischer Entscheid, den Schweizer Markt aufzugeben und in den Grossstädten Paris, Rom, London, Moskau und Berlin an bester Lage einen "Swiss organic food corner" zu eröffnen), wurden die anderen Schweizer Detailhändler von der Liberalisierungswelle weggefegt. Zu lange glaubte Denner, auf dem Harddiscount-Markt mit den internationalen Handelsriesen mithalten zu können, zu lange setzte Migros auf emotionale Werte wie Kundentreue, Nostalgie sowie ein ausgewogenes Preis-Leistungs-Verhältnis. Denn die mit der Öffnung der Grenzen verbundene Nivellierung des Lohnniveaus verunsicherte die Schweizer Bevölkerung so stark, dass sich die Konsumenten nicht mehr für ökologische Inhalte, sondern in erster Linie für den Preis der Lebensmittel interessierten. Zudem erwiesen sich die Gentechnologie und die Bestrahlung von Lebensmitteln als gesundheitlich wie auch ökologisch unbedenklich, so dass sich die weiterentwickelten Methoden zur Produktion und Verarbeitung von günstigen Massenlebensmitteln mittlerweile mit grossem Erfolg einsetzen lassen. Die Fusion von Novartis und Nestlé ("N&N Co.") zur weltweit grössten Food & Chemicals-Unternehmung hatte nicht nur eine symbolische Bedeutung, sondern brachte auch die Forschung entscheidend voran.

5.2.5 Zwischenfazit - Anbieterzyklus

In diesem Abschnitt wurde das Produktlebenszyklus-Modell auf die Entwicklung des Bio-Marktes übertragen und untersucht, welche Phasen sich angebotsseitig unterteilen lassen. Es hat sich gezeigt, dass es die *Davids* auf dem Schweizer Lebensmittelmarkt waren, welche in einer langen *Einführungsphase* die Grundlagen für eine breitere Diffusion der Bio-Produkte legten. Angesichts der Alternative, biologisch hergestellte Lebensmittel (zu gleichen Preisen) mit konventionellen oder mit IP-Produkten vermischt abzusetzen, griffen die Bio-Vertreter zur Selbsthilfe und entwickelten - auf der Suche nach innovativen Vertriebsformen ausserhalb des Detailhandels - den *Alternativkanal*. In dieser Phase wurden die Öko-Programme weder von den Grossverteilern noch vom politischen Lenkungssystem gefördert.

Der Markteintritt des *Pioniergoliaths Coop* läutete 1993 die *"frühe Wachstumsphase"* ein. Coop betrieb in der Folge nicht nur ein erfolgreiches Balanced-Marketing, welches zu einer Ausweitung des Beschaffungs- wie des Absatzvolumens führte (über die 1%-Marke), sondern nahm auch Einfluss auf die Gestaltung der *Rahmenbedingungen* (Agrarpolitik 2002, ökologische Direktzahlungen, Bio-Verordnung). Durch die *Umsatz- und Imageeffekte*, die mit dem Coop-Naturaplan-Programm verbunden sind, setzte Coop seine Konkurrenten unter Zugzwang.[351]

Das Auftreten der Dritten Kraft auf dem Bio-Markt ("Bio Domaine") sowie die Lancierung des M-Bio-Programmes durch Migros läutete in der zweiten Hälfte der 90er Jahre einen zaghaften *Bio-Wettbewerb* ein. Hält die Tendenz an, dass auch der Marktleader Migros seinen strategischen Fokus Schritt für Schritt vom M-Sano- weg, zum M-Bio-Programm hin verlagert, dürfte diesem frühen Wachstum der *"Take-off"* folgen. Im Zuge dieser Entwicklung lässt die Positionierung weiterer Bio-Programme nicht lange auf sich warten (*"Natur Pur"* von Spar 1997). Die *Bio-Verordnung* bildet hierfür die Rahmenbedingungen. Sollte sich Anfang des nächsten Jahrzehnts der Bio-Boom zu einem intensiven Bio-Wettbewerb zwischen den beiden Goliaths Migros und Coop ausweiten, ist mit einer grossflächige Umstellungen auf die biologische Produktionsmethode (beschaffungsseitige Voraussetzung) und mit weiteren Preissenkungsrunden zu rechnen, was wiederum die Voraussetzung zur Erschliessung trägerer Nachfragesegmente jenseits der 5%-Nische bildet.

351 Vgl. hierzu auch Belz/Villiger 1997, S. 25 ff. sowie Villiger 1998, S. 36 ff.

Als *Nebenfolge* eines solchen Wettbewerbs gehen die von den Goliaths angestrebten Marktanteilsausweitungen zunehmend zu Lasten der Davids. Als Reaktion auf die neue Konkurrenz im Bio-Markt geben die Betreiber der grössten Bio-Läden in der Schweiz 1999 an, ihr Sortiment künftig unter Berücksichtigung weiterführender ökologischer Kriterien zusammenzustellen. Mit dieser *"Flucht nach ganz oben"* in die ökologische Qualitätsnische versuchen die Vertreter des Alternativkanals dem Wettbewerb mit den übermächtigen Goliaths auszuweichen - nachdem sie diesen den Boden für einen Bio-Boom geebnet haben. Mit dieser weiterführenden ökologischen Qualitätsdifferenzierung werden die Davids ihrer *Pionierrolle* auf einer höheren ökologischen Stufe wiederum gerecht. Als "Speerspitze" der Branchenökologisierung setzen sie die nächste Generation ökologischer Benchmarks, womit die *dynamische Effizienz* in der Entwicklung des Bio-Marktes gewährleistet wird.

Diese Entwicklung deutet möglicherweise auf eine *"Reifephase"* im Lebenszyklus hin. Dabei bezieht sich der Begriff "Reife" nicht nur auf den vorangeschrittenen zeitlichen Aspekt im Lebenszyklus, sondern er dient auch der Beschreibung des Verhaltens der Marktakteure auf dem Schweizer Lebensmittelmarkt. In einer *Coevolution* entwickeln dieser Vision zufolge die Davids ("Wegbereiter") und die Goliaths ("Diffusionsagenten") den ökologischen Markt gemeinsam weiter, indem die Goliaths den Pfad eines "Eco-Growths" mit Bio-Produkten und die Davids eines "Eco-Plus" mit "Premium-Öko-Produkten" begehen (vgl. Abb. 26).[352]

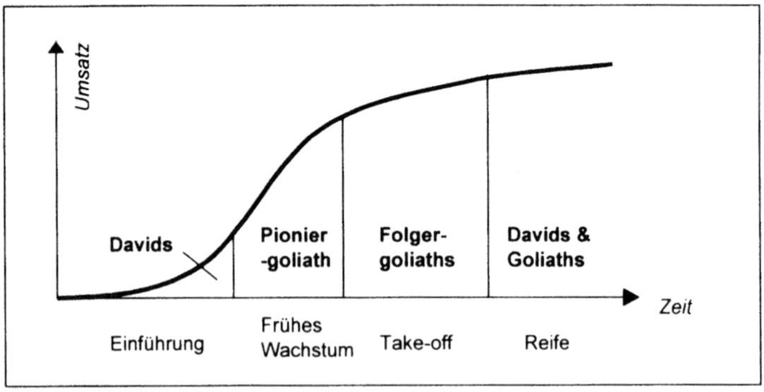

Abb. 26: Anbieterzyklus mit der jeweils dominanten Akteursgruppe

352 Zum Coevolutionsgedanken der Davids und Goliaths vgl. Wüstenhagen 1998, S. 27 ff.

Die im optimistischen Szenario noch utopisch anmutende Entwicklung des Bio-Marktes Schweiz ist in hohem Masse von der entsprechenden Ausgestaltung der politischen Rahmenbedingungen abhängig. Dies bedeutet, dass eine reife Marktphase adäquat von "reifen Rahmenbedingungen" zu flankieren ist. *Reife Rahmenbedingungen* zeichnen sich in ihrer Wirkung durch eine weitgehende *Internalisierung externer Kosten* aus, welche (direkte wie indirekte) Energieträger mit Abgaben belastet (Verursacherprinzip). Die Besteuerung energieintensiver Herstellungs- und Umwandlungsprozesse verteuert die Produktionskosten und damit die Preise konventioneller Lebensmittel entlang der gesamten Wertschöpfungskette, was den biologischen Lebensmitteln zu relativen Preisvorteilen verhilft. Dies wiederum erlaubt den Bio-Anbietern, mit ihren Programmen auch preissensiblere, trägere Konsumentenschichten, die sog. "Umweltpassiven" zu erschliessen. Den Prozess parodistisch zu Ende gedacht, macht Denner als *Bio-Discounter* den Grossverteilern dereinst den Markt streitig (Motto: "Denner ist immer bio").[353]

5.3 Nachfragezyklus

☞ Während der Herleitung des Angebotszyklusses wurde bereits angedeutet, dass analog zur Anbieterseite auch *verschiedene Nachfragesegmente* abgegrenzt werden können. Weiter wurde in diesen Ausführungen einsichtig, dass es ein sich gegenseitig bedingendes Zusammenspiel der Angebots- und der Nachfrageseite ist, welches den untersuchten Entwicklungsprozess des Bio-Marktes vorantreibt (flankiert von der entsprechenden Ausgestaltung der Rahmenbedingungen). Im Zuge dieses Wechselspiels wird im folgenden - analog zum vorangegangenen Abschnitt - ein *"Nachfragezyklus"* mit verschiedenen Phasen entwickelt.

Zum ökologischen Kaufverhalten (sowie ein solches begünstigende oder hemmende Faktoren) existieren inzwischen zahlreiche empirische und theoretische Arbeiten. In diesen Studien wird u.a. untersucht, worauf die Bewusstseins-/Verhaltensdiskrepanz

---

[353] Dieses Motto ist eine Abwandlung des Denner-Slogans: "Denner ist immer billig".

des Konsumenten zurückzuführen ist und - damit verbunden - welche Gründe für den Kauf ökologischer Produkte massgebend sind oder welche Barrieren eine breitere Diffusion ökologischer Produkte behindern. Diese Untersuchungen liefern wertvolle Erkenntnisse zum ökologischen Kaufverhalten der Konsumenten (Motive, Kaufintensität, bevorzugte Anbieter usw.). Die Studien sind in der Regel jedoch blind gegenüber dynamischen Aspekten. Wie sich noch zeigen wird, entscheidet der Faktor Zeit ("Timing") über Erfolg oder Misserfolg der umgesetzten Massnahmen (seitens der Anbieter wie auch der Politik) jedoch massgebend mit. Denn ist die Zeit für eine Aktion noch nicht reif, drohen die Anstrengungen an virulenten Marktwiderständen zu verpuffen.[354] D.h.: Werden die Strategien und Instrumente dem Entwicklungsstand oder der jeweiligen Phase im "Nachfragezyklus" (determiniert von Nachfragesegmenten mit unterschiedlichen Präferenzen) nicht angepasst, greifen die Massnahmen ins Leere und die mühsam entfachte Wachstumsdynamik droht abzusterben.[355]

Die *Diffusionstheorie* bietet ein Raster, diese dynamische Komponente konzeptionell einzufangen. Die zentralen Aussagen dieser Theorie werden einleitend erläutert (5.3.1). Nach dieser theoretischen Einführung folgt in Form einer "Sekundäranalyse" eine Übersicht zu den wichtigsten Erkenntnissen verschiedener empirischer Studien, welche das *ökologische Kaufverhalten* der Konsumenten sowie die viel beschriebene *Umweltbewusstseins-/Verhaltensdiskrepanz* ergründen.[356] Bei dieser Diskussion werden mögliche *Hemmnisse* (oder "Barrieren") im Ausbreitungsprozess biologischer Lebensmittel gleichermassen berücksichtigt ("negative analytische Herangehensweise"), wie die eine solche Diffusion fördernden *Determinanten der Nachfrage* ("positiver analytischer Zugang") (5.3.2). Schliesslich fliessen die Erkenntnisse im *"Nachfragezyklus"* zusammen (5.3.3).

---

354 Dyllick/Belz/Schneidewind verstehen unter primären Marktwiderständen "die anfänglichen Widerstände der Konsumenten zur Akzeptanz und Übernahme neuer Produkte"; unter sekundären Widerständen "die Markteintritts- und Mobilitätsbarrieren". Vgl. Dyllick/Belz/Schneidewind 1997, S. 146 ff. Zum Timing vgl. Kap. 6.

355 Moore spricht im Zusammenhang mit diesem Phänomen vom "Absturz in den Abgrund". Vgl. Moore 1999, S. 29.

356 Damit wird angedeutet, dass im Rahmen dieser Arbeit keine eigene Befragung zum Konsumentenverhalten erhoben wird. Aufgrund der schmalen empirischen Grundlage zum Schweizer Bio-Markt werden die Untersuchungen durch zentrale Erkenntnisse deutscher Umfragen ergänzt. Diese Inkonsistenz zwischen dem Untersuchungsobjekt (Schweizer Lebensmittelmarkt) und dem Hinzuziehen deutscher Untersuchungsresultate sei aufgrund der sozio-kulturellen Nähe innerhalb des deutschen Sprachraums erlaubt.

5.3.1 Konzeptioneller Hintergrund: Diffusionstheorie

Grundbausteine des Diffusionsprozesses sind die Übernahmen der Innovation durch die Nachfrager, die sog. *Adoptionen*. Die Adoptionen treten zeitlich verteilt auf und konstituieren in der Summe den *Diffusionsprozess*.[357] Im folgenden wird zunächst der Adoptionsprozess auf der *individuellen Ebene* dargestellt, bevor dieser zu einem *sozialen Systemvorgang*, dem Diffusionsprozess aggregiert wird.

Adoptionsprozess auf der individuellen Ebene

Der Adoptionsprozess beim Verbraucher beginnt dort, wo der Innovationsprozess des Unternehmens endet. Die Anzahl der einzelnen Adoptionsentscheidungen entscheidet letztlich über Erfolg oder Misserfolg eines Produktes auf dem Markt. Bis es zur Übernahme einer Innovation kommt, durchläuft der potentielle Nachfrager einen Entscheidungs- oder *Annahmeprozess*, den Rogers in fünf Phasen unterteilt:[358] Während der Wahrnehmungsphase erhält der Verbraucher Kenntnis von der Existenz des Produktes (*Knowledge*). Durch diese erste Informationsaufnahme wird der potentielle Abnehmer angeregt, detailliertere Informationen über das Produkt zu sammeln. Der Kunde erwägt daraufhin, ob er die Innovation ausprobieren will und gelangt in der Überzeugungsphase (*Persuasion*) zu einer positiven oder einer negativen Haltung gegenüber dem Produkt. Im folgenden entscheidet er sich (*Decision*), ob er das Produkt ausprobieren will (*Implementation*). Ist der Verbraucher zufrieden mit der Innovation, beschliesst er, das Produkt in vollem Umfang, d.h. zum regelmässigen Gebrauch anzunehmen (*Confirmation*) (vgl. Abb. 27).[359]

---

357 Vgl. Schmalen 1993, Sp. 776.

358 Der Adoptionsprozess ist "ein geistiger Vorgang, den jemand vom ersten Hören von einer Innovation bis zu ihrer endgültigen Annahme durchläuft". Rogers 1983, S. 165. Als Produktadoption wird die Entscheidung einer Person verstanden, regelmässiger Verwender dieses Produktes zu werden. Vgl. Kotler/Bliemel 1995, S. 551.

359 Vgl. Eggler 1991, S. 10 f. sowie Haedrich/Tomczak 1996, S. 220 f. Zu einer Übersicht und Diskussion verschiedener Phasenmodelle der Konsumentenbeeinflussung vgl. Kesselmann 1997, S. 21.

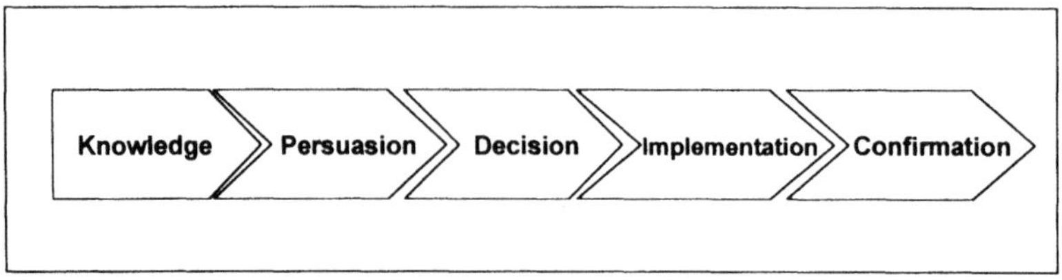

Abb. 27: Phasen des Adoptionsprozesses

Quelle: Rogers 1983, S. 165

Prozessmodelle helfen, die Vorgänge, die sich zwischen der Aufnahme einer Botschaft und einer allfälligen Umsetzung in ein entsprechendes Verhalten abspielen, offenzulegen. Sie sensibilisieren dafür, dass Beeinflussungsstrategien mehrere Phasen erfolgreich durchlaufen müssen, bis sie beim Konsumenten zu einer Einstellungs- oder Verhaltensänderung führen.[360] Das Ziel des Neuprodukt-Marketings besteht folglich darin, den Kunden möglichst reibungslos durch jede dieser verschiedenen Phasen des Adoptionsprozesses zu führen. Ob und in welcher Geschwindigkeit die einzelnen Phasen durchlaufen werden, hängt - neben den Marketingmassnahmen - von verschiedenen *Produkteigenschaften* sowie von den *Persönlichkeitsmerkmalen* der Verbraucher ab.[361]

Kotler/Bliemel nennen *fünf Produkteigenschaften*, die sich auf die Adoptionsrate einer Innovation auswirken.[362] Demzufolge wird eine Innovation um so schneller und häufiger übernommen, je grösser der wahrgenommene, relative Vorteil einer Innovation gegenüber den bereits existierenden Produkten ist (*relativer Vorteil)*, je besser die Innovation zum bestehenden Werte- und Erfahrungssystem der Zielgruppe passt (*Kompatibilität)*, je leichter eine Innovation zu verstehen und zu handhaben ist (*Komplexität*), je geringer das Übernahmerisiko und die Schwelle zum Probekauf ist (*Teilbarkeit der Innovation)* sowie je einfacher eine Innovation demonstriert und beschrieben werden kann (*Vermittelbarkeit)*.

---

360 Eine Zielperson wird ihr Verhalten somit nur dann dauerhaft verändern, wenn sie jede Prozessstufe durchläuft. Vgl. zu weiteren Phasenmodellen Kesselmann 1997, S. 20-22.

361 Vgl. bspw. Böttger 1996, S. 19 f. sowie Kotler/Bliemel 1995, S. 554.

362 Vgl. Kotler/Bliemel 1995, S. 553 f.

Bedeutung für die Ausbreitung biologischer Produkte

Der *relative Vorteil* entspringt der Kosten-/Nutzen-Relation eines Produktes im Vergleich zu Produkten mit analogen Eigenschaften. Die *Kosten* setzen sich aus dem *Produktpreis* und den *Transaktionskosten* (Such- und Informationskosten) zusammen.[363] Sowohl der Produktpreis als auch die Transaktionskosten liegen bei biologischen Produkten über denjenigen konventioneller Substitute. Dies verweist auf die Bedeutung, mit Kostenstrategien und entsprechenden Kalkulationsmethoden die Produktpreise zu senken und die Transparenz sowie die Erhältlichkeit zu erhöhen (Transaktionskosten senken).[364] Die *Zusatznutzen* von Bio-Produkten (Umweltschutz, Gesundheit, Geschmack) gilt es im Kommunikations-Mix hervorzuheben. Die *Kompatibilität* biologischer zu konventionellen Produkten ist als ambivalent zu beurteilen: auf der einen Seite entsprechen diese aufkommenden Bedürfnissen nach mehr Naturnähe, Gesundheit oder "Wellness". Auf der anderen Seite sind fest verankerte, habitualisierte Verhaltensweisen insbesondere in der Ernährungsweise ausgeprägt anzutreffen.[365] Weiter ist auf dem Lebensmittelmarkt ein Überblick über die verschiedenen ökologische Standards, Handelsmarken und Labels nur unter Inkaufnahme hoher Informationsaufwendungen möglich. Dies verweist auf *komplexe*, oder schwer überschaubare Marktverhältnisse, was einer raschen Ausbreitung biologischer Produktprogramme entgegen wirkt.[366] Hingegen ist die *Teilbarkeit* bei Lebensmitteln hoch, so dass der Probekauf biologischer Produkte mit geringen finanziellen Risiken verbunden ist. Und während im Laden zumindest die geschmacklichen Vorzüge biologischer Produkte einfach *zu vermitteln* sind (Degustationen), ist deren ökologische Abgrenzung zu den IP-Produkten keineswegs allen Konsumenten klar.

363 Coase 1960, S. 15 umschreibt das Entstehen von Transaktionskosten wie folgt: „Um eine Markttransaktion durchzuführen, muss man herausfinden, wer derjenige ist, mit dem man zu tun haben will; Leute informieren, dass und unter welchen Bedingungen man mit ihnen zu tun haben will (...)". Richter/Furubotn unterscheiden zwischen Markt-, Unternehmens-, und Politischen Transaktionskosten. Zu den Markttransaktionskosten zählen sie a) Such- und Informationskosten; b) Verhandlungs- und Entscheidungskosten; c) Überwachungs- und Durchsetzungskosten. Vgl. zu den Transaktionskosten Richter/Furubotn 1996, S. 45-77.

364 Vgl. hierzu sowie zum folgenden näher Kap. 6.

365 Vgl. hierzu Kap. 4.

366 Vgl. zum "Verwechslungseffekt" auch Kap. 6.

Diese kurze Abgrenzung biologischer im Vergleich zu konventionellen Produkten verweist auf den Bedarf, im Zusammenhang mit der Erstehung von Bio-Lebensmitteln die Kosten (Produktpreise und Transaktionskosten) zu senken, die Zusatznutzen zu kommunizieren, resp. über die Zusammenhänge zwischen der Anbauweise, der Umweltentlastung sowie der Gesundheit zu informieren sowie Degustationen durchzuführen.[367]

Des weiteren hängt die Geschwindigkeit, mit welcher Adoptionsprozesse ablaufen, von den *Persönlichkeitsmerkmalen der Konsumenten* ab.[368] Je nachdem, wie stark die Konsumenten die Übernahme einer Innovation als finanzielles und soziales Risiko wahrnehmen, wie genau sie über die Zusammenhänge der Produktionsmethode und ökologischen Belastungen Bescheid wissen, wie fest sie in ein soziales Netz eingebunden sind und von den Erfahrungen anderer Konsumenten profitieren, wie ausgeprägt das bestehende Konsumverhalten verinnerlicht ist usw., übernehmen sie eine Innovation entsprechend früher oder später. Die unterschiedlichen persönlichen Merkmale der Konsumententypen haben ein abweichendes Übernahmeverhalten (Zeitpunkt der Übernahme, ausschlaggebende Kaufmotive, bevorzugter Anbieter usw.) zur Folge, was die Einteilung der Nachfrager in abgrenzbare Segmente zulässt. Dieser Erfassung und Darstellung individuumsübergreifender Zusammenhänge widmen sich die Analysen zum Diffusionsprozess auf soziologischer Ebene.

Diffusionsprozess auf soziologischer Ebene

Als Ergebnis der kumulierten individuellen Adoptionsentscheidungen im Zeitablauf ergibt sich die *Diffusionskurve* nach Rogers. Sie beruht auf der Idee, dass sich die Menschen in ihrer Bereitschaft, Innovationen anzunehmen, erheblich unterscheiden. Haedrich/Tomczak sprechen in diesem Zusammenhang vom Kriterium der *"Innovationsfreude"*, nach dem Rogers die "Adopters" in die fünf Gruppen Innovators, Early

[367] Zu weiteren Implikationen für die Marktakteure siehe weiter unten sowie insbesondere Kap. 6.
[368] Vgl. Haedrich/Tomczak 1996, S. 221.

Adopters, Early Majority, Late Majority und Laggards unterteilt.[369] Die *Innovatoren* werden als neugierig, unternehmungslustig und risikofreudig bezeichnet. Die *Frühadoptierer* übernehmen eine Innovationen frühzeitig, aber vorsichtig. Die *frühe Mehrheit* handelt wohlüberlegt und wartet ab, bis ausreichend Informationen über das neue Produkt zur Verfügung stehen. Die *späte Mehrheit* ist skeptisch und erst dann bereit, eine Innovation anzunehmen, wenn die Mehrheit sie bereits ausprobiert hat. Die *Nachzügler* handeln traditionsgelenkt und sind Neuerungen gegenüber misstrauisch. Sie übernehmen eine Neuheit erst, wenn sie weit verbreitet ist und ein sozialer Konformitätsdruck zu ihrer Übernahme besteht.[370]

Rogers Studien zufolge können die ersten 2.5% der Konsumenten, die eine Innovation übernehmen, zu den Innovatoren ("Innovators"), die nächsten 13.5% zu den Frühadoptoren ("Early Adopters"), weitere 34% zur frühen ("Early Majority") und ebenso viele zur späten Mehrheit ("Late Majority") sowie 16% zu den Nachzüglern ("Laggards") gezählt werden (vgl. Abb. 28).

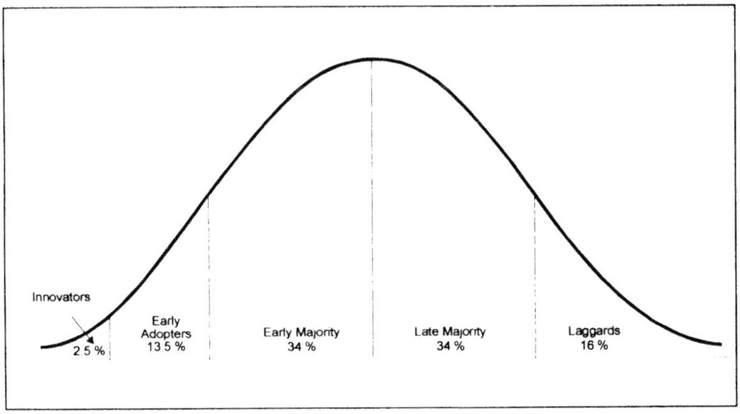

Abb. 28: Diffusionskurve

Quelle Rogers 1983, S. 247

---

369 Vgl. Haedrich/Tomczak 1996, S. 222.

370 Vgl. Rogers 1983, S. 247 ff., Kotler/Bliemel 1995, S. 552 sowie Haedrich/Tomczak 1996, S. 222.

Der nahtlose, glockenförmige Verlauf einer Produktdiffusion lässt sich mit einem *"Imitationseffekt"* im sozialen System erklären: "Je höher der Anteil der bisherigen Übernehmer der Eigenschaft [hier: des Produktes] ist, um so höher ist die Wahrscheinlichkeit, dass auch eine Einheit, welche die Eigenschaft noch nicht übernommen hat, sie übernimmt." Damit wird deutlich, dass die frühen Adoptoren als Meinungsführer einen starken Einfluss auf das Kaufverhalten der weniger innovationsbereiten Konsumentenmehrheit ausüben. Die imitative Dynamik entsteht durch *Empfehlungen* oder positive *Erfahrungsberichte*, welche bei den weniger risikofreudigen Konsumenten ein Signal der Sicherheit auslösen ("trial by others") sowie durch den *sozialen Übernahmedruck*, welcher mit der voranschreitenden Diffusion steigt.[371]

Der Anteil der Nachfragekandidaten, die das Produkt bereits übernommen haben, kann als *diffusionsendogener Einflussfaktor* im Diffusionsprozess bezeichnet werden. Dies bedeutet, dass die frühen Adoptoren als Katalysatoren für Nachfolgeadoptionen und somit als Akzeleratoren für den Diffusionsprozess wirken.[372] Das Ansprechen der frühen Nachfragesegmente bildet folglich die Voraussetzung (oder den "Brückenkopf") für eine breitere Diffusion in die den Massenmarkt konstituierenden, trägeren Konsumentensegmente hinein.

Damit ist angedeutet, dass die Anbieter mit Hilfe von *diffusionsexogenen Einflussfaktoren* (Marketingmassnahmen) den Diffusionsverlauf beeinflussen können. Denn da zu Beginn der Diffusion (mit der Lancierung einer Innovation) keine Erfahrungen über die Innovation existieren, kann der Ausbreitungsprozess auch nicht von endogenen Faktoren beeinflusst sein. Demzufolge ist die Dynamik in diesem frühen Stadium von der Wirkung der Marketingmassnahmen abhängig.

Die Kenntnis dieser Zusammenhänge lässt gewisse Rückschlüsse auf die Präferenzen der verschiedenen Konsumententypen zu. Da Rogers Einteilung in die fünf Konsumentengruppen (mit den zugewiesenen Segmentanteilen) das Resultat von empirischen Untersuchungen der 60er Jahre ist, welche sich zudem auf den amerikanischen Markt beziehen, können die Aussagen wohl in ihrer Tendenz, nicht aber in der beschriebenen Präzision auf den vorliegenden Kontext übertragen werden.[373]

---

371 Indem die Nicht-Nachfrager in eine Aussenseiterposition gedrängt werden. Vgl. Schmalen 1993, Sp. 777 ff.

372 Der Begriff "Akzelerator" hier in physikalischem Sinne verstanden als "Beschleuniger".

373 Wenn im folgenden von "frühen" oder "späten" Übernehmer", resp. von "Innovatoren" und "Imitatoren" die Rede ist, ist folglich nicht eine konkrete Konsumentengruppe aus Rogers Un-

So ist davon auszugehen, dass *frühe Übernehmer* hauptsächlich auf *diffusionsexogene Einflussfaktoren* reagieren, d.h. ihre Absicht (Kauf oder Nichtkauf) unabhängig vom Urteil anderer Konsumenten bilden. Innovatoren suchen aktiv nach Informationen und gelten dementsprechend als neugierig und "werbeempfindlich". Für den Ernährungsbereich hat eine Studie folgerichtig ergeben, dass die frühen Übernehmer im Vergleich zu den Imitatoren über einen höheren Kenntnisstand verfügen und eine gesunde und genussvolle Ernährung befürworten.[374] Zudem weisen Innovatoren aufgrund ihrer Offenheit und Risikobereitschaft Neues zu übernehmen, weniger starr ausgebildete Kaufgewohnheiten und eine höhere Preiselastizität auf. Das Konsumverhalten der Innovatoren bietet den Anbietern in Form eines Frühwarnsystems zudem Hinweise für sich anbahnende Nachfragetrends.[375]

Imitatoren hingegen sprechen auf *diffusionsendogene und diffusionsexogene* Einflussfaktoren an: "Sie orientieren sich an den Innovationsinformationen aus dem sozialen System, legen Wert auf einen ausreichenden Erfahrungsfundus und geben Übernahmedruck nach."[376] Dadurch erzeugen sie die Eigendynamik der Diffusion. Imitatoren gelten als träger, entwickeln weniger Eigeninitiative und sind preissensibler.

Es lässt sich festhalten, dass das Erschliessen der Innovatoren in einer ersten Phase zur Generierung der Dynamik in einer Öko-Nische hinreichend ist. Für die angestrebte *Massenmarktdurchdringung* wird jedoch in einer späteren Phase die Erschliessung der Imitatoren, welche die grosse Mehrheit der Konsumenten bilden, notwendig.

Bevor auf Basis dieser konzeptionellen Einführung ein Phasenmodell für (potentielle) Konsumenten biologischer Lebensmittel entwickelt wird, werden (in Form einer Sekundäranalyse) zunächst wichtige Erkenntnisse bestehender Studien zum umweltbewussten Konsumentenverhalten festgehalten.

---

terteilung angesprochen, sondern der tendenzielle Zeitpunkt, zu welchem das entsprechende Segment (eher früher oder später) auf eine ökologische Innovation aufmerksam wird und diese übernimmt.

374 Buchholz konnte bereits früh nachweisen, dass die Nachfrageinnovatoren im Lebensmittelbereich naturnah produzierten Lebensmitteln gegenüber offener sind, Bio-Produkte daher häufiger nachfragen und aufgrund ihrer Meinungsführerrolle bloss die nachfrageseitige Spitze des Eisberges bilden. Vgl. Buchholz 1985, S. 174 ff.

375 Vgl. Bucholz 1985, S. 177 f.

376 Schmalen 1993, Sp. 784.

5.3.2 Erkenntnisse aus bestehenden empirischen Untersuchungen

In diesem Abschnitt werden zentrale Erkenntnisse aus Studien zum umweltbewussten Kaufverhalten aufgegriffen und in den vorliegenden Kontext eingebunden. Zur Annäherung an den Begriff "umweltbewusstes Konsumentenverhalten" wird zunächst der Bezug zwischen den Kriterien *"Umweltbewusstsein"* und *"Kaufverhalten"* hergestellt, bevor in einer umfassenderen Heuristik die *Einflussfaktoren des umweltbewussten Kaufverhaltens* dargelegt werden. Im folgenden werden die *Bestimmungsfaktoren der Nachfrage* bei Lebensmitteln sowie die wichtigsten Erkenntnisse zur Bildung ökologischer *Konsumentensegmente* herausgefiltert. Die *Kaufmotive* "ihrer" Kunden zu kennen, ist für die Anbieter bei der Ausgestaltung des Marketing-Instrumentariums von zentraler Bedeutung.

Im Gegensatz zu dieser "positiven Herangehensweise" verweist die *"Barrierenanalyse"* auf die Ausbreitung biologischer Lebensmittel behindernde Faktoren, welche es seitens der Anbieter zu überwinden gilt. Ein Vergleich und eine Diskussion zu den Möglichkeiten und Grenzen der verschiedenen analytischen Zugänge sowie erste strategische Implikationen leiten schliesslich zu Kap. 6 über.

Umweltbewusstsein und umweltbewusstes Konsumentenverhalten

Die Allgegenwärtigkeit der durch menschliche Tätigkeiten verursachten Umweltbelastungen (Luft- und Gewässerverschmutzung, Müllberge usw.) sowie deren regelmässige Thematisierung in den Medien haben zu einem ausgeprägten *Umweltbewusstsein* in der Bevölkerung geführt. Studien verweisen zudem auf eine steigende Sensibilität gegenüber ökologisch bedenklichen *Produktangeboten* und verdeutlichen, dass sich die Konsumenten bewusst sind, mit ihrem Nachfrageverhalten einen Beitrag zum Umweltschutz leisten zu können.[377] Daraus lässt sich ableiten, dass (bei einem entsprechend gestalteten Angebot) die nachfrageseitigen Voraussetzungen für eine breitere Marktdurchdringung ökologischer Produkte gegeben sind.

---

377 Während die Verbraucher zunächst sich selber als Hauptverantwortliche zur Lösung von Umweltproblemen nannten (1985), wurde diese Verantwortung später prioritär an die Hersteller und an den Staat delegiert (1994). Vgl. hierzu die Studienreihe von Meffert/Bruhn 1996, S. 640 f.

Die Absatzzahlen ökologischer Innovationen zeigen jedoch, dass bei den Konsumenten zwischen dem geäusserten Umweltbewusstsein und dem tatsächlichen Handeln eine Lücke besteht. Diese "*Bewusstsein-/Verhaltensdiskrepanz*" behindert eine breitere Diffusion ökologischer Produkte in Richtung ökologischer Massenmarkt. Wie lässt sich die Divergenz zwischen Umweltbewusstsein und Kaufverhalten erklären?

Verschiedene empirische Untersuchungen stimmen in folgenden Punkten überein:[378]

- Das "*Umweltbewusstsein*" unterliegt dem Einfluss verschiedener Determinanten und ist daher als mehrdimensionales Konstrukt zu verstehen. Die Vielfalt an Einflussfaktoren sowie die noch ungenügend geklärten Wechselwirkungen zwischen den Determinanten erschweren die Integration zu einem umfassenden theoretischen Erklärungsansatz über das Umweltbewusstsein und ein entsprechendes Verhalten.
- Das *Kaufverhalten* wird ebenfalls von einer Vielzahl verschiedener Determinanten bestimmt ("Mehr-Motiv-Theorie").[379] Folglich wird auch ein umweltorientiertes Konsumentenverhalten nicht monokausal von einem hohen Umweltbewusstsein geleitet.[380] Dies bedeutet, dass die Produkteigenschaft "ökologisch" mit anderen Nutzenkomponenten in Konkurrenz steht, wobei diese in ihrer Wirkung gleich- (z.B. soziale Akzeptanz oder Gesundheit) oder entgegen gerichtet sein können (z.B. Preis). Die resultierende Nutzenabwägung führt bei den Konsumenten zu einer Motivhierarchie, welche das Kaufverhalten massgebend beeinflusst.[381]

---

378 Vgl. stellvertretend Diekmann/Preisendörfer 1992, S. 227; Tiebler 1992, S. 185; Meffert/Kirchgeorg 1992, S. 85 ff.; Monhemius 1993, S. XI; Wimmer 1995, S. 28 ff.; Stender-Monhemius 1995, S. 35 ff.; Meffert/Bruhn 1996, S. 631 ff. oder Jung 1998, S. 7 ff.

379 Die "Mehr-Motiv-Theorie" besagt, dass nicht ein einzelnes, sondern eine Vielzahl von Motiven den Konsumenten während einer Kaufhandlung beeinflusst. Vgl. Monhemius 1993, S. 97.

380 Diekmann/Preisendörfer kommen zum Schluss, dass zwischen dem Umweltbewusstsein und dem Umwelthandeln wohl eine positive Relation besteht, dass damit jedoch bloss 10-15% der Verhaltensvarianz erklärt werden kann. Vgl. Diekmann/Preisendörfer 1992, S. 227.

381 Vgl. hierzu auch Monhemius 1993, S. 97 ff. Die Berücksichtigung der Motivhierarchie hat entsprechend Folgen für das unternehmerische Marketing.

Mehrdimensionalität des Konstruktes "Umweltbewusstsein"

Verschiedene Untersuchungen stimmen dahingehend überein, dass das Umweltbewusstsein durch folgende drei Dimensionen zu operationalisieren sei:[382]

kognitive Dimension: der *Wissensstand* um ökologische Zusammenhänge und die Konsequenzen des Konsumverhaltens steigt in der Bevölkerung.[383]

affektive Dimension: die *ökologische Einstellung* entwickelt sich zu einem Aspekt der Sozialisierung, wird zuweilen jedoch von ökonomischen Problemen wie Arbeitslosigkeit oder Rezession überlagert. Es ist dennoch davon auszugehen, dass die Sensibilisierung für Umweltfragen kein kurzfristiger Modetrend, sondern ein langfristiger gesellschaftlicher Wertewandel darstellt.[384]

konative Dimension: das *ökologische Verhalten* ist bei gewissen ökologischen Bereichen deutlicher (ökologische Verpackung, Recycling), bei andern weniger stark ausgeprägt (freiwilliger Verzicht aufs Auto bei Lebensmitteleinkäufen).

Es lässt sich festhalten, dass ein hohes Umweltbewusstsein für ein ökologisch bewusstes Kaufverhalten wohl begünstigend wirkt, jedoch kein hinreichender Erklärungsansatz ist. Von welchen Einflussfaktoren hängt es weiter ab, ob sich die Konsumenten für ökologische Produkte entscheiden oder konventionelle Substitute bevorzugen?[385]

---

[382] Vgl. stellvertretend Tiebler 1992, S. 184 oder Meffert/Bruhn 1996, S. 635 ff.

[383] Vgl. Meffert/Bruhn 1996, S. 635-638.

[384] Vgl. Tiebler 1992, S. 184.

[385] Mit "umweltorientiertem Konsumentenverhalten" wird im folgenden der Kauf ökologischer Produkte assoziiert. Tiebler unterteilt das "umweltorientierte Konsumentenverhalten" nach Verhaltensformen (Informationsverhalten, Beschwerde- und Protestverhalten, Verwendungsverhalten, Entsorgungsverhalten sowie Produktkauf) und die Kategorie "Produktkauf" wiederum nach dem Grad des Verhaltens (Konsumverzicht, Einschränkung des Konsums, Kauf umweltverträglicher Produktvarianten, Kauf umweltverträglicher Substitute). Vgl. Tiebler 1992, S. 186-189.

Heuristik zum umweltbewussten Kaufverhalten: "S-O-R-Modell"

Bis heute ist kein umfassender Erklärungsansatz bekannt, welcher die Determinanten des umweltbewussten Kaufverhaltens in ihrer Vielfalt, in ihrer Intensität und ihren Wechselwirkungen zu erfassen vermag.[386] Bestehende empirische Studien untersuchen bloss einzelne Determinanten dieser Zusammenhänge. Die umfassendste Annäherung an den Begriff des umweltbewussten Kaufverhaltens bildet möglicherweise eine Zusammenstellung der verschiedenen Determinanten in einer Heuristik.

Das *"Stimulus-Organismus-Reaktions-Modell"* (im folgenden: "S-O-R-Modell") bietet einen solchen Bezugsrahmen zur Analyse und Erklärung des umweltbewussten Konsumentenverhaltens. Das "S-O-R-Modell" erklärt das Konsumentenverhalten (R) als Resultat des Zusammenwirkens von exogenen, beobachtbaren (S) und endogenen, verborgenen (O) Einflussfaktoren. Bei den *exogenen Determinanten* lassen sich produktbezogene (Preis, Ästhetik, Qualität), situationsbezogene (Verfügbarkeit, Präsentation des Angebotes, Produkthinweise), demographische (Alter, Geschlecht, Einkommen) oder umweltbezogene Determinanten (Gesetze, technischer Fortschritt, soziales Wertesystem) unterscheiden. Bei den *endogenen Einflussfaktoren* sind zum einen kognitive (Wissen, Lernen: steuern das Verhalten willentlich), zum anderen affektive Prozesse (Einstellungen, Motive: beeinflussen das Verhalten implizit) wirksam.[387] Hinzu kommen weitere Determinanten wie die persönliche Betroffenheit (z.B. Lebensmittelallergien oder Ozonsymptome), die wahrgenommene Eigenverantwortlichkeit (Einschätzung der Relevanz des eigenen Verhaltens) oder die direkte Konfrontation mit Umweltproblemen (Waldsterben, Smog usw.).

Inwieweit lassen sich diese Determinanten von den Unternehmen beeinflussen? Während sich situations- und produktbezogene Determinanten direkt verändern lassen (Produktion und Bereitstellen des ökologischen Angebotes, Kommunikationspolitik usw.),[388] sind die umweltbezogenen Determinanten allenfalls indirekt und langfristig

---

386 " (...) die lang währende Hoffnung vieler Forscher, die 'richtige' Theorie zu finden und damit Einstellungs- und Verhaltensänderungen vorhersagen zu können, konnte bis heute nicht erfüllt werden." Kesselmann 1997, S. 13.

387 Diese Auflistung erhebt keinen Anspruch auf Vollständigkeit und impliziert keine Rangfolge bzgl. Einflusskraft auf das umweltorientierte Konsumentenverhalten. Vgl. Tiebler 1992, S. 186 oder auch Meffert/Kirchgeorg 1993, S. 96.

388 Präferenzen und Einstellungen sind nicht stabil, wie dies die rationale Entscheidungstheorie impliziert. Untersuchungen zeigen, dass Präferenzen häufig erst in konkreten Situationen entstehen. Dies ist z.B. dann der Fall, wenn dem Konsumenten im Laden ein neues Produkt präsentiert wird

mitgestaltbar.[389] Die demographischen Faktoren lassen sich hingegen nicht beeinflussen.[390] Die Wirkungen von Einflussnahmen auf die endogenen Faktoren ist schwer abzuschätzen, da diese nicht direkt beobacht- oder messbar sind.

Eine Massnahme zur Generierung einer umweltbewussteren Nachfrage besteht in der Verbesserung der *Wissensbasis* der Konsumenten (Aufklärung über ökologische Zusammenhänge generell sowie über die Folgen des Konsums konkret). Basiswissen bildet die Voraussetzung für die intensivere Beschäftigung mit Fragen im Zusammenhang mit dem Thema Umweltschutz sowie für die Bereitschaft, sich mit dem eigenen Kaufverhalten kritisch auseinanderzusetzen. Kesselmann hält fest, dass es allerdings mehr als einer rein kognitiven Überzeugung bedarf, wenn sich das Konsumentenverhalten nachhaltig verändern soll und verweist auf die Bedeutung emotionaler Komponenten bei der Beurteilung der Umweltschädlichkeit von Produkten. Ein umweltbewussteres Verhalten hängt folglich stark von den *Gefühlen* ab.[391] Doch "eine Beeinflussungsstrategie, die auf einer Änderung der Gefühle beruht, erscheint gleichermassen erfolgversprechend wie schwierig. Schwierig vor allem deshalb, weil es diverse Coping-Strategien verhindern, Gefühle zu induzieren oder abzubauen. Erfolgversprechend kann eine Beeinflussung der Emotionen sein, weil positive Gefühle (...) als verdichtete Information das zukünftige Handeln mitbestimmen."[392] Auf der Gefühlsebene entsteht die Bereitschaft, sich mit Informationen auseinanderzusetzen sowie die Motivation, ökologische Handlungsmöglichkeiten zu nutzen.[393] Emotionen tragen dazu bei, latente Einstellungen und latentes Wissen zu aktivieren. Dies erhöht die Chance, dass diese Einstellungen entsprechend Einfluss auf das Kaufverhalten nehmen.[394]

---

und dies sogleich zu einer neuen Bewertung der zur Auswahl stehenden Alternativen führt. Situative Faktoren prägen Kaufentscheidungsprozesse folglich mit. Vgl. zu diesen Zusammenhängen Arnold/Tanner/Wölfing Kast 1999, S. 6 f.

389 Vgl. zur "Dualität der Struktur" Schneidewind 1998.

390 Weswegen sie im folgenden auch ausser Acht gelassen werden. Dies ist nicht gravierend, verlieren doch die demographischen Faktoren zur Unterscheidung des umweltorientierten Kaufverhaltens zunehmend an Bedeutung. Vgl. hierzu Meffert/Bruhn 1996, S. 643.

391 Kesselmann weist dem affektiven Bestandteil der Einstellung einen grossen Stellenwert bei, weil Umweltschäden das Leben gefährden und daher ein emotional geladenes Thema sind. Vgl. Kesselmann 1997, S. 50.

392 Kesselmann 1997, S. 97. Mit "Coping-Strategien" versucht der Mensch, negative Gefühle zu meistern. Vgl. zu einem Überblick Kesselmann 1997, S. 94. Meffert/Bruhn zeigen, dass sich von 1977 bis 1994 sowohl das Umweltwissen, die ökologische Einstellung als auch das ökologische Verhalten verstärkt haben. Vgl. Meffert/Bruhn 1996, S. 635 ff.

393 Vgl. Tanner/Wölfing Kast/Arnold 1999, S. 49.

Ergebnisse zu den Bestimmungsfaktoren der Nachfrage bei Lebensmitteln

Die Schweizer Lebensmittelkonsumenten verhalten sich in ihren Kaufentscheidungen zunehmend anspruchsvoll und *qualitätsbewusst*. Skandale in der Lebensmittelproduktion fördern diese Qualitätsorientierung.[395] Da sich die Wahl der Lebensmittel direkt auf die eigene Gesundheit auswirkt, ist seitens der Konsumenten eine hohe persönliche Betroffenheit und ein Interesse an der Qualität der Lebensmittel gegeben.

Eine breit angelegte Studie stützt diese Einschätzung. In einer Cluster-Analyse zur "KonsumentInnen-Typologie im Biomarkt" wurden vier Gruppen herausgebildet, die sich in ihren Einstellungen und Werthaltungen gegenüber biologisch produzierten Nahrungsmitteln grundlegend unterscheiden.[396] Demnach können mit Bio-Lebensmitteln die "Fans" (13%) sowie die "Ernährungsbewussten" (36%) angesprochen werden (total 50%). Über 50% der Befragten geben an, einen Mehrpreis bei Bio-Produkten zu akzeptieren. Einzig die Gruppe der "Ablehnenden" ist nicht bereit, für biologische Lebensmittel einen Mehrpreis zu bezahlen (47%).[397]

Mit "Bio-Lebensmittel" assoziieren die befragten Konsumenten folgende *Vorzüge:* qualitativ hochwertig (Geschmack, Genuss), sicher (rückstandfrei, gesund), naturbelassen (ohne Zusätze), umwelt- und naturschonend hergestellt sowie aus einheimischer Landwirtschaft stammend.[398] Dass Bio-Produkte naturbelassen und umweltschonend hergestellt werden, wurde bereits erläutert. Doch sind Bio-Produkte in Bezug auf die Nutzenkomponenten "Geschmack" oder "Gesundheit" tatsächlich qualitativ hochwertiger als konventionelle und IP-Produkte? Rechtfertigen sie einen Mehrpreis von durchschnittlich 20-30%? In der folgenden Textbox wird verdeutlicht, wie vielschichtig der Qualitätsbegriff im Zusammenhang mit Lebensmitteln ist.

---

394 Vgl. Wölfing Kast/Tanner/Arnold 1999, S. 27.

395 "Der Lebensmittelhandel sieht sich heute einer aufmerksamen und kritischen Kundschaft gegenüber, die aufgeweckt durch mehrere Lebensmittelskandale (...) im täglichen Umgang mit der Lebensgrundlage Nahrung wieder bewusster geworden ist." Klement 1998, S. 1.

396 ZVSM 1995, S. 18 ff.

397 Weiteres Potential liegt zudem bei den "Indifferenten" (32%). Bio-Produkten gegenüber ablehnend äussern sich bloss 19%. Vgl. ZVSM 1995, S. 23. Die Studie gibt allerdings keine Auskunft darüber, wieviel der Mehrpreis der Bio-Lebensmittel aus Sicht der Konsumenten im Vergleich zu den konventionellen Lebensmitteln maximal betragen darf.

398 Vgl. ZVSM 1995, S. 19 f.

Zur Qualität von Lebensmitteln

Jede Branchenstufe versteht unter der "Qualität von Lebensmitteln" etwas anderes. So assoziiert die Stufe der *Lebensmittelindustrie* mit der Qualität von zum Beispiel Obst und Gemüse Begriffe wie Verarbeitungs-, Lager- und Transporteigenschaften. Der *Landwirt* baut Produkte an, die hohe Erträge liefern (d.h. geringe Ernteverluste und eine hohe Resistenz gegenüber Krankheiten aufweisen). Den *Handel* schliesslich interessieren Eigenschaften wie die Grösse und das Aussehen der Frucht, die Haltbarkeit oder die Saisonalität von Obst und Gemüse. Unter Berücksichtigung der beschriebenen Merkmale kann ein biologisches Produkt folglich nicht als qualitativ hochwertig bezeichnet werden. Denn unbehandelte Bio-Produkte weisen eine höhere Krankheits- und Witterungsanfälligkeit auf, womit für die Landwirtschaft grössere Ernteverluste verbunden sind. Weiter sind Bio-Produkte anfälliger gegenüber Pilzen und anderen Lagerkrankheiten, wodurch sie für die Lebensmittelindustrie uninteressanter werden. Durch ihre Naturbelassenheit sind Bio-Produkte zudem oft unästhetisch (z.B. braune Apfelhaut nach Regenfällen), was sich auf die Verkaufszahlen im Handel negativ auswirkt. Aus Sicht der genannten Marktakteure ist man geneigt, Bio-Lebensmittel als *qualitativ minderwertig* zu bezeichnen. Die Qualitätsmerkmale, die bei diesen Akteuren zur Beurteilung des Produktes herbei gezogen werden, sind in der Regel quantitativ-messbar (z.B. Grösse) oder äusserlich einschätzbar (z.B. Ästhetik). Diese *äusseren Qualitätskriterien* geben jedoch keinen Aufschluss über den Gehalt an Nähr- und Mineralstoffen, Vitaminen oder Schadstoffen in der Frucht.

Das Ernährungs- und Einkaufsverhalten der Konsumenten wird jedoch immer weniger durch quantitative, sondern zusehends durch qualitative, innere Merkmale determiniert. Dies bedeutet, dass *Gesundheits- und Genussaspekte* beim Lebensmittelkonsum an Bedeutung gewinnen. Dass Bio-Produkte durch den Verzicht auf chemisch-synthetische Dünge- und Spritzmittel auf der Anbaustufe weniger Schadstoffe aufweisen als konventionelle Produkte, ist naheliegend. Bei biologischen Früchten werden zudem höhere Nährstoffkonzentrationen gemessen.[399]

[399] Vgl. Vulic 1998, S. 36. Diese Qualitätssteigerung ist auf die längere Behangdauer der Früchte zurück zu führen.

Weiter bestätigen Blindtests, dass naturnah angebaute Lebensmittel besser schmecken als konventionelle Produkte.[400] Zwischen dem Geschmack und der ernährungsphysiologischen Qualität von Obst und Gemüse scheint eine hohe positive Korrelation zu bestehen.[401]

Es lässt sich festhalten, dass eine Qualitätsabschätzung von Bio-Produkten aufgrund *äusserer Eigenschaften* gegen biologische Produkte spricht. Aus Sicht der den Konsumenten zunehmend interessierenden *inneren Qualitätseigenschaften* ist Bio-Produkten jedoch der Vorzug zu geben (gesünder, schmackhafter, sicherer). Die Assoziation "Bio = Qualität" wird denn auch von einer Mehrheit der Konsumenten gestützt.[402]

Der *Preis*, der insbesondere in hart umkämpften Märkten ein wichtiges Marketinginstrument darstellt, vermag hingegen das Nachfrageverhalten von Lebensmitteln immer weniger zu erklären.[403] In einer Univox-Studie zeigt sich, dass der Preis wohl ein wichtiger, aber nicht der dominante Kaufentscheidungsparameter ist. Nicht-ökonomische Faktoren wie Gesundheit, Umwelt und Geschmack gewinnen hingegen an Bedeutung.[404] Dies kann zum einen als Ausdruck eines Wertewandels in Richtung einer kritischen, verantwortungsvollen Konsumweise verstanden werden. Zum anderen mag für die abnehmende Bedeutung des Preises der sinkende Anteil, den Lebensmittel an den Gesamtausgaben des Haushaltsbudgets einnehmen, ein Grund sein.[405]

---

400 An einem Test, bei dem knapp 500 Personen teilnahmen, haben 77% der Testpersonen biologisch angebaute Apfelproben als schmackhafter bezeichnet. Vgl. Velimirov/Plochberger 1995, S. 5. Ebenfalls höhere Werte für Bio-Produkte wies eine Degustation von Coop aus. Vgl. Coop 1998, S. 12.

401 "Auch aus ernährungsphysiologischer Sicht ist der Geschmackswert von Bedeutung, da einerseits Appetitentwicklung und Aufnahmebereitschaft in hohem Masse davon abhängen und andererseits ein positiver Zusammenhang besteht zwischen der Schmackhaftigkeit und dem Gehalt an wertgebenden Inhaltsstoffen. Es steigt also mit dem Wohlgeschmack auch der ernährungsphysiologische Wert." Velimirov/Plochberger 1995, S. 6.

402 Vgl. bspw. GfS 1996, S. III, Kesseler/Kutsch/Köpke 1994, S. 54 (auch in Bezug auf den Geschmack) oder Jung 1998, S. 111.

403 Die Höhe des Preises ist nicht für alle Produkte gleich bedeutend. Während sich z.B. Frischfleischprodukte als preissensibel herausstellen, achtet bei Obst und Gemüse lediglich etwa ein Fünftel der befragten Konsumenten auf den Preis. Vgl. Hochreutener 1997, S. 14.

404 Vgl. GfS 1996.

405 Vgl. zu diesen Zusammenhängen näher Kap. 2.

Angesprochen, worauf der Konsument beim Kauf von Obst und Gemüse achtet, wurden in der genannten Univox-Studie qualitative Produkteigenschaften wie "schön, reif, Geschmack" am häufigsten angegeben (67%). Am zweithäufigsten nennen die Befragten den Preis (48%) vor der Saisongerechtigkeit der Produkte (39%), Aktionen (26%), inländische (26%) sowie naturnahe Produktion (19%) (vgl. Abb. 29).[406]

Kriterium	Anteil Nennungen
schön, reif, Geschmack	67 %
Preis	48 %
saisongerecht	39 %
aus inländischer Produktion	26 %
Aktionen	26 %
aus naturnaher Produktion	19 %

Abb. 29: Kriterien beim Lebensmitteleinkauf (Beispiel Obst und Gemüse) (n=699) Quelle: GfS 1996, S. 4

406 Nicht befragt wurde in dieser Umfrage die Bedeutung der inneren Eigenschaften (Inhaltsstoffe, Vitamine, Nitratgehalt usw.). Dieselbe Präferenzordnung ergab eine analoge Befragung beim Kauf von Fleisch. Hier erhielten die Kriterien "schönes Fleischstück" und "Geschmack" höhere Nennungen (51%) als der "Preis" (40%). Die tiergerechte Haltung wurde mit 31% am drittmeisten genannt. Vgl. GfS 1996, S. 5.

Zwischenfazit

Die Konsumenten zeigen sich beim Kauf von Lebensmitteln - aufgeschreckt durch zahlreiche Lebensmittelskandale - zusehendes qualitäts- und markenbewusst.[407] Die Bedeutung des Faktors "Preis" verliert hingegen an Bedeutung. So kennt die Mehrheit der Konsumenten die Preise von Lebensmittel nicht und achtet beim Einkauf auch nicht in erster Linie auf diese. Dies verspricht für die Bio-Lebensmittel insofern steigende Absatzzahlen, als diese von den Konsumenten - aufgrund ihrer inneren Eigenschaften zurecht - mit einer höheren Qualität gleichgesetzt werden. Zudem scheinen der Faktor Zeit/Bequemlichkeit ("Convenience-Produkte") sowie nicht-ökonomische Aspekte (wie Ethik in der Tierhaltung, Fair-Trade- und Umweltschutzfragen) an Bedeutung zu gewinnen. Für diese Kriterien sind immer mehr Lebensmittelkonsumenten bereit, einen gewissen Mehrpreis zu akzeptieren. Kann diese "indirekt" abgeleitete positive Prognose durch "direkte" Umfrageergebnisse zum Kaufverhalten bei ökologischen Produkten bestätigt werden?

Ökologisches Kaufverhalten und Konsumententypologien

Im folgenden werden verschiedene Studien zum umweltbewussten Kaufverhalten mit ihren Kernaussagen in einem tabellarischen Überblick dargestellt. Anschliessend werden zentrale Aussagen zusammengefasst und erste strategische Implikationen abgeleitet. Den ausgewählten Studien ist gemeinsam, dass die Konsumenten zunächst drei Segmenten zugeordnet werden. Anschliessend werden diese in den Studien bzgl. ihres Kaufverhaltens untersucht (vgl. Abb. 30).

---

407 Vgl. hierzu die Studie von Domeyer/Pfister 1997.

Autoren	Jahr	Segmentierung	Kernaussage	Implikationen
Spieker	1988	Intensivkäufer mittlere Käufer Gelegenheitskäufer	Bei Intensivkäufern stehen innere Qualitätsaspekte im Vordergrund; bei trägeren Konsumenten steigt die Bedeutung des Preises.	Eine Nachfrageausweitung insbesondere auf die Nichtkäufer hat über ökonomische Faktoren zu erfolgen.
Monhemius	1993	Extensivkäufer Divergenztyp Gewohnheitskäufer	Finanzielle und individualisierbare Argumente gewinnen bei trägeren Konsumenten an Bedeutung.	Mit Preissenkungen werden trägere Segmente hinzugewonnen.
Kesseler/ Kutsch/Köpke	1994	Intensivkäufer mittlere Käufer Gelegenheitskäufer	Mit der Kaufdauer steigt die Intensität der Nachfrage nach Bio-Produkten. Durch das Angebot im Grossverteiler wird ein Mehrkonsum generiert.	Mit zunehmender Produkterfahrung steigt der Anteil der "Stammkunden" - die Zeit arbeitet für die Ausbreitung der Bio-Programme. "Goliaths" sprechen neue Kunden an.
IHA-GfM	1995	ökologisch Orientierte Indifferente nicht ökologisch Orientierte	Die nicht ökologisch orientierten Konsumenten sind nicht bereit, Opfer auf sich zu nehmen (z.B. höherer Preis).	Aussage entspricht der sog. "low-cost-These".
Meffert/Bruhn	1996	Umweltaktive "Spezialisten" Umweltpassive	Das Segment der umweltaktiven nimmt zu, das der umweltpassiven ab.	Produkte ökologisch ausrichten bringt Wettbewerbsvorteile.
Bänsch/Seydel	1998	Umweltaktive Umweltaktivierbare Umweltignoranten	Ökologische Produkte werden gekauft, wenn ihr Nutzen-/Kostenverhältnis besser ist als bei konventionellen.	Öko-Marketing-Mix ist dem Produktlebenszyklus anzupassen.
Jung	1998	Ökokäufer Gelegenheitskäufer Nichtkäufer	Träges Umweltverhalten der Nichtkäufern ist bei Bio- Produkten auf Informationsprobleme, schlechte Erhältlichkeit und hohe Preise zurückzuführen.	Zur Gewinnung der Nichtkäufer sind eindeutige Kennzeichnungen, das Angebot im Supermarkt sowie Preissenkungen erforderlich.

Abb. 30: Übersicht über Studien zum umweltbewussten Konsumentenverhalten

Bemerkungen zur Tabelle

Zur Verteilung und Entwicklung der Segmente: Die Studien zeigen, dass das Segment der umweltpassiven Konsumenten abnimmt, während die beiden anderen, (zumindest teilweise) umweltaktiven Segmente im Zeitablauf an Bedeutung gewinnen. Dies bedeutet zum einen, dass mit der voranschreitenden Diffusion *neue Käufer* zum "Bio-Segment" hinzu stossen und zum anderen, dass sich mit der steigenden Produkterfahrung die *Kaufintensität* in den Segmenten (oder pro Bio-Käufer) *erhöht*. Das grösste Segment wird von Konsumenten mit einer "mittleren" Kaufintensität gebildet. Folglich liegt hier das grösste Potential zur Erhöhung der Ausbreitung biologischer Produkte.[408]

Zu den Kaufmotiven in den Segmenten: Für die erste Gruppe der umweltaktiven Konsumenten ist die *Umweltfreundlichkeit* der Produkte ein wichtiges Kaufmotiv. Hierfür sind diese auch bereit, einen Aufpreis zu bezahlen. Nebst dem *Gesundheitsmotiv* wird von den Öko-Käufern der bessere *Geschmack* biologischer Lebensmittel als wichtiger Kaufgrund genannt. Diese Aspekte gewinnen mit steigender Produkterfahrung an Bedeutung.[409] Das mittlere Segment weist bzgl. den Eigenschaften Preis, Umweltschutz, Gesundheit oder Qualität keine eindeutige Präferenzordnung auf. Tendenziell gewinnen beim diesem jedoch *individualisierbare Nutzenkomponenten* an Bedeutung. Umweltpassive Konsumenten verbinden mit dem Attribut "ökologisch" negative Assoziationen und sind nicht bereit, beim Kauf von Lebensmitteln Opfer einzugehen und für Bio-Lebensmittel einen höheren Preis zu bezahlen.[410] Eine Nachfrageausweitung biologischer Produkte auf dieses Segment hat folglich in erster Linie über die ökonomische Dimension (und weniger die Betonung von ökologischen oder gesundheitlichen Zusatznutzen) zu erfolgen, indem das Angebot den konventionellen Lebensmitteln in Bezug auf a) die Preise, b) die Verfügbarkeit (Ubiquität) und c) die Sortimentsbreite (Differenzierungsgrad) angeglichen wird ("low-cost-These").[411] Aus dieser Abfolge der bei verschiedenen Segmenten (zu unterschiedlichen Lebenszyklusphasen) dominanten Nutzenkomponente lässt sich der "Nutzenzyklus" abbilden (vgl. Abb. 31).[412]

---

408 Vgl. hierzu die Studie von Meffert/Bruhn 1996 oder Kessler/Kutsch/Köpke 1994.

409 Vgl. hierzu die Studie von Jung 1998.

410 Vgl. hierzu bspw. die Studie von IHA-GfM 1995 oder Spieker 1988. Übereinstimmend auch Tanner et al. 1998, S. 50: D.h., dass jemand, "der meint auf den Preis achten zu müssen, ökologische Gesichtspunkte fallen lassen wird."

411 Vgl. hierzu bspw. Spieker 1988 oder Kessler/Kutsch/Köpke 1994.

412 Der im Verlaufe des Zyklusses (oder der Zeit) steigende Anspruch an die "Bequemlichkeit" oder "Convenience" auch im Bereich der Lebensmittelzubereitung und -konsumation wurde im Nut-

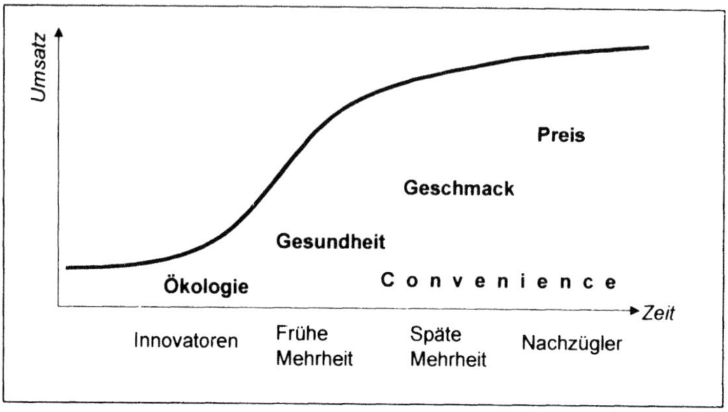

Abb. 31: Nutzenzyklus

Zum Zusammenhang von Wissen und Kaufintensität: Mit steigender Produkterfahrung steigt auch das Interesse und das Wissen um die Zusammenhänge zwischen der Lebensmittelproduktion sowie dem ökologischen und gesundheitlichen Zusatznutzen. Aufgrund der Einsicht in diese Zusammenhänge wird der Mehrpreis von den Intensivkäufern akzeptiert. Die *positive Korrelation zwischen Wissen und Kaufintensität* impliziert, dass die Kaufintensität der Mehrheit der Gelegenheitskäufer durch eine entsprechende Kommunikationspolitik (Informationsvermittlung, Aufklärungskampagnen, Werbung) gesteigert werden kann.[413] Dieses latente Erschliessungspotential wird durch ein Umfrageergebnis bestätigt, wonach die Gelegenheitskäufer den höchsten Informationsbedarf bekunden (die Öko-Käufer fühlen sich bereits gut informiert und die Nichtkäufer sind nicht interessiert). Dass die Umweltpassiven auch im Bereich der Informationsbeschaffung ein passiveres Verhalten zeigen, verweist darauf, dass die *emotionale Einflussnahme* bei diesem Segment von hoher Bedeutung ist.[414]

---

zenzyklus als "Querschnittspräferenz" zugeordnet. Es lässt sich beobachten, dass sich das Convenience-Motiv zunehmend zu einem phasenübergreifenden Konsummotiv entwickelt, welches für - mit Ausnahme des ersten Segmentes - sämtliche Käuferschichten an Bedeutung gewinnt.

413 Coop bietet auf der Homepage eine Ernährungsberatung an. Vgl. http://www.coop.ch.

414 Ein weiterer Hinweis für diese Annahme liefern Befragungsergebnisse von Arnold/Tanner/Wölfing Kast, die bestätigen, dass sich die umweltaktiven Konsumenten ("Musterökologen") durch

Zum Angebot im Grossverteiler: Das Angebot im Supermarkt oder im Grossverteiler generiert einen "doppelten Mehrkonsum" von Bio-Lebensmitteln: Zum einen werden neue Konsumentensegmente angesprochen. Zum anderen wird durch das Angebot im Grossverteiler die Kaufintensität der bereits umweltaktiven Konsumenten gesteigert. Die Bevorzugung des Lebensmitteleinzelhandels gegenüber den Bio-Läden wird mit folgenden Vorteilen begründet: es muss nur ein Geschäft aufgesucht werden ("bequemer", "spart Einkaufswege", "liegt näher", "spart Zeit"), die Preise sind tiefer und das Angebot ist grösser (Bestätigung der "low-cost-These") (vgl. Abb. 32).[415]

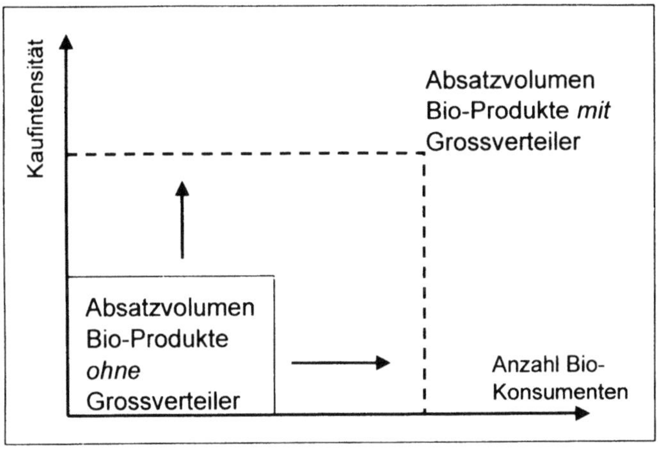

Abb. 32: Ausweitung des Absatzvolumens von Bio-Produkten durch das Angebot im Grossverteiler

---

situative Bedingungen weniger deutlich beeinflussen lassen und sich in einem höheren Umfang von ihrer Wissensbasis leiten lassen. Vgl. Arnold/Tanner/Wölfing Kast 1999, S. 36 und S. 34.

415 Vgl. hierzu bspw. Kessler/Kutsch/Köpke oder Jung 1998.

"Barrierenanalyse"

Komplementär zur "positiven Herangehensweise" (Analyse der Bestimmungs- oder Einflussfaktoren der Nachfrage nach ökologischen Lebensmitteln) ist der Ansatz der "Barrierenanalyse". Bei dieser "negativen analytischen Herangehensweise" wird auf empirischem oder theoretischem Wege nach *"Nichtkauf-Gründen"* ökologischer oder biologischer Produkte geforscht, um in einem nächsten Schritt nach Möglichkeiten zu deren Überwindung zu suchen.[416]

Das *empirische Vorgehen* wählte etwa Bänsch.[417] Ausgehend von der Beobachtung, dass sich der Übergang von herkömmlichen auf umweltfreundliche Konsumgüter nur zögerlich vollzieht, führt er auf Basis empirischer Erhebungen folgende acht Gründe an, die (Nicht-) Käufer vom Kauf umweltfreundlicher Produkte abhalten:[418]

- Die *"höheren Preise"* umweltfreundlicher Produkte sind "ein sehr wesentlicher, wenn nicht gar der wesentlichste Grund für den Nichtkauf dieser Produkte".
- Von anderen Käufern wurde der *"geringe Angebotsgrad"* als häufigster Nichtkauf-Grund genannt.
- Drei Viertel der Befragten gaben die *"Macht der Gewohnheit"* als Grund an.
- Ebenfalls drei Viertel nannten die *"geringere Wirksamkeit"* der Öko-Produkte.
- Ein *"Ästhetikdefizit"* wird insbesondere beim Bio-Obst und -Gemüse bemängelt.
- Die Atmosphäre von Öko-Szene-Läden wurde zuweilen als "schmuddelig" bezeichnet (*"Imagebelastung"*), wodurch ein negativer Imagetransfer vom Einkaufsumfeld auf die Produkte zu verzeichnen ist.[419]
- Die häufige Nennung der *"Echtheitszweifel"* verweist weiter auf Zweifel zur Echtheit der Produktkennzeichnungen.
- Der Nichtkauf-Grund *"Irrelevanzeindruck"* (betreffend der Wirkung des eigenen Konsumverhaltens) folgt mit deutlichem Abstand.

---

[416] Zu den "Barrieren" vgl. auch Jung S. 14 ff. sowie Meffert/Kirchgeorg 1992, S. 92 ff.
[417] Vgl. Bänsch 1990, S. 360-379.
[418] Vgl. hierzu und zum folgenden Bänsch 1990, S. 363 ff.
[419] Vgl. hierzu die Textbox in Kap. 6.

Bänsch hält fest, dass damit zu rechnen sei, dass der Nichtkauf von ökologischen Produkten nicht auf einen Grund allein zurück zu führen ist. Vielmehr bauen sich verschiedene Gründe gegenseitig zu einer Sperre auf. Hieraus leitet Bänsch den Bedarf eines kombinierten Einsatzes von Marketingsmassnahmen seitens der Anbieter ab.

Spieker ermittelte in einer früheren Umfrage ähnliche Resultate. Er hält fest, dass *ökonomische Nachteile* die qualitativen Vorzüge von Bio-Produkten noch zu überlagern scheinen. Eine Nachfrageausweitung ökologischer Produktangebote sind daher über eine Angleichung an das konventionelle Angebot in Bezug auf die Preise, die Verfügbarkeit sowie die Sortimentsbreite anzustreben. Weitere Kaufbarrieren sind eine Schwellenangst, ein verschwommenes Image von Bio-Produkten oder die fehlende Markt- oder Markentransparenz.[420]

In einer neueren empirischen Untersuchung von *Jung* geben die "Nichtkäufer" von biologischen Lebensmitteln als wichtigsten Nichtkauf-Grund neben der schlechten Erhältlichkeit (78%) den *Mangel an Informationen* (über die Produkte und deren Herstellung) an (61%) - noch vor den zu hohen Preisen (59%).[421] Weiter von Belang sind die Zweifel an der Umweltfreundlichkeit der Produkte. Die Argumente "mangelhaftes Aussehen", "Atmosphäre im Bioladen" sowie "fehlendes Interesse" verloren im Vergleich zu den früheren Studien weiter an Bedeutung und nehmen Ende der 90er Jahre eine untergeordnete Stellung ein (je unter 10%). Jung resümiert, dass die beiden Argumente "zu hohe Preise" sowie "schlechte Erhältlichkeit" nach wie vor hohe Barrieren für die Nichtkäufer darstellen, dass diese jedoch um den *Informationsaspekt* (Mangel an Informationen, Vertrauensdefizit) zu erweitern seien.[422]

Mit dieser Folgerung schlägt Jung die Brücke zur *Informationsökonomie*, deren Vertreter sich den Nicht-Kaufgründen ökologischer Produkte anhand eines *theoretischen Ansatzes* nähern. Die Informationsökonomie setzt an den spezifischen Eigenschaften ökologischer Produkte sowie den Unvollkommenheiten ökologischer Märkte an.[423] Demzufolge unterliegen ökologische Produkte einem *Anreiz-* und einem *Informationsdilemma*. Auf diese "Dilemmata des ökologieorientierten Marketing" wird die Diskrepanz zwischen Umweltbewusstsein und -verhalten zurückgeführt.[424]

---

420 Vgl. Spieker 1988, S. 103 f.
421 Vgl. hierzu Jung 1998.
422 Vgl. Jung 1998, S. 114 ff.
423 Vgl. hierzu Kaas 1992 und 1994 sowie Hüser 1996.
424 Kaas 1994, S. 99.

Das *Anreizdilemma* beruht auf dem Umstand, dass Umweltschutz selten zum Nulltarif zu erhalten ist und ökologische Produkte - im Vergleich zu Substituten - daher oft teurer sind. Während die höheren Preise ökologischer Produkte vom Konsument zu berappen sind, fällt der Nutzen dieses Mehrpreises jedoch der Allgemeinheit zu. Denn die Umwelt, welche durch den Kauf ökologischer Produkte entlastet wird, ist ein kollektives Gut, von dessen Nutzung niemand ausgeschlossen werden kann.[425]

Weiter sind die Umweltentlastungseffekte, welche mit dem Kauf eines ökologischen anstelle eines konventionellen Produktes erzielt werden, marginal und weder sicht- noch spürbar. Ein umweltorientiertes Konsumverhalten bringt dem einzelnen Käufer folglich kaum greifbare Vorteile.

Biologische Lebensmittel bilden in dieser Analyse eine Ausnahme, da sie im Vergleich zu konventionellen Substituten als gesünder (weniger Schadstoffe, höhere Nährwerte) und schmackhafter gelten. Folglich sind bei ökologischen Lebensmitteln internalisierbare Nutzenkomponenten gegeben, wodurch das Anreizdilemma entschärft wird. Der Umstand, dass biologische Lebensmittel sich erst in Ansätzen in Richtung Massenmarkt ausbreiten, muss der Informationsökonomie zufolge auf *Informationsprobleme* zurück zu führen sein.[426]

Das *Informationsdilemma* bildet sich aufgrund struktureller Transparenz- und Glaubwürdigkeitsprobleme, welche Märkten mit ökologischen Produkten anhaften. Das *Glaubwürdigkeitsproblem* erwächst daraus, dass ökologische Produkte die Eigenschaften eines Vertrauensgutes besitzen.[427] Das bedeutet, dass die Konsumenten die vorausgesetzten Eigenschaften umweltfreundlicher Produkte nicht oder nur unter prohibitiv hohen Kosten nachprüfen können. Damit wird es dem Konsumenten erschwert, die seriösen Anbieter von den opportunistischen zu unterscheiden - sie haben den Angaben und Werbebotschaften der Anbieter "blind" zu vertrauen.[428] Die kritischen Innovatoren, die im Diffusionsprozess zudem die Rolle der Meinungsführer übernehmen

---

425 Vgl. hierzu Kaas 1994, S. 100.

426 Wie dies Jung in seiner Studie auch nachzuweisen gelang. Vgl. Jung 1998, S. 116.

427 In der Informationsökonomie werden die Produkteigenschaften nach dem Kriterium der Überprüfbarkeit in Such-, Erfahrungs- und Vertrauenseigenschaften unterteilt. Sucheigenschaften (z.B. die Farbe des Gutes) kann der Kunde noch vor dem Kauf problemlos in Erfahrung bringen. Erfahrungseigenschaften (z.B. Qualität des Gutes) lassen sich durch Ausprobieren überprüfen. Vertrauenseigenschaften (z.B. ökologische Anbauweise von Bio-Lebensmitteln) sind vom Konsumenten hingegen kaum überprüfbar. Vgl. hierzu Nelson 1970, S. 312, Nelson 1974, S. 730 sowie Darby/Karni 1973, S. 68.

428 Vgl. Kaas 1994, S. 101.

sollten, verhalten sich in Situationen asymmetrischer Information gegenüber Anbieterangaben besonders misstrauisch, was sich in einer Kaufverweigerung ausdrücken kann. Das Glaubwürdigkeitsproblem wirkt sich auf die Ausbreitung eines ökologischen Produktes daher folgenschwer aus. Denn bei einem Ausbleiben der Öko-Innovatoren-Käufe wird die Meinungsführerrolle nicht besetzt, weshalb die *Eigendynamik* des Diffusionsprozesses *nicht generiert* wird.

Das *Transparenzproblem* wiederum ist auf die vielfältigen Umweltwirkungen eines Produktes zurückzuführen. Als Folge der komplexen Ursache-Wirkungs-Beziehungen im Bereich der Ökologie, kann dem Konsumenten nur schwer vermittelt werden, welche positiven Effekte er durch ein verändertes Konsumverhalten erzielt.[429] Die daraus resultierende Unsicherheit auf der Nachfrageseite wirkt sich auf die Ausbreitung ökologischer Produkte ebenfalls hemmend aus. Da Öko-Innovatoren i.d.R. gut informierte Gesellschaftsmitglieder sind, hat das Transparenzproblem - und die damit einhergehenden Unsicherheitsgefühle - insbesondere bei trägeren Öko-Imitatoren Auswirkungen, was den *Übergang* von der Öko-Nische zum ökologischen Massenmarkt behindert.[430]

Es lässt sich festhalten, dass auf dem Markt biologischer Lebensmittel insbesondere das *Informationsdilemma* dafür verantwortlich ist, dass bei den Konsumenten eine Unsicherheit entsteht, welche ein umweltgerechteres Kaufverhalten verhindert und hohe Barrieren errichten kann für:

a) die *Generierung* der *Eigendynamik* im Diffusionsprozess (Glaubwürdigkeitsproblem) sowie

b) die erfolgreiche *Ausbreitung* eines ökologischen Produktes in den ökologischen *Massenmarkt hinein* (Transparenzproblem).

Das Informationsdilemma wird zudem von einer (ebenfalls auf diese Zusammenhänge zurückzuführenden) *kostenbezogenen Barriere* überlagert: Müssen ökologische Produkte von den Nachfragern aufgrund von intransparenten Marktverhältnissen (oder der schlechten Erhältlichkeit) gesucht werden, oder sind gewisse Produkteigenschaften nur

---

429 Vgl. hierzu Kaas 1994, S. 99 f.

430 Hinzu kommt die verwirrende Situation bei den Produktkennzeichnungen, welche die Konsumenten weiter irritiert und die kaufhemmende Wirkung verstärkt. Vgl. hierzu näher die Textbox in Kap. 6.

unter prohibitiv hohen Kosten überprüfbar, erwachsen dem interessierten Konsumenten zusätzliche *(Transaktions-) Kosten.* Das dadurch relativ verteuerte ökologische Produkt wird auf dem Markt infolgedessen weniger nachgefragt. Hinzu kommen sekundäre Effekte. Aufgrund der bescheidenen Nachfrage wird das ökologische Produkt in den Sortimentsentscheiden des Handels eine zweitrangige Rolle spielen, was sich wiederum auf die Produktionsmenge negativ auswirkt. Das dadurch verhinderte Erzielen von Mengen- und Lernkurveneffekten auf der Produzentenseite ist für eine weitere relative Verteuerung ökologischer Nischengüter verantwortlich.

Ökologische Produkte weisen folglich nicht nur Informations-, sondern auch Kostenprobleme auf: Einerseits ein *Transaktionskostenproblem*, welches aus dem Informationsdilemma resultiert, andererseits ein *Marktpreisproblem*, welches - nebst den höheren Produktionskosten - auf das Ausbleiben preissenkender Erfahrungskurveneffekte zurückzuführen ist. Das "dichotome Kostenproblem" wirkt sich insbesondere auf den *Übergang* von den umweltaktiven zu den preissensibleren Massenmarktkonsumenten aus (Konsequenz: Verharren in der Öko-Nische).

Vergleich und Grenzen der beiden Ansätze

Die Ausgangssituation ist sowohl bei der "positiven" wie auch bei der "negativen analytischen Herangehensweise" dieselbe: Zwischen dem bekundeten Umweltbewusstsein und dem tatsächlichen Kaufverhalten bestehen Inkonsistenzen, welche es zu ergründen und zu überwinden gilt. Den berücksichtigten Studien beim "positiven Ansatz" ist gemeinsam, dass die Konsumenten nach Massgabe ihres Umweltbewusstseins oder der ausgewiesenen Kaufintensität in verschiedene Segmente unterteilt werden. Nach einer Analyse der Faktoren, welche die Konsumenten (allenfalls) zu einem Kauf biologischer Lebensmittel motivieren, werden die verschiedenen Segmente (resp. die Konsumenten dieser Segmente) charakterisiert. Aus der Kenntnis der Charakteristika der verschiedenen Konsumententypen werden schliesslich erste Implikationen für das unternehmerische Marketing abgeleitet. Da die empirische Untersuchung bereits umweltaktiver Konsumenten fruchtbarer ist, zielen die Empfehlungen in der Regel auf eine *Steigerung der Nachfrageintensität* bei den (zumindest teilweise bereits) *Umweltaktiven,* und weniger auf eine Aktivierung neuer, noch umweltpassiver Konsumenten ab. Dieses Defizit überwinden die Erkenntnisse der *"Barrierenanalyse"*. Nach einer empirischen oder theoretischen Untersuchung wird bei diesem Ansatz nach *"Nicht-kauf-Gründen"* biologischer Produkte geforscht. Eine Analyse dieser "Barrieren" erlaubt es, Implikationen zur Überwindung dieser Verhinderungsgründe abzuleiten, was schliesslich in der *Erschliessung neuer, trägerer, noch umweltpassiver Konsumentensegmente* münden soll.

Welches sind die *Grenzen* der verschiedenen analytischen Zugänge?

Kritikpunkt 1 "Zeitblindheit": Den erwähnten Studien ist gemeinsam, dass sie, obwohl sie implizit darauf hinweisen, der dynamischen Komponente gegenüber - zumindest auf einem Auge - blind sind. Das "sehende Auge" verweist wohl auf die Verschiebungen in oder zwischen den verschiedenen Segmenten (von den umweltpassiven weg, zu den umweltaktiven Konsumenten hin). Dennoch finden sich in den Gestaltungsempfehlungen kaum Hinweise betreffend dem "richtigen" Zeitpunkt ("Timing"), an welchem Strategien umzusetzen oder operative Massnahmen einzuleiten sind. Ein *zeitlich gestaffeltes* und *auf das relevante Segment abgestimmtes Vorgehen* ("Segment-" oder "Phasengerechtigkeit") trüge hingegen der Erkenntnis Rechnung, wonach die verschiedenen Segmente zu *unterschiedlichen Zeitpunkten* aufgrund sich *unterscheidender Kaufmotive* allenfalls bei *verschiedenen Anbietern* zu den Bio-Käufern hinzu stossen. Kenntnisse über die Präferenzen, das Kaufverhalten, die Kaufmotive, den Übernahmezeitpunkt und die Anforderungen an das biologische Produkt (Nutzenkomponente) "ihres" relevanten Segmentes bilden für die Anbieter biologischer Produkte jedoch die Grundlagen zur Ableitung strategischer Implikationen (Timing und Segment) sowie zur konkreten Ausgestaltung des Marketinginstrumentariums (z.B. segmentspezifische Kommunikation unter Betonung der relevanten Nutzenkomponente).

Kritikpunkt 2 "Orientierung": Weiter ist kritisch anzumerken, dass sich unter Beachtung der Gestaltungsempfehlungen der Studien die trägen, umweltpassiven Konsumenten kaum gewinnen lassen. Verhaltenswissenschaftlich orientierte Ansätze ("positiver analytischer Zugang") untersuchen die Eigenschaften des bereits umweltaktiven Segmentes und leiten hieraus Gestaltungsempfehlungen (zur Erhöhung der Kaufintenisät) ab. Die Inkonsistenz besteht darin, den Absatzerfolg mit ökologischen Produkten über eine optimierte Ansprache des bereits umweltaktiven Segmentes zu suchen (welches die Öko-Nische konstituiert). Konkretere Hinweise zur Erschliessung der "umweltpassiven" Konsumenten jenseits der Nische (welche zur Erreichung des Massenmarktes die Voraussetzung bilden) lassen sich kaum finden. Einer ähnlichen Inkonsistenz unterliegen die informationsökonomisch geprägten Ansätze ("negativer analytischer Zugang"). Obwohl in der Informationsökonomie von einer abgeschwächten Rationalität des Konsumenten ausgegangen wird (sog. *"bounded rationality"*), zielen die Empfehlungen zur Überwindung der Barrieren auf die *kognitive Ebene* des Konsumenten ab. Dies mag in einer frühen Phase des Lebenszyklusses zur Steigerung der Transparenz und Glaubwürdigkeit bei den kritischen Konsumenteninnovatoren (der Öko-Nische) auch notwendig sein. Die situativen oder die emotionalen Bedingungen hingegen, welche die Kaufentscheide des Massenmarkt-Konsumenten in hohem Masse determinieren,[431] finden keinen Eingang in die Analysen. Unter Befolgung von rein auf die "ratio" ausgerichteten Gestaltungsempfehlungen wird die Erschliessung trägerer Konsumentensegmente jedoch kaum zu bewerkstelligen sein.

Worin liegt die *Gestaltungskraft* der Analysen?

Für ein vermehrtes Einlösen des Umweltbewusstseins lassen sich im Zusammenhang mit der Ausbreitung biologischer Produkte die folgenden *drei zentrale Bedingungen* herausschälen:

a) *internalisierbare, persönliche Nutzenvorteile der Produkte:* Im voranschreitenden Lebenszyklus bedarf es zur Erschliessung von Konsumentensegmenten jenseits der Öko-Nische der Kommunikation internalisierbarer Nutzenkomponenten. Insbesondere die trägeren Konsumenten bestätigen in den Studien, Bio-Produkte vorwiegend aufgrund gesundheitlicher und weniger aufgrund ökologischer Vorzüge zu kaufen. Der stärkste Antrieb hierzu ist das Misstrauen gegenüber der konventionellen Landwirtschaft (auch als Folge der Lebensmittelskandale).[432]

---

431 Kroeber-Riel schätzt, dass bis zur Hälfte der Käufe nicht geplant sind. Vgl. Kroeber-Riel 1992, S. 389.

432 Beim Kauf biologischer Lebensmittel stellen die gesundheitliche und die ökologische Komponente die gleiche Dimension dar, wodurch sie als sich gegenseitig bedingend angesehen werden können. Vgl. Spieker 1988, S. 103. Hopfenbeck bestätigt diese Einschätzung, indem er eine gesunde Lebensweise als eng an den Umweltgedanken gekoppelt sieht und die "Natur", "Umwelt" sowie "Gesundheit" als weitgehend identische Positionierungsgebiete bezeichnet. Vgl. Hopfenbeck 1990, S. 184.

b) *Informationen und Emotionen:* Wie beschrieben wurde, dürfte das Glaubwürdigkeitsproblem das Aufkommen der Eigendynamik im Diffusionsprozess und das Transparenzproblem die erfolgreiche Ausbreitung eines ökologischen Produktes in den ökologischen Massenmarkt behindern. Dieses Informationsdilemma zu überwinden, gilt in der Informationsökonomie denn auch als Schlüssel für einen Ausbruch aus der Öko-Nische. Eine regelmässige, "neutrale" Information verhilft den Bio-Produkten nicht nur zu einer höheren Bekanntheit, sondern erhöht auch die Markttransparenz, was wiederum die Voraussetzung zur Überwindung von kaufhemmenden Unsicherheiten und Glaubwürdigkeitsdefiziten bildet. Gefordert sind eine eindeutige, unmissverständliche Produktkennzeichung der verschiedenen Öko-Standards, Hintergrundinformationen zur Herstellweise der Produkte, Aufklärungskampagnen usf. Als "Nebeneffekt" erhöhen Kommunikationsmassnahmen die Wissensbasis der Konsumenten, was zu einer steigenden Kaufintensität führt.[433] Die trägeren, noch umweltpassiven Konsumenten, welche sich weniger für ökologische Hintergrundinformationen interessieren, gilt es in einer späteren Lebenszyklusphase parallel mit *emotionslastigen Botschaften* anzusprechen.

c) *"low cost Situationen":* Seitens der Anbieterseite gilt es für das ökologische Angebot Einkaufssituationen zu schaffen, welche vom Konsumenten keine gravierenden Verhaltensänderungen erfordern, keinen Zusatzaufwand bedingen sowie mit keiner Einschränkung der persönlichen Freiheit oder mit sonstigen Unannehmlichkeiten verbunden sind ("low cost-Situationen"). Insbesondere die weniger sensibilisierten Käuferschichten reagieren stark auf ökonomische Signale. Zur Erschliessung der Massenmarktkunden gilt es, die örtliche und die zeitliche Ubiquität zu gewährleisten, die Produkte in die Sortimente der Grossverteiler zu integrieren, Preissenkungen vorzunehmen sowie Convenience-Aspekte zu berücksichtigen.[434]

---

433 Tendenziell gilt: Je mehr die Konsumenten über diese Zusammenhänge wissen, desto mehr Bio-Produkte kaufen sie.

434 Vgl. übereinstimmend Diekmann/Preisendörfer 1992, S. 240, Meffert/Bruhn 1996, S. 634 oder auch Tiebler 1992, S. 184.

5.3.3 Zwischenfazit: Nachfragezyklus

In diesem Abschnitt wurde anhand der Diffusionstheorie zunächst erläutert, wie sich (ökologische) Innovationen in einem sozialen System idealtypisch ausbreiten. Daraufhin konnte mittels verschiedener empirischer Studien aufgezeigt werden, dass sich die Nachfrage- analog zur Anbieterseite in verschiedene Segmente unterteilen lässt; typischerweise in ein Segment "umweltaktiver" Konsumenten, die sich auch bei ihren Kaufentscheiden weitgehend umweltorientiert zeigen, in ein mittleres Segment "umweltaktivierbarer" Konsumenten, welche zwar als umweltbewusst gelten, beim Kaufentscheid jedoch oft anderen Nutzenkomponenten den Vorzug geben sowie in ein Segment "umweltpassiver" Konsumenten, welche weder eine umweltorientierte Einstellung noch ein entsprechendes Umweltwissen aufweisen. Dementsprechend beeinflusst das Thema "Ökologie" auch deren Kaufverhalten nicht. Nach Massgabe der Diskrepanz zwischen dem bekundeten Umweltbewusstsein und dem tatsächlichen Kaufverhalten ergibt sich für die drei Segmente folgendes Schema (vgl. Abb. 33):

Status / Bezeichnung	Bewusstsein	Verhalten	Lücke	Grundstrategie
Umweltaktive	+	+	geschlossen	Intensität erhöhen
Umweltaktivierbare	+	-	offen	Lücke schliessen
Umweltpassive	-	-	inexistent	Lücke öffnen

Abb. 33: Segmentierung der Konsumenten nach Massgabe der Umweltbewusstseins-/Verhaltensrelation

Aus diesem Schema lassen sich für die Anbieter biologischer Produkte *drei Grundstrategien* ableiten, welche wiederum die Pfeiler der "Landkarte der ökologischen Nachfrage" bilden (vgl. Abb. 34):[435]

1. *"intensivieren"*: Eine Strategie zur Erhöhung des Absatzes von Bio-Lebensmitteln besteht darin, die bereits *umweltaktiven Konsumenten*, bei welchen keine Bewusstseins-Verhaltens-Lücke (mehr) besteht, als "Stammkunden" zu gewinnen, d.h. zu einer *höheren Kaufintensität* zu motivieren. Für ersteres ist die Gewährleistung der Glaubwürdigkeit der vermittelten biologischen Produkteigenschaften eine zentrale Voraussetzung.[436] Die Steigerung der Kaufintensität kann etwa durch eine Diversifikation der Bio-Programme oder die Belohnung der Kundentreue angestrebt werden ("Kundenbindungsprogramme"). In dieser frühen Lebenszyklusphase empfiehlt es sich - aufgrund des kritischen, anspruchsvollen Kaufverhaltens der Innovatoren - eine individuelle *Nischenstrategie* zu verfolgen.
2. *"aktivieren"*: Bei den Konsumenten des mittleren Segmentes geht es grundsätzlich darum, deren *Bewusstseins-/Verhaltensdiskrepanz zu verkleinern.* Diese Strategie birgt das höchste Potential zur Überwindung der Öko-Nische. Denn zum einen bilden die umweltaktivierbaren Konsumenten das zahlenmässig grösste Segment (deshalb: *"Mehrheit"*). Zum anderen haben diese Konsumenten die Vorstufe der "Vor-Sensibilisierung" erreicht (deshalb: "Umweltaktivierbare": die Bewusstseins-Verhaltens-Lücke ist geöffnet). Da die "Mehrheit" zu einem späteren Zeitpunkt zum Lebenszyklus hinzustösst, als die bereits "Umweltaktiven", ist damit zu rechnen, dass sie auch von diesen unterscheidende Präferenzen aufweisen und somit auf andere, tendenziell internalisierbare Nutzenkomponenten von Bio-Produkten ansprechen. Weiter ist davon auszugehen, dass dieses mittlere Segment nicht dieselben Anbieter bevorzugt (die "Mehrheit" kauft vorzugsweise im Grossverteiler ein). Diese Aspekte sind von den Anbietern biologischer Produkte zu berücksichtigen. Konkret heisst dies, dass die geforderten Informationen zur Verfügung zu

---

435 Aufgrund des zunehmend hybriden Wesens des Konsumenten ist die getroffene Unterscheidung bloss als tendenzielle Annäherung, und nicht als absolute, trennscharfe Segmentierung zu verstehen. Erste Hinweise, dass sich diese Segmentgrenzen tatsächlich aufweichen, geben die Betreiber modernisierter Bio-Läden, welche feststellen, dass mit einem angepassten Laden-Layout neue Kunden hinzu gewonnen werden können. Telefonisches Kurzinterview mit Hr. Höhener von "Höheners biologische Lebensmittel" in Basel vom 26.10.1999.

436 Gemäss Meffert/Bruhn stellt sich inzwischen weniger die Frage, ob die Produkte ökologisch auszurichten seien, sondern vielmehr, wie intensiv dies zu erfolgen hat. Vgl. Meffert/Bruhn, S. 643.

stellen sind, verstärkt internalisierbare Nutzenkomponenten zu kommunizieren oder (Geschmacks-) Degustationen durchzuführen sind, die Produktästhetik zu verbessern ist usw. Als Folge der hohen Anzahl Käufer im "Mehrheitssegment" kann die Ansprache und Kundenbetreuung hier weniger individuell ausfallen ("Massenmarktstrategie"). Diese Intensitätsreduktion wird ausreichen, weil die Konsumenteninnovatoren in Ausübung ihrer Meinungsführerrolle die Anbietermassnahmen unterstützen ("Gratiswerbung").

3. *"ignorieren" oder "sensibilisieren"?* Meffert/Bruhn empfehlen, die *Nachzügler* zu ignorieren, da das Segment der Umweltpassiven eine Bedeutungsminderung erfahren hat, welche es nicht mehr rechtfertigt, diese mit Marketingmassnahmen explizit zu bearbeiten. Des weiteren weisen die trägeren Konsumentensegmente ein starres, habitualisiertes Kaufverhalten auf, welches nur unter sehr hohen Anstrengungen aufzuweichen ist (negativer Grenznutzen der hierfür erforderlichen Marketingmassnahmen). Indem die umweltpassiven Käufer den Schluss der "Diffusionskurve" bilden, kommt ihnen auch keine Bedeutung für die weitere Ausbreitungsdynamik zu. Aus diffusionstheoretischer Perspektive ist diese Ansicht jedoch kritisch zu hinterfragen. Denn heute noch umweltträge Konsumenten können sich morgen - aufgrund diffusionsendogener wie -exogener Wirkungen - zu einem umweltaktivierbaren Segment entwickeln. Eine Übergangslösung könnte etwa darin bestehen, dieses Segment zum Kauf der günstigeren Produkte des mittleren ökologischen Qualitätsstandards ("IP-Produkte") zu animieren und für Umweltbelange erst einmal "vor-zu-sensibilisieren" (Bewusstseins-/Verhaltens-Lücke öffnen). Hierbei spielen aufgrund des trägeren Informationsverhaltens trägerer Konsumenten Emotionen sowie das Vorhandensein von "low-cost-Situationen" eine zentrale Rolle.

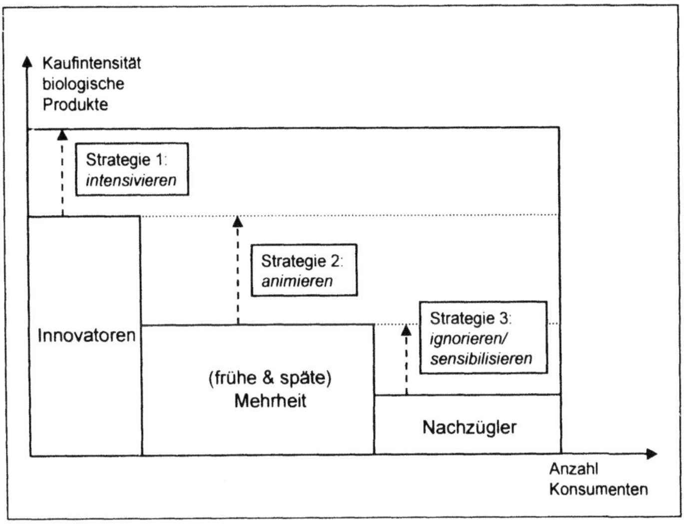

Abb. 34: Landkarte der ökologischen Nachfrage

Unter Berücksichtigung *dynamischer Implikationen* (die "Umweltaktiven" sind bereits aktiv, die "-aktivierbaren" werden es gemäss Diffusionstheorie als nächste sein und die "-passiven" brauchen hierzu am längsten) lässt sich analog zum "Anbieter-" nun auch ein *"Nachfragezyklus"* zeichnen (vgl. Abb. 35). Das grosse mittlere Segment wird in eine "frühe" sowie in eine "späte" Mehrheit unterteilt.[437]

[437] Die Unterteilung in vier Phasen dient im Hinblick auf den "ökologischen Branchenlebenszyklus" zudem als Vorbereitungsschritt für die Zusammenführung mit dem Anbieterzyklus.

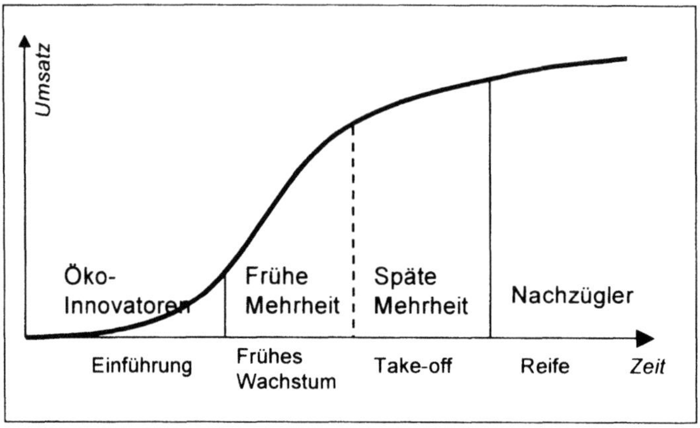

Abb. 35: Nachfragezyklus

5.4 Fazit: "Ökologischer Branchenlebenszyklus"

☞ Nach einer theoretischen Einführung wurde in diesem Kapitel zunächst ein *"Anbieterzyklus"* in vier Phasen entwickelt. Diese vier Phasen ergaben sich als Folge der unterschiedlichen Zeitpunkte, zu welchen die verschiedenen Akteursgruppen auf den Bio-Markt traten, bzw. treten. Analog hierzu wurde im letzten Abschnitt ein *"Nachfragezyklus"* gezeichnet. Die Phasen des Nachfragezyklus' werden durch verschiedene Konsumentensegmente charakterisiert, welche aufgrund sich unterscheidender Nutzenpräferenzen ebenfalls zu verschiedenen Zeitpunkten zum Segment der bereits umweltaktiven "Bio-Konsumenten" hinzustossen. Das sich gegenseitig bedingende Wechselspiel von Angebot und Nachfrage lässt erwarten, dass sich die verschiedenen Nachfragesegmente zudem im Kriterium "bevorzugter Anbieterkanal" unterscheiden.

Der Eintrittszeitpunkt in den Bio-Markt - und damit die Zuweisung der *Anbietergruppen* zu den jeweiligen Lebenszyklusphasen - ist aufgrund ihrer geringen Anzahl empirisch valide zu eruieren. Der Anspruch an eine solche analytische Trennschärfe ist auf der *Nachfrageseite* (aufgrund der grossen Anzahl Konsumenten sowie der zunehmenden Inkonsistenz im Kaufverhalten) allenfalls für die ersten beiden Gruppen, resp. Lebenszyklusphasen, annäherungsweise aufrechtzuerhalten. Wie die folgenden Überlegungen verdeutlichen, ist dieser Massstab für die darauf folgenden Konsumentensegmente, resp. Lebenszyklusphasen zu relativieren.[438] Lassen sich dennoch Hinweise finden, welche die getroffenen Plausibilitätsannahmen stützen?

Die historische Rekapitulation in Abschnitt 5.2 verdeutlichte, dass den *Öko-Innovatoren* aufgrund des fehlenden Angebotes im Detailhandelskanal lange Zeit nichts anderes übrig blieb, als Bio-Produkte bei den *Bio-Läden* des Davidkanals nachzufragen (Bestätigung für die Phase I).

1993 veränderte sich die "Bio-Szene" abrupt, als der *Pioniergoliath Coop* auf den Bio-Markt trat und verkündete, als Grossverteiler mit diesen bislang ideologisch-gefärbten, typischen Öko-Nischenprodukten die Konsumenten des konventionellen Massenmarktes ansprechen zu wollen.[439] Die Nachfrageausdehnung (von 0.1% Anfang auf 2% Ende der 90er Jahre) verdeutlicht, dass es Coop gelungen ist, ein *neues Konsumentensegement* ("frühe Mehrheit") zum Kauf von Bio-Produkten zu bewegen (Bestätigung für Phase II). Die umweltaktiven Konsumenten der Einführungs- lassen sich somit von der hinzu stossenden "frühen Mehrheit" in der frühen Wachstumsphase unterscheiden - auch wenn gewisse Überschneidungen wahrscheinlich sind.

Ende 1999 gibt Migros bekannt, das M-Sano-Label aufzugeben und die Bio-Offensive zu verstärken. Die Pressesprecherin von Migros gibt zu: "Wir haben zu wenig schnell auf den Bio-Trend gesetzt".[440] Mit seinem nachfrageseitigen Erschliessungspotential und seiner hohen ökologischen Glaubwürdigkeit[441] dürfte der Marktleader für einen weiteren Wachstumsschub, oder den *"Take-off"* in Richtung eines "ökologischen Massenmarktes" sorgen (Erschliessung der "späten Mehrheit" in Phase III).[442]

---

438 Die vorgenommene Einteilung in die vier Lebenszyklusphasen kann aufgrund des jungen Entwicklungsstadiums nicht auf einer repräsentativen empirischen Untersuchung basieren.

439 Zu den Anreizen und zur Motivation dieses Vorgehens vgl. Kap. 6.

440 Maja Amrein in einem Interview mit Hug 1999, S. 15.

441 Vgl. hierzu Belz/Villiger 1997.

442 Vgl. zu einer detaillierteren und ausführlicheren Analyse der Wirkungen und Folgewirkungen

Wie der parallele Verlauf der Bio-Absatzzahlen der beiden Grossverteiler zeigt, fällt es schwer, die Trennung der Konsumenten in "entweder Migros- oder Coop-Käufer" zu begründen. Denn obwohl Migros das M-Bio-Programm bislang "stiefmütterlich" behandelt hat, stiegen die Verkaufszahlen von "M-Bio" Ende der 90er Jahre mit einer Wachstumsrate von 50%. Diese Entwicklung des M-Bio-Programmes lässt zum einen vermuten, dass Migros-Käufer nicht in der Lage sind, das M-Sano- und das M-Bio-Label auseinanderzuhalten ("Verwechslungseffekt"). Zum anderen kann davon ausgegangen werden, dass auch Migros vom von Coop entfachten "Bio-Pull" und der Generalisierungstendenz der Konsumenten profitiert ("Grossverteiler ist Grossverteiler"). Die identischen Wachstumsraten von "Coop Naturaplan" und "M-Bio" impliziert, dass zahlreiche Schweizer Konsumenten sowohl bei Coop als auch bei Migros einkaufen und folglich nicht in entweder "Migros-" oder "Coop-Kunden" abzugrenzen sind. Die im "Nachfragezyklus" (Abb. 35) vorgenommene Zuordnung von "früher Mehrheit" und "später Mehrheit" ist somit als analytische Annäherung zu verstehen.[443]

Demgegenüber ist die Abgrenzung der Discountkäufer wieder einigermassen trennscharf zu vollziehen (Kriterium: Preisorientierung). Wie die noch utopisch anmutende, parodistische Vision mit Denner als "Bio-Discounter" anklang, könnten die *Discounter* dereinst als Reaktion auf die "reifen Rahmenbedingungen" die "öko-desinteressierten", *preissensiblen Nachzügler* als Bio-Käufer ansprechen (Phase IV).

Diese Zusammenhänge verdeutlichen, dass die Anbieter- und die Nachfrageseite - flankiert von der entsprechenden Ausgestaltung der Rahmenbedingungen - zu einem integrierten Modell zusammengefasst werden können. Die in mehreren Stufen entwickelte Heuristik des *"ökologischen Branchenlebenszyklus"* vermittelt aus ganzheitlicher, dynamischer Perspektive, wie sich die "Bio-Marktevolution" in Gestalt eines Phasenmodells entwickelt (und dereinst noch entwickeln könnte). Das Verständnis dieser Lebenszyklusphasen erlaubt es den Anbietern biologischer Produkte, ihre Marketingstrategie und -massnahmen an den Präferenzen "ihres" (potentiellen) Kunden-

---

einer Bio-Offensive von Migros Kap. 6.

443 Dies ist der Grund, weshalb die Abgrenzung im "Mehrheitssegment" in der Abb. 35 gestrichelt eingezeichnet wurde. Für die vorgenommene Unterteilung spricht wiederum, dass Coop mit dem "Coop-Naturaplan" markenorientiertere Kunden anzusprechen versucht, welche ihre Lebensmittel qualitätsbewusster (und somit gesundheitsbewusster) auswählen, als die in erster Linie ein gutes Preis-/Leistungsverhältnis suchenden Kunden von Migros (Angebot basiert zu 90% auf Eigenmarken).

segmentes auszurichten.[444] Zudem ist es in der noch jungen Entwicklung des Bio-Marktes für die Anbieter von Nutzen, dass ein Modell die unscharfe Zukunft zu konkretisieren und zu modellieren hilft, was wiederum die Grundlage zur Ableitung von Strategien und Operationen darstellt (vgl. Abb. 36).[445]

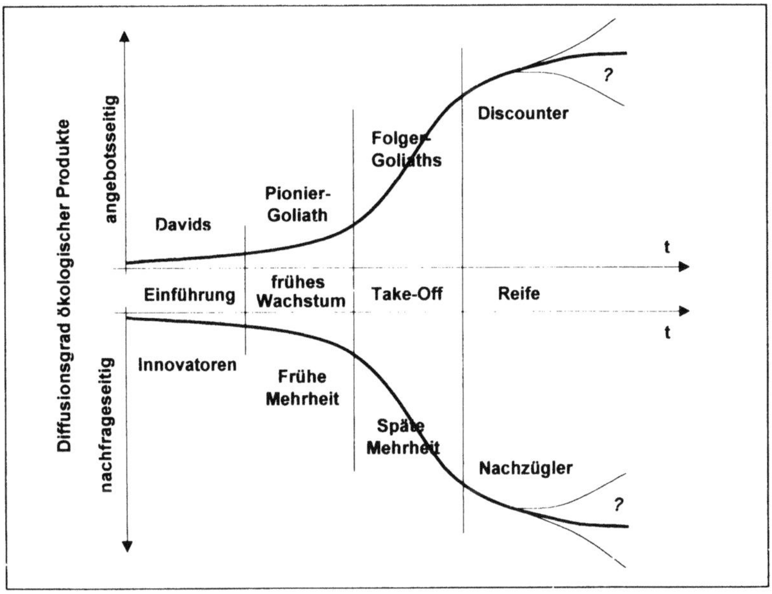

Abb. 36: Ökologischer Branchenlebenszyklus

Quelle: Villiger/Wüstenhagen/Meyer 2000, S. 32

(in Anlehnung an Nordmann 1997)

---

444 Was zur Vermeidung von Streuverlusten und zur Steigerung der Marketingeffektivität beiträgt.

445 Das Verständnis für den Prozess der Branchenentwicklung und die Fähigkeit, Veränderungen zu antizipieren sind auch deshalb wichtig, weil die Kosten strategischer Reaktionen parallel zum Bedarf an Veränderungen wachsen. Vgl. Porter 1995, S. 208.

Idee des Branchenlebenszyklus' von Nordmann

Die Idee, einen Branchenlebenszyklus zu entwickeln, geht auf Nordmann zurück. Unter dem Titel "from Bottleneck to the mainstream business" versucht er am Beispiel der Photovoltaik aufzuzeigen, dass eine Ausbreitung ökologischer Produktvarianten das Resultat einer parallelen, gegenseitig abhängigen Entwicklung der Nachfrage- und der Angebotsseite ist. Anhand dieses "Flaschenmodells" bringt Nordmann die zentrale Frage auf den Punkt: "How to pull the cork?" Mit dieser Metapher soll die Schwierigkeit angedeutet werden, mit ökologischen Produkten breitere Konsumentenschichten und weitere Anbieter jenseits der Öko-Nische anzusprechen, um den Ausbreitungsprozess in Richtung ökologischer Massenmarkt voranzutreiben.[446]

Die *Synthese* für dieses Kapitel lautet, dass der Verlauf der beschriebenen Branchenentwicklung in Richtung eines ökologischen Massenmarktes an Dynamik gewinnen wird, wenn die sich verändernden Konsumpräferenzen von einem *"segmentgerechten Handeln"* der Anbieter begleitet werden, indem die drei Merkmale "Status der Umweltbewusstseins-/Verhaltensdiskrepanz" (oder "Zeitpunkt des Eintritts in den Bio-Markt"), die den "Kauf auslösende Nutzendimension" ("Nutzenzyklus") sowie die "bevorzugte Anbietergruppe" ("Anbieterzyklus") des anvisierten Konsumentensegmentes (gemäss "Nachfragezyklus") in die Ausgestaltung des Öko-Marketings einfliessen. D.h.: Mit dem biologischen Produktprogramm sind in einer ersten Phase die Konsumenteninnovatoren anzusprechen (Thema: ökologischer Zusatznutzen), um in einer zweiten und dritten Phase unter Betonung des gesundheitlichen die "frühe" oder des geschmacklichen Zusatznutzens die "späte Mehrheit" zu sensibilisieren (Thema: individualisierbare Qualitätseigenschaften biologischer Produkte). Werden im Verlaufe des Zyklusses parallel zur Marktentwicklung die Rahmenbedingungen angepasst (Ansatz: Internalisierung externer Kosten), können in Phase vier mit inzwischen realisierbaren Preissenkungen (Mengen- und Lernkurveneffekte) schliesslich die umweltträgeren Konsumenten hinzu gewonnen werden (Thema: Preissenkungen, Aktionen).

---

[446] Vgl. Nordmann 1997.

Damit ist angesprochen, dass dem politischen Lenkungssystem als "Verbindungsschicht" zwischen der Angebots- und der Nachfrageseite die anspruchsvolle Aufgabe erwächst, die Rahmenbedingungen auf den Entwicklungsstand dieses Marktspiels auszurichten, um damit die kritischen Übergänge von Zyklusstufe zu Zyklusstufe zu erleichtern ("Gebot der Synchronisation").[447]

In der folgenden Abb. 37 sind die verschiedenen Zyklen und Zyklusphasen der Entwicklung des Bio-Marktes noch einmal zusammengetragen:

Zyklusphase (Zeitraum)	Anbieter-zyklus	Nachfrage-zyklus	Nutzen-zyklus	Rahmenbedingungen ("Anreizinstrument")
Einführung (1924-1992)	Davids (Bio-Läden)	Innovatoren (umweltaktiv)	Ökologie	Lebensmittelgesetz
Wachstum (1993-1997)	Pioniergoliath (Coop)	frühe Mehrheit (teilweise aktiv)	Gesundheit	ökolog. Direktzahlungen
Take-off (1998-2005)	Folgergoliath (Migros)	späte Mehrheit (aktivierbar)	Geschmack	Bio-Verordnung
Reife (ab 2006)	Discounter (Denner)	Nachzügler (umweltpassiv)	Preis[448]	Energieabgaben, ökologische Steuerreform

Abb. 37: Übersichtstabelle zum ökologischen Branchenlebenszyklus (Stand 1999)

[447] "Marktliche und politische Rahmenbedingungen müssen sich genauso verändern wie Verhaltensmuster und Wertvorstellungen bei Bürgern und Konsumenten, damit die Veränderung möglich wird." Schneidewind 1998, S. 37.

[448] Die im Verlaufe des Zyklusses (oder der Zeit) steigende Anspruch an die "Bequemlichkeit" oder "Convenience" auch im Bereich der Lebensmittelzubereitung und -konsumation wurde der Phase vier zugeordnet. Es lässt sich jedoch beobachten, dass sich das Convenience-Motiv zunehmend zu einem phasenübergreifenden Konsummotiv entwickelt, welches für - mit Ausnahme des ersten Segmentes - sämtliche Käuferschichten an Bedeutung gewinnt.

6 Mitgestaltung der Entwicklung durch Öko-Marketing

☞ Die bisherigen Ausführungen zur Entwicklung der Schweizer Lebensmittelbranche "von der Öko-Nische zum ökologischen Massenmarkt" stellten das Geschehen auf Branchen-, bzw. Marktebene dar. Nachdem die beiden "Eco-Pfade" im Sinne einer dynamischen Öko-Effizienz als die zukunftsträchtigsten identifiziert worden waren, wurden diese in Kap. 5 einer weiterführenden Analyse unterzogen. Hierbei wurde die Bedeutung des zeit-, resp. segmentgerechten Handelns der Markt- und Politikakteure für die ökologische Branchenentwicklung offenkundig. Im Verlaufe der Untersuchungen wurden zudem erste strategische Implikationen abgeleitet. Dieser "strategische Faden" wird in diesem Kapitel zunächst aufgegriffen. Dabei wird der Fokus vermehrt auf die Unternehmensebene verlagert. Hierbei wird Fragen nachgegangen wie: Weshalb war die Öko-Nische in der Schweizer Lebensmittelbranche so lange erfolgreich? Was haben die Marktakteure zum Erhalt dieses Nischenstatus beigetragen? Welche Anreize haben sie, den Ausbruch aus der geschützten Nische voranzutreiben? Welche Möglichkeiten besitzen sie hierfür?

1999 betrug der Marktanteil biologischer Produkte auf dem Schweizer Lebensmittelmarkt zwei Prozent. Der Bio-Markt steckt folglich "mitten in der Öko-Nische". Die grundlegende These dieses Kapitels lautet, dass dieser Nischenstatus u.a. das Resultat einer "sich selbst erfüllenden Prophezeiung" der Marktakteure ist und dass sich der Ausbruch in Richtung eines ökologischen Massenmarktes ebenfalls zu einer solchen entwickeln könnte.

Zur Herleitung und Begründung dieser Eingangsthese wird wie folgt vorgegangen: Einleitend wird das Verhalten der Akteursgruppen auf dem Bio-Markt anhand von strategischen Begriffen wie "Positionierung", "Timing" oder "ökologische Wettbewerbsstrategien" interpretiert (6.1). Anschliessend werden vorherrschende Einstellungen und Verhaltensmuster der Marktakteure sowie deren Folgen für den Ausbreitungsprozess biologischer Lebensmittel analysiert. Diese (Ist-) Analyse hilft, das "Öko-Nischen-Marketing" zu charakterisieren, in einen Kontext einzuordnen sowie dessen Folgewirkungen ("Zementierung der Öko-Nische") zu verstehen (6.2).

Im gestalterischen Hauptteil dieses Kapitels wird dann verdeutlicht, worin sich der Ansatz eines "Marketing jenseits der Öko-Nische" vom skizzierten "Öko-Nischen-Marketing" unterscheidet, worauf es bei der Ausgestaltung eines solchen erweiterten Ansatzes zu achten gilt sowie welche Anreize die Marktakteure haben, sich aus der vertrauten Öko-Nische in den rauhen Wind des Massenmarktes zu begeben (6.3). Im Fazit wird nach einem kurzen Resümee zur Berechtigung der Öko-Nische auf die "Absturzgefahr" beim Übergang vom vertrauten Nischen- zu einem Marketing jenseits dieser Nische sowie auf die Bedeutung eines "Marketing gegen innen" hingewiesen.

In Kap. 5 wurde resümiert, dass die Befolgung der Implikationen aus den theoretischen wie den empirischen Untersuchungen wohl ein glaubwürdiges und auch ein erfolgreiches Marketing in der Öko-Nische begünstigen, dass aber zur Ansprache von Konsumentensegmenten jenseits dieser Nische weiterführende Ansätze notwendig werden. Der Schlüssel hierfür scheint weniger in einem "entweder Nische oder Massenmarkt-", sondern vielmehr in einem "sowohl Nische als auch Massenmarkt-Denken" zu liegen. Damit verändert sich der Charakter dieser Arbeit, indem insbesondere ab Abschnitt 6.3 weniger die Beschreibung oder Analyse des Übergangs von der Öko-Nische zum ökologischen Massenmarkt, sondern vielmehr die (Mit-) Gestaltung dieser Entwicklung ins Zentrum der Untersuchungen gerückt wird. Das Konzept "Handel als ökologischer Gatekeeper" begründet dieses Gestaltungspotential aus einer institutionellen Optik heraus.[449]

---

[449] Kull bezeichnet den "Gatekeeper-Ansatz" als strukturellen Ansatz. Erweitert man diesen Ansatz um zeitbezogene und prozessurale Elemente, kann vom "Handel als ökologischer Diffusionsagent" gesprochen werden. Dies weist daraufhin, dass der Handel als "ökologischer Diffusionsagent" einen entscheidenden Einfluss auf Geschwindigkeit und Ausmass der Diffusion ökologischer Produkte hat, indem er z.B. die Adoptionsentscheidung der Konsumenten beeinflussen kann. Vgl. zu dieser Unterscheidung Kull 1995, S. 2 ff.

Lebensmittelhandel als ökologischer Gatekeeper

Wie weiter oben gezeigt wurde, tritt der Handel als unmittelbarer Verursacher von Umweltproblemen in geringerem Masse in Erscheinung als andere Branchenstufen. Das Gestaltungs- und Einflusspotential des Handels liegt im Bereich des produktbezogenen Umweltschutzes vielmehr in der Ausübung der *Vermittlerrolle* von Leistungsströmen zwischen den Produzenten und den Konsumenten: Als *ökologischer Gatekeeper* ("Schleusenwärter") beeinflusst der Handel durch seine Sortiments- und Kommunikationspolitik das Verbraucherverhalten ("Ökologie-Push") und durch seine Nachfragemacht kann der Handel eine Ökologisierung der vorgelagerten Branchenstufen (Landwirtschaft und Lebensmittelindustrie) bewirken ("Ökologie-Pull").[450]

Der Handel unterliegt selber wiederum Pull- wie Push-Wirkungen. Das Kaufverhalten der Konsumenten gibt dem Handel Hinweise für die ökologische Sortimentspolitik ("Ökologie-Pull"). Sanktionen der Konkurrenten, des Gesetzgebers oder der vorgelagerten Branchenstufen schliesslich können die Handlungsmöglichkeiten von Handelsunternehmen einschränken oder die Attraktivität einzelner Handlungsalternativen verändern ("Ökologie-Push") (vgl. Abb. 38).

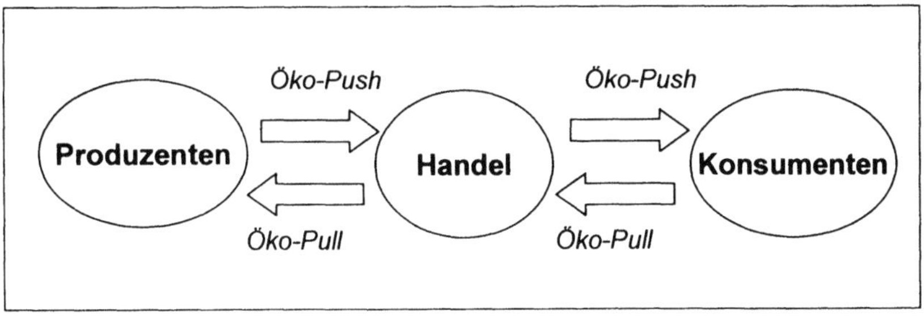

Abb. 38: Der Handel als ökologischer Gatekeeper

Quelle: Hansen 1988, S. 337

---

[450] Das Konzept "Handel als ökologischer Gatekeeper" geht auf Hansen 1988 zurück. Zum Handel als ökologischer Gatekeeper vgl. auch Sieler 1994, S. 5 ff.; für die Schweizer Lebensmittelbranche vgl. Belz/Villiger 1997.

6.1 Strategische Grundsatzentscheidungen und Implikationen

☞ Eine Wettbewerbsstrategie ist das Bestreben, sich gegenüber den wettbewerbsbestimmenden Kräften in einer Branche zu behaupten. Die Wahl (und Umsetzung) einer bestimmten *Wettbewerbsstrategie* beeinflusst aber nicht nur die relative Wettbewerbsposition eines Unternehmens in "seiner" Branche. Eine erfolgreiche Positionierung eines ökologischen Produktprogrammes, das von den Konsumenten nachgefragt wird und zu Umsatzeinbussen im konventionellen Programm führt, wird von anderen Anbietern imitiert, was wiederum Folgen für die Produzenten und die Beschaffungsseite hat usw. Auf diese Weise beeinflusst ein Unternehmen die Branchenstruktur - genauso wie der Erfolg einer Strategie (und die resultierende Wettbewerbsposition eines Unternehmens) wiederum von den Rahmen- oder Branchenbedingungen abhängig ist. "Die Wettbewerbsstrategie ist folglich keine blosse Reaktion auf die Umwelt, sondern auch der Versuch, diese Umwelt zugunsten des Unternehmens zu gestalten."[451]

Die *strategischen Grundsatzentscheide* zur Bewältigung der Herausforderungen im Spannungsfeld zwischen ökologischen Ansprüchen und ökonomischen Anforderungen bilden das Bindeglied zwischen den grundsätzlichen Zielen eines Unternehmens und den operativen Massnahmen (hier: Öko-Marketing-Mix).[452] Bei der Formulierung einer Wettbewerbsstrategie im ökologischen Kontext hat ein Unternehmen in Bezug auf folgende Zieldimensionen eine Entscheidung zu treffen:[453]

- *Positionierung:* Differenzierungs- oder Kostenstrategie? Nische oder Massenmarkt?
- *Timing:* Führer- oder Folgerstrategie? (proaktives oder reaktives Verhalten?)
- *Bezug/Ausrichtung:* Markt- oder Gesellschaftsbezug? defensive oder offensive Ausrichtung?

---

451 Porter 1992, S. 20.

452 Zum Schnittmengenmodell ökologischer und ökonomischer Handlungen und Entscheidungen vgl. Schneidewind 1998, S. 48 sowie die dort angegebenen Quellen.

453 Strategische Grundsatzentscheidungen sind der operativen Ebene vorgelagert und liegen der Ausgestaltung des Marketing-Mixes zugrunde. Im Zusammenhang mit Marketingkonzepten verweist die Strategie zudem auf die "langfristige, grossräumige Zielsetzung". Vgl. Weinhold 1988, S. 121.

6.1.1 Positionierung - die Frage nach der Basisstrategie

Die grundlegendste strategische Frage, welche sich ein Unternehmen zu stellen hat, ist, mit welchen Leistungen es sich auf welchen Märkten positionieren will. Lange Zeit war die Positionierung biologischer Produkte im Schweizer Lebensmittelmarkt kaum ein Thema. Sofern vorhanden, richteten die Nischenanbieter das Marketing auf die (angenommenen) Präferenzen einer Minderheit umwelt-, resp. gesundheitsbewusster Konsumenten aus.[454]

Sucht man jedoch nach Wegen, aus dieser Öko-Nische auszubrechen, stellt sich die Frage nach der Positionierung und der Zielgruppe neu. So ist etwa davon auszugehen, dass ein Konsument jenseits der Nische der Nutzenkomponente "Umweltverträglichkeit" biologischer Produkte im Vergleich zum Preis oder anderen Produkteigenschaften (Geschmack, Aussehen, Frische, Convenience) eine untergeordnete Bedeutung beimisst. Folglich ist die Betonung ökologischer Produkteigenschaften in der Positionierungsentscheidung zugunsten individualisierbarer Nutzenkomponenten zurück zu stufen (z.B. von dominanter zu flankierender Eigenschaft).[455]

Da die biologische Anbauweise eine *Vertrauenseigenschaft* ist, welche bei einem Produkt kaum überprüfbar ist, kommt anderen Aspekten, welche diese Eigenschaft indirekt transportieren (z.B. eine Handelsmarke, ein unabhängiges Label, qualifiziertes Verkaufspersonal oder die Reputation eines Unternehmens) zur Sicherung der Glaubwürdigkeit eine besondere Bedeutung zu.[456] Damit stellt sich den Anbietern ökologischer Produkte nicht nur die Frage nach der Positionierung des Produktprogrammes, sondern zudem nach der Wahl einer erfolgversprechenden Strategie zur *Positionierung des Unternehmens* im Wettbewerb.[457]

---

[454] Vgl. hierzu auch Villiger/Wüstenhagen/Meyer 2000.

[455] Vgl. zur Betonung ökologischer Produkteigenschaften Meffert/Kirchgeorg 1992, S. 199.

[456] Beim "Signaling" ergreift die informierte Marktseite die Initiative, indem sie Signale positioniert, welche der uninformierten Marktseite Rückschlüsse auf z.B. nicht direkt vermittelbare Produkteigenschaften erlauben. Die Korrelation zwischen der eigentlichen Information (z.B. Produktqualität) und der Ersatzinformation (Signal) erlaubt, dass letztere erstere "signalisiert". Zum "Signaling" vgl. Richter/Furubotn 1996, S. 240 ff.

[457] "Positionierung ist die aktive Planung, Gestaltung und Kontrolle der Aussenwahrnehmung von Unternehmenseinheiten (...). Als Einheiten der Positionierung kommen Firmen, Geschäftsfelder, Produkte oder Marken in Betracht." Trommsdorff 1993, Sp. 1056.

Als *grundlegende Strategietypen*, die Unternehmen zur Festigung der Wettbewerbsposition in "ihrer" Branche zur Verfügung stehen, schlägt Porter folgende "generischen Wettbewerbsstrategien" vor:[458]

- Mit der Umsetzung einer *Kostenführerstrategie* bezweckt ein Unternehmen, einen Kostenvorsprung innerhalb einer Branche zu erlangen. Dabei hat es sich an Grössenvorteilen (Marktanteile maximieren) sowie an den realisierbaren Kostensenkungspotentialen (günstiger Zugang zu Rohstoffen verschaffen, Erfahrungskurveneffekte nutzen usw.) zu orientieren. Hieraus ergibt sich die Notwendigkeit, eine möglichst grosse Anzahl von Nachfragern mit einem schmalen Sortiment zu bedienen, das aus Sicht der Kunden die Standardnutzenerwartung erfüllt.[459] Als Kostenführer stehen dem Unternehmen die Alternativen offen, mit Preissenkungen den Umsatz zu steigern oder durch das Angebot eines identischen Produktes zum selben Preis die Ertragsspanne zu erhöhen.
- Die *Differenzierungsstrategie* besteht darin, die angebotene Leistung so zu gestalten, dass sie bei den Abnehmern als einzigartig wahrgenommen wird. Mit dem Angebot eines "besseren" Produktes wird typischerweise eine *Qualitätsführerschaft* angestrebt. Dieses "besser" kann sich auf das Design, eine Marke, den Geschmack, die Beratung, das Vertriebssystem oder andere Kriterien beziehen. Stimmt ein Zusatznutzen mit den Kundenpräferenzen überein, sind die Konsumenten auch bereit, einen Mehrpreis zu bezahlen.
- Die *"Konzentration auf Schwerpunkte"* entspricht der "Nischenstrategie". Diese Strategie beruht auf der Prämisse, dass das Unternehmen ein Marktsegment (mit aussergewöhnlichen Kundenbedürfnissen) als Spezialist wirkungsvoller und effizienter (oder: "massgeschneidert") ansprechen kann als die Konkurrenz, die sich in einem breiteren Wettbewerb befindet (und gleichzeitig andere Segmente zu bedienen hat). Im Ergebnis erzielt das Unternehmen wiederum eine Differenzierung oder niedrigere Kosten - oder beides zusammen.

---

458 Vgl. zu diesem Abschnitt Porter 1995, S. 62 ff.
459 Vgl. Meffert/Kirchgeorg 1992, S. 150.

In der Geschichte des Schweizer Bio-Marktes wurden die "Differenzierungsstrategie" und die "Konzentration auf Schwerpunkte" aufgrund der Marktgrösse als eine homogene Strategie verfolgt. In Abschnitt 6.2 wird diese "ökologische Differenzierung mit Bio-Produkten" mit "Schwerpunkt umweltaktives Konsumentensegment" unter dem Begriff *"Nischenstrategie"* zusammengefasst. *Kostenvorteile* wiederum sind mit umweltgerechten Produktinnovationen nur in Ausnahmefällen zu erzielen.[460] Die "Preis-", resp. "Kostenführerstrategie" hatte dementsprechend auf dem Bio-Markt bis anhin eine geringe Bedeutung. Wie bereits angedeutet wurde, gewinnen Preis-, und damit Kostensenkungspotentiale zur Erschliessung umweltträgerer Konsumente jenseits der Nische (im voranschreitenden Branchenlebenszyklus) jedoch an Bedeutung.

Der "strategische Disput" zwischen der Harvard- und der Chicagoschule

Mit seinem Werk "Wettbewerbsstrategie" eröffnete Porter Anfang der 80er Jahre die Diskussion, ob für Unternehmen nun die "Market-based-" oder die "Resource-based-View of Strategy" der erfolgversprechendere Ansatz ist.[461] Die Vertreter des *"Resource-based View"*-Ansatzes kritisierten, dass die dauerhafte, strategiebedingte Rente einer Unternehmung nicht vom Markt, sondern von den eigenen Ressourcen her begründet werden müsse, weil marktbezogene Renten infolge der schöpferischen Zerstörung des Wettbewerbs keine anhaltende Wirkung haben können. Es sind vielmehr die Stärken und Besonderheiten einer Unternehmung (die sog. "resources" wie Know-how, technische Fähigkeiten, Personal, Prozesse etc.), welche dauerhaften Erfolg hervorbringen. Der Erfolg tritt demzufolge ein, wenn es gelingt, die Ressourcen in einzigartiger Weise zu für den Kunden als Zusatznutzen wahrnehmbaren Kernfähigkeiten zu bündeln.[462]

Rühli bezeichnet die beiden scheinbar antinomischen Ansätze als zwei Seiten derselben Medaille. So stützt sich Porter im Rahmen seines Wertkettenmodells auf Ressourcenüberlegungen und betont die Wichtigkeit der Kombination von Ressourcen und damit von Kernkompetenzen.[463]

---

460 Vgl. Meffert/Kirchgeorg 1992, S. 150 sowie Kap. 5.

461 Porter ist als prominentester Vertreter der "Marked based View of Strategy " zu betrachten. Vgl. hierzu und zum folgenden Rühli 1994. Zu Porters Ansatz vgl. näher Kap. 2.

462 Das Resultat hiervon sind die sog. "Kernkompetenzen". Vgl. hierzu Prahalad/Hamel 1991.

463 Zur Realisierung von Kostenvorteilen oder einer Differenzierungsstrategie hat Porter das Kon-

Die Vertreter des "Resource-based View"-Ansatzes wiederum gehen bei der Identifizierung der aufzubauenden Kernkompetenzen von einer Beurteilung der Märkte aus. Denn eine Kernkompetenz ist nutzlos, wenn sie sich auf dem Markt nicht als solche erweist. Der Unterschied zwischen den Ansätzen liegt darin, dass die "Market-based View" die Strategie von den Marktgegebenheiten ableitet ("outside-in"), während die unternehmerischen Ressourcen und Fähigkeiten in der "Resource-based View" den Ausgangspunkt der Positionierungsstrategie im Markt bilden ("inside-out").[464]

Porter betont, dass die Entwicklung einer Branche (Dynamik) sowie deren Entwicklungsstand (Zeitpunkt) für die Formulierung einer Strategie von besonderem Gewicht ist.[465] Damit ist das "Timing" strategischer Massnahmen angesprochen.

6.1.2 "Timing" - die Frage nach dem "strategisch optimalen Fenster"

Nebst der Wahl einer Basisstrategie ist die Bestimmung des *Zeitpunktes* der Strategieumsetzung von zentraler Bedeutung. Die grundlegende Frage, über welche sich ein Marktakteur im vorliegenden Kontext im Zusammenhang mit dem Timing Klarheit zu verschaffen hat, ist, in welcher Phase der Marktentwicklung (resp. des Branchenlebenszyklus') ein biologisches Produktprogramm auf dem Markt lanciert werden soll. Erfolgt die ökologieorientierte Profilierung vor der Konkurrenz, kann von einer *"Pionierstrategie"* gesprochen werden. Erfolgt diese nach dem Markteintritt der Mitbewerber, ist im folgenden von einer *"Folgerstrategie"* die Rede.

---

zept der Wertkettenanalyse entwickelt. Die Wertkette ist eine Darstellung der Phasen und Prozesse der unternehmerischen Leistungserbringung, welche einen Rahmen für das Erkennen von Wertgeneratoren ("Value Drivers") anbietet. Die entsprechende Gestaltung dieser "Value Drivers" entscheidet schliesslich über den Aufbau einer verteidiungsfähigen Wettbewerbsposition. Zum Wertkettenmodell vgl. Porter 1992, S. 59 ff.

464 Die Vertreter des Ressourcenansatzes haben zudem nicht-marktliche Anspruchsgruppen in die Erklärung und Gestaltung von Wettbewerbsvorteilen eingeführt und damit Porters rein marktlich orientierten Fokus erweitert. Allerdings blieb auch hier die Anspruchsgruppe "Gesellschaft" weitgehend undifferenziert. Vgl. Fichter 1998, S. 135 f.

465 Vgl. Porter 1995, S. 210 ff.

Neben unternehmensinternen Gegebenheiten sind für die Wahl des "strategisch optimalen Fensters" die Marktwiderstände zu analysieren. Als *"primäre Marktwiderstände"* bezeichnen Meffert/Kirchgeorg die Widerstände der Abnehmer zur Akzeptanz der ökologischen Innovation.[466] Die Überwindung primärer Marktwiderstände erfordert erhebliche Aufwendungen des Pioniers. Diese Marktentwicklungskosten fallen dem Folger nicht an. Der Pionier profitiert dahingegen von *"sekundären Marktwiderständen"*.[467] Das Unternehmen, welches sich auf dem Markt mit ökologischen Produkten als Pionier profiliert, hat die Möglichkeit, sich als glaubwürdiger, kompetenter Anbieter zu positionieren. Zum Aufbau der Kundentreue eignet sich die Positionierung einer starken *(Handels-) Marke* (wie dies der Erfolg des "Coop Naturaplan" zeigt).

Da die primären Widerstände im Zeitablauf sinken, die sekundären jedoch zunehmen, eröffnet sich bzgl. des Timing-Entscheids ein *strategisches Dilemma*. Folglich kann nicht von einem "richtigen" oder "falschen" Zeitpunkt der Lancierung ökologischer Produktprogramme ausgegangen werden. Den Anbietern stellt sich vielmehr ein Optimierungsproblem (vgl. Abb. 39).[468]

Strategie	Vorteil/Chance	Nachteil/Gefahr
Pionier	Markt und Preise gestaltbar Profilierung als Öko-Pionier	hohe Markterschliessungskosten Konsumenten ignorieren Produkt
Folger	geringes Risiko "reifer Markt"	Markteintrittsbarrieren Ruf des "ewigen Zweiten"

Abb. 39: Vor-/Nachteile der Pionier- und Folgerstrategie

466 Die zentrale Frage in diesem Zusammenhang ist, für wie wichtig die Konsumenten die Bedeutung der Umweltverträglichkeit des Produktes einschätzen.

467 Vgl. Meffert/Kirchgeorg 1992, S. 151 ff.

468 Vgl. Meffert/Kirchgeorg 1992, S. 153.

Böttger nimmt eine weitere Unterteilung in "frühe" sowie "späte Folger" vor. Der *"frühe Folger"* nutzt die Möglichkeit, die Reaktionen der Konsumenten abzuwarten und die Entwicklung des Marktes zu verfolgen.[469] Der frühe Folger kann dadurch von den Fehlern des Pioniers lernen und ein verbessertes (z.B. ausgemerzte "Kinderkrankheiten"), und ev. auch ein billigeres Produktangebot (z.B. infolge tieferer Forschungs- und Marktentwicklungskosten) lancieren. Der *"späte Folger"* tritt erst auf den Markt, wenn die Marktchancen gewährleistet und das Risiko eines "Fehlschlages" minimal sind.[470] Da der Pionier und der frühe Folger auf dem Markt bereits etabliert sind und möglicherweise Marktzutrittsbarrieren errichtet haben,[471] besteht für den späten Folger ein erfolgversprechender Ansatz darin, seine Marktchance als Preisführer zu suchen.[472]

6.1.3 Bezug - die Frage nach der ökologischen Wettbewerbsstrategie

Veränderte Konsumpräferenzen (z.B. steigende Nachfrage nach Bio-Produkten oder Konsumboykott bei Rindfleisch) sowie erfolgreiche Strategien der Konkurrenz (z.B. Lancierung des Coop Naturaplans) können den Wettbewerb direkt, d.h. im und aus dem marktlichen Lenkungssystem heraus verändern. Wie Kap. 3 gezeigt hat, können ökologische Ansprüche jedoch auch auf anderen Wegen Wettbewerbsrelevanz erlangen.[473] Der klassische Weg der Transformation ökologischer Belastungen in den Markt hinein verläuft über die Politik. Durch Restriktionen (z.B. Lebensmittelgesetz) oder durch Anreize (z.B. ökologische Direktzahlungen) greifen politische Instanzen in den Wettbewerb ein, indem sie die Rahmenbedingungen verändern. Öffentliche Ansprüche können das politische Lenkungssystem jedoch auch umgehen und direkt auf den Wettbewerb einwirken. So hat zum Beispiel öffentlicher Druck dazu geführt, dass

---

469 Entschliesst sich der Folger für einen Eintritt in den Markt, hat er bei der Formulierung der Strategie allfällige Reaktionen des Pioniers zu berücksichtigen.

470 Vgl. Böttger 1996, S. 28 ff.

471 Porter nennt fünf wesentliche Ursprünge von Markteintrittsbarrieren: Betriebsgrössenersparnisse der etablierten Konkurrenten, eine bereits etablierte Marke und eine hohe Kundenloyalität zu dieser, ein hoher Kapitalbedarf für den Markteintritt, Umstellungskosten für die Abnehmer bei einem Lieferantenwechsel, Zugang zu Vertriebskanälen sowie grössenunabhängige Nachteile wie fehlendes Know-how oder Standortnachteile. Vgl. zu einer Übersicht der Markteintrittsbarrieren Porter 1992, S. 29 ff. sowie zu den Marktaustrittsbarrieren S. 46.

472 Dies begründen Kotler/Bliemel damit, dass die Kunden beim Marktführer einen Leistungsvorteil vermuten, so dass dem Folger der Weg über niedrige Preise bleibt. Vgl. Kotler/Bliemel 1995, S. 571.

473 Gesellschaftliche Anspruchsgruppen werden oft sogar als einflussreicher wahrgenommen, als das

der Schweizer Lebensmittelhandel (vorderhand) auf das Angebot gentechnisch veränderter Lebensmittel verzichtet.[474] Diese Beispiele verdeutlichen, dass ökologisch induzierte Wettbewerbsveränderungen vielgestaltiger sind, als dies im Rahmen rein marktlicher Interaktionen üblicherweise der Fall ist.[475]

Dyllick/Belz/Schneidewind haben dem Umstand, wonach im ökologischen Kontext nicht nur der Markt, sondern auch das gesellschaftliche Umfeld eine Rolle spielt, in ihrem Konzept der *ökologischen Wettbewerbsstrategien* berücksichtigt.[476] In dieser Heuristik wurden Porters generische Strategien zum einen um den *gesellschaftlichen Bezug* (marktlicher Bezug oder Berücksichtigung gesellschaftlicher Anliegen?), zum anderen um die *strategische Ausrichtung* (offensiver oder defensiver Umgang mit gesellschaftlichen Ansprüchen?) erweitert und in einem Portfolio zusammengefasst (vgl. Abb. 40).

Strategiebezug Strategieausrichtung	Gesellschaft	Markt
defensiv	Ökologische Marktabsicherungsstrategie ("clean")	Ökologische Kostenstrategie ("effizient")
offensiv	Ökologische Marktentwicklungsstrategie ("progressiv")	Ökologische Differenzierungsstrategie ("innovativ")

Abb. 40: Ökologische Wettbewerbsstrategien

Quelle: Dyllick/Belz/Schneidewind 1997, S. 76

marktliche Umfeld. Vgl. hierzu Baumast/Dyllick 1998.

474 Vgl. zu diesen verschiedenen Wegen Dyllick 1997, S. 2 f.

475 Vgl. Dyllick 1998, S. 8.

476 Vgl. zu den ökologischen Wettbewerbsstrategien Dyllick/Belz/Schneidewind 1997, S. 75 ff.

Jeder dieser vier Strategietypen lässt sich in der Praxis beobachten und mit Beispielen belegen:[477]

- Die *ökologische Marktabsicherungsstrategie* entspringt einer defensiven Ausrichtung und reagiert auf gesellschaftliche Einflüsse, wenn diese bestehende Geschäftstätigkeiten zu gefährden drohen. Bevor öffentliche oder politische Ansprüche wettbewerbsrelevant werden und zu Umsatzeinbussen führen können, nehmen sich die Unternehmen deren Forderungen an. Das Ziel einer Marktabsicherungsstrategie ist es, ökologisch *"clean"* zu sein und bestehende Absatzmärkte gegenüber ökologischen Ansprüchen abzusichern. Geeignete Massnahmen hierzu bestehen zum Beispiel im Eingehen von Selbstverpflichtungen (z.B. Versprechen, das Angebot gentechfrei zu halten, um negative Kundenreaktionen zu vermeiden) oder in der entsprechenden Ausgestaltung der Kommunikationspolitik.
- *Ökologische Kostenstrategien* sind ebenso Ausdruck einer defensiven Ausrichtung. Unternehmen verhalten sich in diesem Fall insofern passiv, als sie den ökologischen Transformationsprozess als gegeben hinnehmen und versuchen, die bestehenden ökologischen Anforderungen möglichst *"effizient"*, d.h. kostengünstig zu erfüllen. Mit Hilfe dieser Strategie gelingt es Unternehmen oft, ökologisch induzierte Kosteneinsparungspotentiale zu entdecken (z.B. Logistik-, Energie- oder Verpackungsoptimierung).
- *Ökologische Differenzierungsstrategien* beziehen sich primär auf den Markt, sind in ihrer Ausrichtung jedoch offensiv. Hier wird versucht, sich mit Hilfe von ökologischen Produkteigenschaften oder -innovationen im Markt zu profilieren und zu differenzieren, d.h. *"innovativ"* zu sein. Die Ökologie erweist sich besonders in gesättigten Märkten, in denen sich die Produkte zunehmend angleichen und für die Konsumenten austauschbar werden, als wichtiges Differenzierungskriterium (z.B. Lebensmittel aus regionaler Herkunft oder biologischem Anbau).[478]

---

[477] Dabei schliessen sich die vier ökologischen Wettbewerbsstrategien nicht gegenseitig aus. Teilweise bedingen sie sich sogar. Vgl. Dyllick/Belz/Schneidewind 1997, S. 76.

[478] Der Schweizer Lebensmittelmarkt ist ein gesättigter Markt. Vgl. hierzu näher Kap. 2.

- Wie im nächsten Abschnitt gezeigt wird, besteht die Gefahr von ökologischen Innovationen darin, über eine längere Zeit in einer Öko-Nische zu verharren. Zur breiteren Durchsetzung jenseits der Nische bedarf es Veränderungen der gesellschaftlichen und ordnungspolitischen Rahmenbedingungen. Dies ist der Ansatz der *ökologischen Marktentwicklungsstrategie*. Unternehmen, welche eine solche Strategie verfolgen, gehen einen Schritt weiter, indem sie an einer Veränderung der Rahmenbedingungen aktiv mitarbeiten. Dabei gilt es, die Voraussetzungen zur Entstehung und Vergrösserung ökologischer Wettbewerbsfelder oft erst *"progressiv"* zu schaffen. Indem Unternehmen an verschiedenen Stellen des ökologischen Transformationsprozesses ansetzen, wirken sie über Umwege auf die marktlichen Verhältnisse ein, was letztlich wiederum zu höheren Absatzzahlen ökologischer Produkte führen soll. Als Beispiele für eine solche Strategie sind die Anstrengungen von Migros zur Entwicklung der Öko-Bilanz-Methodik oder Coops Lobbying zugunsten der Biologischen Landwirtschaft zu nennen. Die ökologische Marktentwicklungsstrategie bedingt eine Positionierung als Öko-Pionier in der Branche sowie eine umfassende ökologische Aufklärungsarbeit der Konsumenten.[479]

Als typische Abfolge der Strategietypen bezeichnen Dyllick/Belz/Schneidewind die Sequenz, die von der Marktabsicherungs-, über die Kosten- und Differenzierungs- zur Marktentwicklungsstrategie verläuft.[480] Gilt dies auch für die Schweizer Lebensmittelbranche?

[479] Vgl. Dyllick/Belz/Schneidewind 1997, S. 70.

[480] Dies wird mit organisatorischen Lern- und Entwicklungsprozessen begründet. Wobei auf Öko-Märkten die ersten beiden Strategietypen am häufigsten verfolgt werden. Vgl. Dyllick/Belz/Schneidewind 1997, S. 78.

6.1.4 "Strategische Einordnung" in der Entwicklung des Bio-Marktes

Welche Strategien verfolgten die Anbieter auf dem Schweizer Lebensmittelmarkt mit welcher Absicht und zu welchem Zeitpunkt im biologischen Branchenlebenszyklus?

Die Entwicklung des Bio-Marktes geht auf die 70er und 80er Jahre zurück und gründet in der Absicht der Davids, sich mit biologischen Produkten vom konventionellen Handel zu differenzieren sowie sich im Segment umwelt- und gesundheitsbewusster Konsumenten zu positionieren. Die Davids des Lebensmittelhandels entwickelten in dieser frühen Zeit (der *Einführungsphase* im ökologischen Branchenlebenszyklus) die Grundlagen für eine autonome Sub-Branche und betrieben eine *ökologische Differenzierungsstrategie* am Rande des Lebensmittelmarktes.[481] Der Marktanteil dieser Davids lag Anfang der 90er Jahre noch im Promillebereich, so dass sich die Goliaths nicht zu einer Abwehr- oder Absicherungsstrategie gedrängt sahen.

Ebenfalls seit den 70er Jahren setzt sich Migros für die Entwicklung der Integrierten Produktion ein. Für diesen "mittleren ökologischen Qualitätsstandard" wurde mit zahlreichen Massnahmen (Kooperation mit Forschungsstätten, Aufklärung der Konsumenten, Abnahmeprioritäten für IP-Landwirte, politische Einflussnahme usw.) eine *ökologische Marktentwicklungsstrategie* verfolgt.

Als Coop in den 90er Jahren (in der *frühen Wachstumsphase*) im Bereich der Bio-Lebensmittel die Rolle des *"Pioniergoliaths"* übernahm und ebenfalls mit einer *ökologischen Marktentwicklungsstrategie* begann, die biologische Landwirtschaft zu unterstützen, stellte sich Migros der Entwicklung entgegen. So machte sich Migros in der Vernehmlassungsphase zur Bio-Verordnung dafür stark, dass auch IP-Produkte als "ökologische Lebensmittel" vermarktet werden dürfen. Der Öko-Pionier aus den 70er Jahren versuchte somit in den 90er Jahren, mit einer *ökologischen Marktabsicherungsstrategie* das M-Sano- gegenüber den aufkommenden Bio-Programmen zu verteidigen, was sich für die Weiterentwicklung des Bio-Marktes negativ auswirkte.

---

481 Vgl. zum Bio-Markt als "autonome Sub-Banche" Belz 1998b, S. 27.

Ende 1999 gab Migros bekannt, das M-Sano-Label aufzugeben.[482] Auf diese Weise bildet sich ein *"strategisches Vakuum"*, welches nun mit dem M-Bio-Programm geschlossen werden dürfte. Damit begibt sich Migros auf dem Bio-Markt in die Rolle des *"frühen Folgers"* von "Pioniergoliath" Coop. Wie ist diese *strategische Neuorientierung* (resp. das lange Zögern) von Migros zu interpretieren?

Systemische Interpretation des Zögerns von Marktleader Migros

Aus einer systemtheoretischen Optik heraus kann das Zögern von Migros im Bio-Markt auf die grundsätzliche Trägheit zurückgeführt werden, welche sozialen Systemen anhaftet. Dies gilt für Unternehmen genauso wie für die Institution Markt. Diesem Ansatz zufolge sind soziale Systeme bestrebt, sich vor Veränderungen zu schützen und den Status Quo zu bewahren. Es ist anzunehmen, dass grosse Unternehmen, die in ihrer Branche zudem Marktleader sind, in besonderem Masse gefährdet sind, vom "Trägheitsvirus" befallen zu werden (Erfolg als Gefahr).

Slywotzky/Morrison beschreiben in einer Studie, wie zahlreiche Marktleader in verschiedensten Branchen nach anfänglich hohen Gewinnen bald hohe Verluste hinnehmen mussten. Dies führen sie auf die "alte Wirtschaftsordnung" zurück, in welcher Manager gelernt haben, dass steigende Marktanteile und Wachstumszahlen mit hohen Gewinnen gleichzusetzen sind. Diese Kongruenz löst sich jedoch zunehmend auf. Mit wachsenden Marktanteilen können auch Verluste auftreten (sog. "diseconomies of superscale").[483]

Damit ist die Tendenz der Unternehmensverantwortlichen angesprochen, wonach sie zu lange an denjenigen Konzepten festhalten, die dem Unternehmen in der Vergangenheit Erfolg brachten - auch wenn sich die Rahmenbedingungen und die Kundenpräferenzen zwischenzeitlich verändert haben: "Das einzige Problem im Management ist, am bisher erfolgreichen Unternehmenskonzept festzuhalten ... ein Jahr zu lange."[484]

---

482 Vgl. Hug 1999.

483 Slywotzky/Morrison führen verschiedene grosse Unternehmen auf, die in ihrer Branche Marktleader sind oder waren und dennoch grosse Verluste verbuchen müssen. Vgl. Slywotzky/Morrison 1998, S. 13.

484 Platt, Vorstandsvorsitzender von Hewlett Packard, zit. n. Slywotzky/Morrison 1998, S. 25.

Dass Migros lange Zeit unangefochtener Marktleader auf dem Schweizer Lebensmittelmarkt war, ist nicht zuletzt auf den Erfolg der M-Sano-Handelsmarke zurückzuführen. Auf diese Weise konnte sich das "M-Sano-Zeichen" zu einem Erfolgssymbol entwickeln, das von Migros auch noch als Qualitätslabel positioniert wurde, als sich die Integrierte Produktion auf dem Schweizer Lebensmittelmarkt (auch als Zeichen des Erfolges) bereits als "mittlerer ökologischer Qualitätsstandard" durchgesetzt hat. Zudem beging man den Fehler, das M-Sano- noch als Öko-Programm zu vermarkten, als dies von der Bio-Verordnung bereits untersagt wurde. Dies trug Migros neben einer Klage zudem einen Imageverlust ein.[485]

Dass Migros das M-Sano-Programm strategisch so lange abzusichern versuchte, kann neben dieser wissenschaftstheoretischen Interpretation auch mit einem *wettbewerbstheoretischen Ansatz* gedeutet werden. Demzufolge wartete Migros so lange ab, bis die unternehmensinternen wie externen Gegebenheiten für eine Bio-Offensive "reif" waren. Denn wie die Wachstumszahlen des M-Bio-Programmes zeigen, profitierte auch Migros davon, dass Coop die Nachfrageseite auf ihr Potential hin testete und durch Aufklärungsarbeit weiter entwickelte, die beschaffungsseitigen Voraussetzungen schuf oder die politischen Rahmenbedingungen mitgestaltete. Die Umsatzzahlen des Coop Naturaplans sowie Imagepanels verdeutlichen, dass in erster Linie Coop selbst von dieser Entwicklungsarbeit profitierte, dass aber auch ein Trittbrettfahrereffekt zugunsten des Marktleaders Migros gespielt haben mag.[486]

Aus dieser Situation eröffnete sich Migros ein *strategisches Dilemma*. Einerseits galt es, von den Vorarbeiten von Coop zu profitieren. Andererseits bestand die Gefahr, den Rückstand auf Coop in diesem profitablen Wettbewerbsfeld zu stark anwachsen zu lassen und - damit verbunden - den Ruf als ökologisches Pionierunternehmen einzubüssen. Dieses Dilemma versucht Migros nun in der Rolle des "*frühen Folgers*" aufzulösen. Folgerichtig steigt Migros erst im Jahr 2000, d.h. zu dem Zeitpunkt offensiver

---

485 1998 reichte die Stiftung für Konsumentenschutz eine Strafanzeige ein, weil man der Ansicht war, dass Migros die Bio-Verordnung verletze. Vgl. Städler 1998, S. 35.

486 Unterstützend wirkt die Generalisierungstendenz der Konsumenten ("Grossverteiler ist Grossverteiler").

in den Bio-Markt ein, als der Pionier den investitionsintensiven Aufschwung bereits initiiert hat und sich dieser als gefestigt erweist.

Es ist vorstellbar, dass nicht nur Migros, sondern auch Coop von einer strategischen Schwerpunktverlagerung des Marktleaders vom IP- auf das Bio-Programm profitiert. Die gesteigerte Erhältlichkeit, allfällige Preissenkungen sowie die Symbolwirkung, welche mit einem Eintritt von Migros in den Bio-Markt verbunden ist, könnte eine Marktausdehnung zur Folge haben, welche grösser ist als ein damit verbundener Marktanteilsverlust für Coop (positiver Nettoeffekt). Auf diese Weise könnten beide Grossverteiler vom Konkurrenten profitieren: Migros von den Marktentwicklungsarbeiten von Coop in der "frühen Wachstums-" und Coop von einem durch Migros erzeugten Wachstumsschub in der "Take-off-Phase".

Moore bezeichnet die Konsumenten, welche aufgrund der Verlässlichkeit vorzugsweise beim Marktleader einkaufen, als "Pragmatiker". Dieses Segment der risikoscheuen *Pragmatiker*, welches der in dieser Arbeit verwendeten Terminologie der "späten Mehrheit" entspricht, akzeptiert nur "fertige Produkte". D.h., dass der Pragmatiker Bio-Produkte erst dann nachfragt, wenn beim Bio-Sortiment die "Kinderkrankheiten" beseitigt, Ästhetikdefizite behoben, die Ubiquität der Produkte sowohl in zeitlicher wie auch in örtlicher Hinsicht gewährleistet, der Differenzierungsgrad hoch und der Convenience-Aspekt entsprechend berücksichtigt ist. Hierauf scheint Migros - bestrebt, ein Vollsortiment anbieten zu können - sich auszurichten. So wurde die defensive Grundhaltung gegenüber dem Bio-Angebot 1998 damit begründet, dass die beschaffungsseitigen Voraussetzungen noch nicht gewährleistet seien.[487] Moore spricht hier vom *"Konzept des vollständigen Produktes"*, an dessen Anforderungen sich der Marktleader zu orientieren hat. Aufgrund dieser Zusammenhänge drängt es sich für den Marktleader geradezu auf, die Rolle des "frühen Folgers" zu wählen.[488]

---

487 Vgl. Loeb im Brückenbauer 1997, S. 35.

488 Vgl. zu diesen strategischen Implikationen Moore 1996, S. 23 ff. Dies stimmt auch mit den Resultaten aus Kap. 5 überein, wonach die später zum Zyklus hinzustossenden Konsumenten tendenziell preisbewusster einkaufen, als die früheren Käufer. Studien belegen, dass Migros-Kunden preissensibler und -bewusster einkaufen als Coop-Kunden. Vgl. Hochreutener 1997, S. 17.

Wie die Struktur der Migros-Homepage impliziert, wird die zu erwartende M-Bio-Offensive in den grösseren Rahmen der Wellness-Kampagne "Feel-Good" eingebettet.[489] Dies trägt zum einen dem von der Mehrheit präferierten "Gesundheitsnutzen" Rechnung. Zum anderen kann Migros mit einem solchen Vorgehen die Tradition fortsetzen, das Lebensmittelangebot an der "Volksgesundheit" auszurichten, ohne einen image-gefährdenden Kurswechsel vornehmen zu müssen.

Und wie der "parodistische Ausblick" weiter oben anklang, könnte der Discounter Denner - sobald "reife Rahmenbedingungen" Preissenkungen bei biologischen Produkten auf das Niveau konventioneller Lebensmittel ermöglichen - als *"später Folger"* auf die Karte *"Preisführerschaft im Bio-Markt"* setzen. Spätestens in der Reifephase wird diesem utopischen Szenario zufolge die "ökologische Kostenstrategie" an Bedeutung gewinnen. Auch dies macht Sinn. In der Rolle des "späten Folgers" tritt der *Discounter* erst dann auf den Markt, wenn die trägen Konsumenten mit einer hohen Preissensibilität zum Segment der Bio-Käufer hinzustossen *("Reifephase")*.

Es lässt sich festhalten, dass aufgrund der spezifischen (Grössen-) Verhältnisse auf dem Schweizer Lebensmittelmarkt die Entwicklung des Bio-Marktes nicht der Sequenz der vier ökologischen Wettbewerbsstrategien von "Marktabsicherungs- → Kosten- → Differenzierungs- → Marktentwicklungsstrategie" folgt, sondern den Weg von "Differenzierungs- → Marktentwicklungs- → Marktabsicherungs- → Kostenstrategie" einzuschlagen scheint - allerdings in leicht abgewandelter Form (die Marktabsicherungsstrategie von Migros sollte das bereits etablierte IP-Programm "M-Sano", und nicht das Unternehmen vor ökologischen Forderungen gesellschaftlicher Anspruchsgruppen schützen) (vgl. Abb. 41).

---

489 Vgl. hierzu die Homepage von Migros http://www.migros.ch vom 12. Oktober 1999.

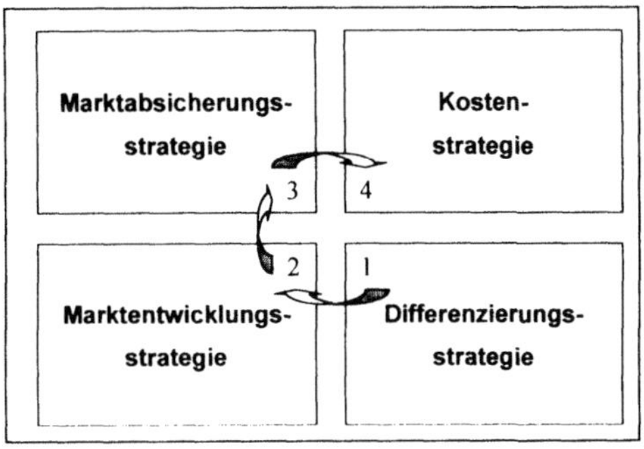

Abb. 41: Sequenz der ökologischen Wettbewerbsstrategien in der Entwicklung der Schweizer Lebensmittelbranche

Wie bereits angedeutet, hatte die defensive Grundhaltung des Marktleaders für die Ausbreitung biologischer Produkte lange Zeit negative Folgen. Worin äusserte sich diese defensive Einstellung? Welche negativen Folgen waren damit konkret verbunden?

6.2 Öko-Nischen-Marketing auf dem Schweizer Lebensmittelmarkt

☞ Im folgenden wird das von den Marktakteuren lange Zeit praktizierte "Öko-Nischen-Marketing" analysiert. Hierbei wird von der These ausgegangen, dass die Öko-Nische das Resultat einer "sich selbst erfüllenden Prophezeiung" ist.[490] "Eine sich selbst erfüllende Prophezeiung ist eine Annahme oder Voraussage, die rein aus der Tatsache heraus, dass sie gemacht wurde, das angenommene, erwartete oder vorhergesagte Ereignis zur Wirklichkeit werden lässt und so ihre eigene 'Richtigkeit' bestätigt."[491] Das folgende Beispiel illustriert den Funktionsmechanismus "sich selbst erfüllender Prophezeiungen".

Funktionsmechanismus "sich selbst erfüllender Prophezeiungen"
Im März 1979 berichteten kalifornische Zeitungen von kurz bevorstehenden, einschneidenden Benzinverknappungen. Daraufhin stürmten die kalifornischen Autofahrer die Tankstellen, um ihre Benzintanks zu füllen. Das Füllen von 12 Millionen Benzintanks (welche bis zu diesem Zeitpunkt durchschnittlich zu 75% leer gewesen waren) erschöpfte die Benzinreserven in Kalifornien und bewirkte so die vorhergesagte Knappheit, was wiederum zu einer gesteigerten Panik und grösseren Warteschlangen vor den Benzinsäulen führte. Als sich die Aufregung gelegt hatte, stellte sich heraus, dass die Benzinzuteilung an den Staat Kalifornien kaum vermindert worden war.[492]

---

490 Diese Idee geht auf einen mündlichen Beitrag von Thomas Dyllick anlässlich einer ÖMAS-Sitzung von 1998 zurück. Analog auch Porter/van der Linde, welche betonen, dass die in den Unternehmen übliche "static view of environmental regulation" Umweltmassnahmen ausschliesslich als Kostentreiber wahrnehmen lässt, anstatt die Innovationsvorteile zu nutzen, welche das Thema Ökologie bietet: "This static mind-set has thus created a self-fulfilling prophecy leading to ever more costly environmental regulation." Porter/van der Linde 1995, S. 121.

491 Oder: "Häufig ist die Prophezeiung die Hauptursache für das prophezeite Ereignis." Watzlawick 1981, S. 91.

492 Vgl. Watzlawick 1981, S. 92.

Dieses Beispiel verdeutlicht die Funktionsweise "sich selbst erfüllender Prophezeiungen". Ein noch nicht eingetretenes Ereignis (Bericht über nahende Benzinverknappung) löst in der Gegenwart Wirkungen aus (Sturm auf Tankstellen), welche dann ihrerseits das vorhergesagte Ereignis erst Wirklichkeit werden lassen (tatsächliche Benzinknappheit). Ohne den Zeitungsartikel (Prophezeiung) wäre es jedoch nie zu dieser Knappheit (Erfüllung der Prophezeiung) gekommen - die aus der Prophezeiung resultierenden Handlungen haben die Voraussetzungen geschaffen, damit das erwartete Ereignis eintreten konnte. Oder: Eine für wirklich genommene Annahme erzeugte die angenommene Wirklichkeit - die Prophezeiung des Ereignisses führte zum Ereignis der Prophezeiung.[493]

Im folgenden gilt es, diese einleitende These empirisch zu belegen. Hierzu wird aufgezeigt, wie Erwartungen und Einschätzungen zum Ausbreitungspotential biologischer Produkte die Wahl der Marketingstrategie von Handelsunternehmen beeinflussen. Die Marketingstrategie wiederum bildet die Grundlage zur Ausgestaltung des Marketing-Mixes, welches durch seine Umsetzung wiederum konkrete Wirkungen auf dem Markt erzielt. In Abhängigkeit der Einschätzung der Anbieter ("Öko-Nische oder Massenmarkt?") hat das unternehmerische Marketing (insbesondere der beiden Grossverteiler) somit konkrete positive oder negative Auswirkungen auf den Ausbreitungsprozess biologischer Produkte im Schweizer Lebensmittelmarkt. Via veränderte Wettbewerbsstrukturen wirken die den Instrumenten zugrunde liegenden Strategien und Prophezeiungen über die Transformation bestimmter Wettbewerbsparameter schliesslich wieder auf die Marktakteure zurück - in Form von "sich selbst erfüllenden Prophezeiungen" (vgl. Abb. 42).

---

[493] Vgl. Watzlawick 1981, S. 93.

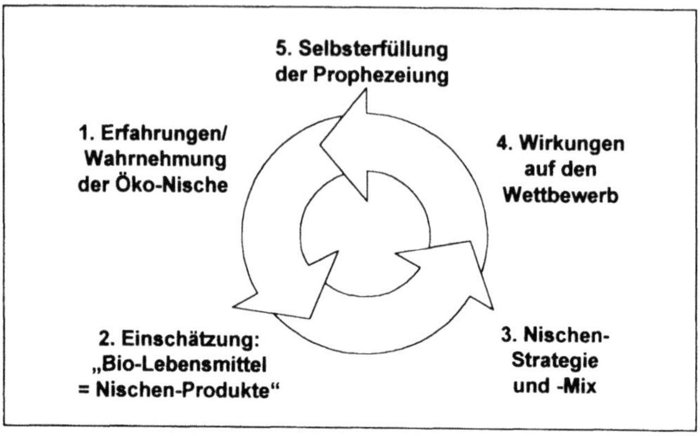

Abb. 42: Kreislauf einer "sich selbst erfüllenden Prophezeiung"

Im folgenden Beispiel wird zunächst beschrieben, wie negative Erfahrungen mit der Vermarktung ökologischer Lebensmittel die Wahrnehmung von Unternehmen beeinflussen können. Dieses pessimistische Beispiel steht stellvertretend für eine Grundvorstellung, welche sich bis Mitte der 90er Jahre hartnäckig gehalten hat und zuweilen auch heute noch vorherrscht, nämlich die Ansicht, dass mit biologischen Produkten nur ein beschränktes Nischensegment angesprochen werden kann. Wie sich zeigt, werden durch die an diese Vorstellung anschliessenden Handlungen die Bedingungen (mit-) geschaffen, dass die "Bio-Nische" Realität bleiben konnte (was die Akteure wiederum in ihrer Einschätzung der stabilen Öko-Nische bestärkt usw.). Ein Gegenbeispiel im darauf folgenden Abschnitt (Kap. 6.3) wird dann aufzeigen, wie die Grenzen der Öko-Nische - von einer optimistischen Bio-Markt-Einschätzung geleitet - überwunden werden und schliesslich ebenfalls in einer "sich selbst erfüllenden Prophezeiung" münden können.

6.2.1 Beispiel 1: Wie eine pessimistische Einschätzung Wirkung zeigt

Weiter oben wurde beschrieben, wie Migros 1978 in die ökologische Zeitfalle tappte. Dieses Negativbeispiel, verbunden mit dem Erfolg, der mit dem Aufbau und Vertrieb von Erzeugnissen der Integrierten Produktion erzielt wurde, hat die Einschätzung des Marktpotentials biologischer Lebensmittel bei Migros beeinflusst. Durch die Mit-Entwicklung der Richtlinien der Integrierten Produktion, die enge Zusammenarbeit mit den IP-Landwirten, die Investitionen in die IP-Forschung, die Einrichtung von Labors oder das politische Engagement zugunsten der Integrierten Produktion hat Migros intern wie extern Strukturen (mit-) geschaffen, die für das M-Sano-Programm wohl fördernd, für den Aufbau und die Durchsetzung eines Bio-Programms jedoch hemmend wirken. Auf diesen Aktivitäten und der sich daraus entwickelnden "M-Sano-Kultur" fusst die Prognose von Migros, dass Bio-Lebensmittel die Öko-Nische nicht verlassen und den Öko-Massenmarkt auch langfristig IP-Produkten überlassen werden.[494] Die Einführung des M-Bio-Programmes 1995 ist unter der Zielsetzung, ein *Vollsortiment* anzubieten - begleitet vom "unteren Flankenschutz" M-Budget - lediglich als "oberes Flankenprogramm" für M-Sano zu verstehen.

Migros' Erwartungen darüber, wohin sich der Schweizer Lebensmittelmarkt entwikkeln wird, hat für die Ausbreitung biologischer Produkte Folgen:

- *Nachfrageseite:* Durch das Angebot zweier Öko-Programme (M-Sano und M-Bio) entsteht bei den Konsumenten Verwirrung.[495] Eine Folge hiervon ist, dass Konsumenten, in der Absicht Bio-Produkte zu kaufen, M-Sano-Produkte in ihren Einkaufswagen legen. Durch das Forcieren des M-Sano-Programmes wird folglich die Konsumentenaufmerksamkeit auf das IP-Programm hingelenkt. Der resultierende "Verwechslungseffekt" wirkt sich durch die Dominanz der IP-Produkte im Migros-Regal auf die Entwicklung des Bio-Programmes negativ aus.[496] Mit einer "M-Sano-Strategie" verhindert Migros folglich das Zustandekommen eines "Bio-Pulls" auf der Nachfrageseite.

---

[494] Vgl. stellvertretend Loeb im Brückenbauer 1997, S. 35.

[495] Eine explorative Untersuchung zeigt auf, dass selbst das Migros-Personal nicht fähig ist, die Unterschiede zwischen M-Sano und M-Bio darzulegen. Vgl. Belz 1997, S. 20.

[496] Was wiederum die M-Sano-Bilanz beschönigt und die Verantwortlichen in ihrer M-Sano-Strategie bestärkt

- *Beschaffungsseite:* Aufgrund des hohen Einflusses der Handelsstufe im allgemeinen und Migros im besonderen, warten die vorgelagerten Glieder in der Lebensmittelkette bei Veränderungen im Umfeld auf Zeichen der Grossverteiler, bevor sie ihr Verhalten anpassen (z.B. Umstellung auf den Biologischen Landbau). Sendet Migros keine oder negative Signale in Richtung Produktionsseite, verharren die Landwirte auf der Anbauweise der Integrierten Produktion, wodurch Migros auch bei positiven politischen Anreizen (z.B. Bio-Verordnung) das Entstehen eines "Bio-Pushs" seitens der Produktionsseite verhindern kann.
- *Rahmenbedingungen:* Migros gilt als Unternehmen, welches seine soziale und ökologische Verantwortung in hohem Masse wahrnimmt. Setzt sich Migros für die Integrierte Produktion ein, hat dies nicht nur direkte Wirkungen auf das politische Lenkungssytem ("IP-Lobbying"), sondern ebenso indirekte Folgen für die Wahrnehmung öffentlicher Anspruchsgruppen (und damit auch der Konsumenten).

Es lässt sich resümieren, dass Migros' Einschätzung, wonach Bio-Lebensmittel nicht über einen Nischenstatus hinaus kommen werden, schwer wiegende Konsequenzen für die Ausbreitung biologischer Lebensmittel hat. Mit der hohen strategischen Bedeutung, welche Migros den IP-Produkten beimisst, wird zum einen die Erschliessung eines grösseren Nachfragesegmentes für Bio-Produkte verhindert (kein "Bio-Pull"). Zum anderen sendet dies negative Signale in Richtung Produktionsseite (kein marktlicher "Bio-Push"). Zudem kann die Macht von Migros die politische Dynamik im Entwicklungsprozess bremsen sowie die öffentliche Meinungsbildung beeinflussen (kein politisch-öffentlicher "Bio-Push"). Migros' pessimistische Einschätzung bzgl. der Ausbreitung biologischer Lebensmittel zieht somit in der gesamten Lebensmittelkette Erwartungen, Einstellungen und Handlungen nach sich, welche die Voraussetzungen für das erwartete Ereignis "Bio-Nische" stabilisieren. Wie sieht ein aus diesen Voranahmen resultierender typischer *"Nischen-Marketing-Mix"* aus?

6.2.2 Produktpolitik in der Nische

Im Zentrum eines glaubwürdigen Öko-Marketings steht das "ökologische Produkt". Das erhältliche Angebot auf dem Schweizer Lebensmittelmarkt bestand bei den Bio-Programmen lange Zeit aus den wenigen erhältlichen Obst- und Gemüsesorten. Diese Bio-Produkte wurden i.d.R. unverpackt und unverarbeitet, d.h. frisch angeboten. Mängel in der Anmutungsqualität waren die Folgen eines geringen Forschungsstandes im Biologischen Landbau sowie des Verzichts auf chemische Hilfsmittel. Die "braunen Flecken auf der Apfelhaut" symbolisierten die Anbauweise (und somit die Nutzenkomponenten Ökologie und Gesundheit) jedoch glaubwürdig. Insofern bestand das Produktemarketing in der *Naturbelassenheit* der Bio-Produkte.

Das *"Dilemma der Produktpolitik"* eröffnet sich darin, dass mit (für Bio-Produkte typischen) Eigenschaften wie Schlichtheit, dezente Farben, keine Verpackung u.ä. wohl eine gewisse Naturnähe assoziiert wird, so gestaltete Produkte jedoch mit verkaufsunterstützenden Kriterien wie Design, Informationsübertragung durch die Verpackung, Ästhetik der Produkte, zuverlässige Erhältlichkeit, ein breites Sortiment, Lagerungsmöglichkeiten oder Convenience negativ korrelieren. Das Angebot frischer, naturbelassener Produkte gewährleistete somit die für die kritischen Öko-Käufer wichtige Glaubwürdigkeit der biologischen Anbauweise. Durch das schmale, unverpackte Angebot frischer Produkte wurden in der Nische jedoch wichtige Kaufkriterien trägerer Konsumentensegmente ignoriert. Dies hatte zur Folge, dass breitere Käuferschichten vom Konsum biologischer Lebensmittel ferngehalten wurden.

6.2.3 Preispolitik in der Nische

Aufgrund einer tieferen Produktivität, kleiner Losgrössen, mangelnden Lernkurveneffekten usw. liegen die Herstellungskosten biologischer Produkte noch deutlich über denjenigen konventioneller Lebensmittel, was das preisstrategische Handlungsfeld der Anbieter einschränkt.[497]

---

497 Die Erntemindererträge der Biologischen Landwirtschaft betragen zwischen 10-40%. Zudem sind die Anforderungen, die seitens der Bio-Verordnung an die Bio-Landwirte gestellt werden, höher, was wiederum die Arbeitsintensität steigert. Vgl. zu diesen Zusammenhängen Villiger 1998, S. 25 ff. sowie Kap. 4 und 5.

Zu den höheren Preisen kommen für den Konsumenten biologischer Lebensmittel aufgrund des lange Zeit tiefen Distributionsgrades hohe Transaktionskosten (in Form von Such- und Informationskosten) hinzu. Weiter wirkt die in der Nische vorherrschende Skimmingpreisstrategie preissteigernd, mit welcher die geringe Preissensibilität, resp. die hohe Zahlungsbereitschaft der umweltaktiven und gesundheitsbewussten Konsumentenschichten abgeschöpft wird ("Bio-Rente").

Unter Beachtung von Glaubwürdigkeitsaspekten ist eine Preissenkung biologischer Produkte auf das Preisniveau konventioneller Lebensmittel auch nicht anzustreben. Denn eine gewisse Preisdifferenz signalisiert den Zusatznutzen sowie die höhere Qualität biologischer Lebensmittel und verhilft den Anbietern, den Markt in verschiedene Qualitätssegmente aufzuteilen und für die Bio-Programme eine Differenzierungsstrategie umzusetzen. Allerdings ist zu vermuten, dass Preisdifferenzen von bis zu 200% über der Schwelle liegen, welche einen höheren Ausbreitungsgrad biologischer Produkte begünstigen würde ("Dilemma der Preispolitik").[498]

6.2.4 Kommunikationspolitik in der Nische

Aufgrund der knappen Marketingbudges sowie aus ideologischen Gründen (Davids) oder aber schlicht mangels Interesse (Migros) wurden die Bio-Programme lange Zeit kaum beworben. Die beste und beinahe einzige Werbung, von welcher die Anbieter biologischer Produkte profitierten, bestand in den zahlreichen Medienberichten über die Lebensmittelskandale. Ansonsten waren die Bio-Anbieter auf direkte Kundenbeziehungen sowie Mund-zu-Mund-Propaganda in der "Öko-", bzw. "Bio-Szene" angewiesen. Analog zur Produktpolitik kann von einer passiven Kommunikationspolitik in der Öko-Nische gesprochen werden ("Non-Marketing").

---

498 Diese "optimale Bio-Aufpreisschwelle" dürfte vielmehr im Bereich von 10-20% liegen.

6.2.5 Distributionspolitik in der Nische

Der Handel beschafft (Beschaffungsmarketing) und vertreibt Produkte (Absatzmarketing). Somit kann die Distributionspolitik aus Sicht des Handels in eine Beschaffungs- sowie eine Absatzpolitik unterteilt werden.[499]

Beschaffungspolitik: Das Angebot eines Bio-Programmes bedingt die Bewirtschaftung separater Verteillogistiken, da biologische von konventionellen Produkten (gemäss Bio-Verordnung) getrennt geliefert werden müssen. Dies ist bei einer zunehmenden Zentralisierung auf der Verarbeitungsstufe gleichbedeutend mit einem grösseren Transportvolumen, höheren Kosten sowie steigenden Umweltbelastungen ("Kompensationseffekt"). Hieraus resultieren absurde Situationen. So wird zum Beispiel Engadiner Milch frühmorgens nach Zürich gefahren, zu Joghurt verarbeitet und als solches am Abend wieder zurück ins Engadin transportiert. Oder unter Einhaltung der Richtlinien von Bio Suisse produzierte Bio-Milch muss in den Milchtank konventioneller Milch geschüttet werden, da die getrennte Behandlung und Vermarktung als Bio-Milch aufgrund der geringen Mengen ökonomisch nicht tragfähig ist. Begrenzend wirkt zudem, dass es den Landwirten im Berggebiet leichter fällt, auf Bio-Landbau umzustellen.[500] Diese Höfe, welche Ende der 90er Jahre noch einen Grossteil des Bio-Bestandes ausmachen, sind in der Regel kleiner, schwerer zu erschliessen und unterliegen klimatischen wie topographischen Restriktionen, was die biologische Produktbreite und damit deren Ausbreitung weiter einschränkt.

Absatzpolitik: Lange Zeit wurden Bio-Produkte nur dezentral, d.h. direkt ab Bauernhof vertrieben. Wer Bio-Produkte kaufen wollte, hatte somit längere Fahrtwege in Kauf zu nehmen, was wiederum mit Transaktionskosten und ökologischen Belastungen verbunden war. Ende der 90er Jahre gewinnt der *Direktverkauf ab Bauernhof* wieder an Bedeutung. Dies hängt nachfrageseitig damit zusammen, dass sich die verunsicherten Lebensmittelkonsumenten von der Anbauweise und der Tierhaltung selber ein Bild machen wollen. Zudem entspricht diese Vertriebsform dem Trend des Erlebniseinkaufs, bei welchem zudem frischere Produkte erstanden werden können.[501]

---

499 Redistributionskanälen kommt bei Lebensmitteln keine Bedeutung zu. Die Ausnahme bildet das Flaschenpfand.

500 Die Topographie im Berggebiet verhindert eine intensive maschinelle Bearbeitung der Felder und ist per se extensiver und damit naturnäher.

501 Vgl. hierzu die Textbox in Kap. 2.

Als Folge des steigenden Gesundheits- und Umweltbewusstsein wurden in den 70er und 80er Jahren in verschiedenen Schweizer Städten *Bio- und Reformläden* eröffnet (Ziel: Kundennähe). Aufgrund der hohen Mietpreise in den Stadtzentren mussten diese Läden jedoch oft an schlecht frequentierten Orten eröffnet werden. Auf diese Weise fristeten zahlreiche Bio-Läden weiterhin ein "Nischendasein am Stadtrand".

Im *Grossverteiler* wurden Bio-Produkte bis in die 80er Jahre hinein mit konventionellen und IP-Produkten vermischt vertrieben. Auch hier kann nicht von einem aktiven Marketing für biologische Lebensmittel gesprochen werden.

Als erste wirkliche Marketingmassnahme im Bereich der Distributionspolitik ist das Einrichten von *Bio-Ecken* in den Grossverteilern zu bezeichnen (Anfang der 80er Jahre). Hierbei eröffnet sich für die Anbieter ein *Distributionsdilemma* in der Frage, ob die interessierten Konsumenten mit Bio-Ecken differenziert angesprochen (Ziel: Erzeugung von "Nestwärme" und Steigerung der Kaufintensität bei bereits umweltaktiven Bio-Käufern) oder die Bio-Produkte in die *Regale integriert* werden sollten (Ziel: Akquisition neuer Käufer). Für das Bio-Ecken-Konzept spricht der Vorteil einer segmentspezifischen Ansprache sowie die Möglichkeit, die wenigen erhältlichen Bio-Produkte konzentriert und übersichtlich darzustellen. Gegen Bio-Ecken spricht, dass der "Massenmarktkunde" sich im Grossverteiler nicht in der Bio-Nische exponieren wollte, was mit dem negativ geladenen Image der Öko-Bewegung zusammenhing.

Die beschriebenen Umstände weisen auf die lange Zeit schlechte Erhältlichkeit von Bio-Produkten hin, welche sich auf deren Ausbreitungsprozess behindernd auswirkte. Aus ökologischer Sicht ist heute kritisch zu hinterfragen, ob die distributionspolitisch bedingte Steigerung des Transportaufkommens (Beschaffung wie Einkauf) die ökologischen Entlastungseffekte einer biologischen Anbauweise nicht aufheben oder gar überkompensieren ("ökologische Problemverschiebung").[502] Beim Überschreiten einer gewissen Mindestgrösse ist jedoch zu erwarten, dass die Umweltbelastungen pro Produkt wieder zurückgehen ("ecologies of scale").

---

[502] Zum Postulat des Verbotes der Problemverschiebung vgl. Minsch et al. 1996, S. 33 f.

6.2.6 Fazit: Zementierung der Nische

Das lange Zeit praktizierte (Non-) Marketing in der Öko-Nische zementiert diese Nische. Die bescheidene Anmutungsqualität (Produktpolitik), das schmale Sortiment (Sortimentspolitik), die hohen Preise (Preispolitik), der Verzicht auf Werbung (Kommunikationspolitik) sowie die schlechte Erhältlichkeit (Distributionspolitik) erhöhen auf der einen Seite die Glaubwürdigkeit der biologischen Produkteigenschaften (und damit auch die Kaufintensität der bereits umweltaktiven Konsumenten). Auf der anderen Seite wird das Marketing damit ausschliesslich auf die (vermuteten) Eigenschaften dieser Öko-Nischen-Käufer ausgerichtet ("Kundenstamm-Marketing"). Die Bedürfnisse breiterer Konsumentenschichten, welche für die angestrebte Diffusion biologischer Lebensmittel in den ökologischen Massenmarkt massgebend sind, werden jedoch ausgeschlossen. Als Folge dieser Zusammenhänge drehte sich der Bio-Markt in der Öko-Nische im Kreis (vgl. Abb. 43).

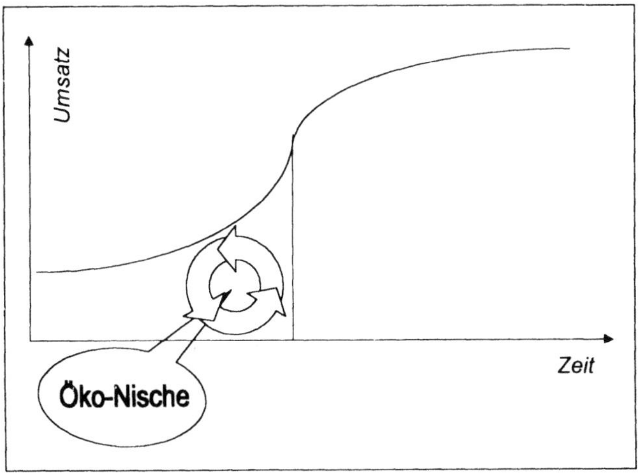

Abb. 43: Drehen in der Öko-Nische

Aus diffusionstheoretischer Perspektive lässt sich dieses Verharren in der Öko-Nische als "normaler Gang der Geschichte" interpretieren. Demzufolge steht der Bio-Markt erst am Anfang seiner Entwicklung (langsame Einführungs-, resp. Aufschwungphase). Diffusionsendogene wie -exogene Kräfte werden künftig dafür sorgen, dass der Ausbreitungsverlauf biologischer Lebensmittel der Kurve (gemäss Abb. 43) (tendenziell) folgen. Die durch das "Öko-Nischen-Marketing" erlangte Glaubwürdigkeit bei den Konsumenten ist seitens der Anbieter als notwendiges - aber nicht hinreichendes - Fundament zu verstehen, auf welches ein auf ein jenseits der Nische ausgerichtetes Marketing-Mix nun aufzubauen hat. Um die Öko-Nische in Richtung ökologischer Massenmarkt zu verlassen, wird eine Erweiterung der Öko-Marketing-Konzeption notwendig.

6.3 Marketing jenseits der Öko-Nische

☞ In diesem Abschnitt steht die Frage im Zentrum, wie die sich selbst erfüllende Prophezeiung "Öko-Nische" überwunden werden kann. Eine konstruierte Wirklichkeit wird nur dann zur tatsächlichen Wirklichkeit, wenn dieser geglaubt wird. Sie bleibt jedoch wirkungslos, wenn das Element des Glaubens fehlt: "Die Prophezeiung, von der wir wissen, dass sie nur eine Prophezeiung ist, kann sich nicht mehr selbst erfüllen".[503] Auf den vorliegenden Kontext übertragen bedeutet dies, dass wenn die Marktakteure in ihrer Annahme von der "stabilen Öko-Nische" entweder durch Aufklärungsarbeit vom Gegenteil überzeugt oder von der Realität "überholt" werden, dies zu Einstellungs- und Verhaltensänderungen und letztlich zum Ausbruch aus dem "Teufelskreis" (gemäss Abb. 43) führen wird. Diese Zusammenhänge werden am folgenden Beispiel illustriert.

---

503 Watzlawick 1981, S. 108.

6.3.1 Beispiel 2: Wie eine optimistische Einschätzung Wirkung zeigt

Dieselbe Rolle, welche Migros seit den 70er Jahren bei der Integrierten Produktion einnimmt, übernimmt Coop in den 90er Jahren für den Biologischen Landbau. Im Stile eines strukturpolitischen Akteurs treibt Coop den "Biologisierungsprozess" in der Schweizer Lebensmittelbranche voran. Der Erfolg dieser Marktentwicklungsstrategie zeigt sich in einem "doppelten Umsatz-" wie in einem "doppelten Imageeffekt" (vgl. Textbox).[504]

> "Doppelter Umsatz-" und "doppelter Imageeffekt" dank "Naturaplan"
>
> *"einfacher Umsatzeffekt":* Die Umsatzzahlen der Bio-Programme der beiden Grossverteiler wachsen mit zweistelligen Wachstumsraten. Das Angebot von Bio-Produkten steigert den Umsatz somit direkt.
>
> *"doppelter Umsatzeffekt":* Konsumenten, die Coop wegen des "Naturaplans" aufsuchen, kaufen auch konventionelle Produkte bei Coop ein. D.h., dass das gesamte Sortiment vom Angebot des "Naturaplans" profitiert - Bio-Produkte verhelfen dem Grossverteiler somit auch zu einer höheren Frequenz.
>
> *"einfacher Imageeffekt":* Wie Umfragen zeigen, steigt das Coop-Image als Folge der Vermarktung umweltfreundlicher Produkte ("Kompetenzmarken"). Dies bedeutet, dass das Unternehmensimage von "positiven Spillover-Effekten" profitiert, die von der Handelsmarke "Coop Naturaplan" ausgehen.[505]
>
> *"doppelter Imageeffekt":* Indem im Premium-Segment (als Pionier) die Marktführerschaft angestrebt wurde, konnte den Mitarbeitern mit dem "Coop-Naturaplan"-Projekt eine neue Vision vermittelt werden. Eine klare Vision erhöht die Identifikation zum Arbeitgeber und steigert die Arbeitsmotivation, was sich wiederum auf die Schnittstelle Verkaufspersonal/Kunde positiv auswirkt.[506]

---

504 Vgl. zum "doppelten Umsatzeffekt" Belz/Villiger 1997, S. 29 sowie zum "doppelten Imageeffekt" Villiger/Belz 1998, S. 74.

505 Zu den "spillover-Effekten" vgl. Shapiro 1983, S. 660.

506 Vgl. zu diesem letzten Punkt auch Kap. 2.1. Zur Wirkung von Visionen vgl. Bleicher 1995, S. 84 ff.

Als der Schweizer Bundesrat 1992 die agrarpolitische Kehrtwende in Richtung "mehr Markt und mehr Ökologie" ankündigte, wusste Coop die Zeichen der Zeit zu deuten. "Mehr Markt" bedeutete, dass infolge der Liberalisierungstendenzen insbesondere im Tiefpreissegment mit ausländischer Konkurrenz zu rechnen sein wird. "Mehr Ökologie" weist daraufhin, dass der Bund die Öko-Programme verstärkt fördern will. Dies veranlasste Coop, die Strategie "Ausbruch aus der Bio-Nische" zu wagen - auch wenn in der Schweiz Anfang der 90er Jahre kaum jemand von Bio-Produkten sprach.[507]

Welche Implikationen hat diese optimistische Einschätzungen des "Bio-Potentials" für die Ausgestaltung des Öko-Marketings? In Anlehnung an die in Kap. 5. entwickelte Interdependenz der Angebots- und Nachfrageseite wird letztere nun wieder vermehrt in die Betrachtungen einbezogen. Denn mit der Entwicklung vom Nischen- zum Massenmarkt verändert sich auch der Charakter des Wettbewerbs von einem *Anbieter-* (welche Produkte sind erhältlich?) zu einem *Nachfragermarkt* (welche Präferenzen haben die Konsumenten?).

Bei der Verlagerung des Fokus' hin zum Massenmarketing-Mix gilt es zu beachten,

- dass ein Übergang vom Nischen- zum Massenmarkt - nebst einer gesteigerten Kaufintensität bereits umweltaktiver Konsumenten - in hohem Masse vom Hinzugewinn weiterer, weniger umweltbewusster Konsumentenschichten abhängig ist. Hierfür wird eine Anpassung des Marketing-Mix an deren Präferenzen notwendig ("vom Öko-Nischen- zum Massenmarkt-Marketing"). Die Kunst liegt darin, neue Kundensegmente zu gewinnen, ohne die bereits aktivierten zu verlieren.
- dass aufgrund des jungen Entwicklungsstandes von Märkten mit biologischen Produkten vom Pionier das Verfolgen einer ökologischen *Marktentwicklungsstrategie* verlangt wird. Dies hängt damit zusammen, dass im Zusammenhang mit dem Thema Ökologie nicht nur das direkte Marktumfeld (Beschaffungs- und Absatzmarketing), sondern auch die gesellschaftlichen Lenkungssysteme Politik und Öffentlichkeit von Relevanz sind. Diesem Umstand wird Rechnung getragen, indem das Marketinginstrumentarium "von 4 auf 6 P's" erweitert wird.[508]

---

507 Damit sind "die beiden hauptsächlichen Kriterien" zur Auswahl eines neuen Zielsegmentes erfüllt. 1. Das Segment hat einen zwingenden Kaufgrund. 2. Das Segment wird von keinem anderen Konkurrenten bedient. Der Kaufgrund "Bio-Lebensmittel" gewann für die Konsumenten mit jedem weiteren Lebensmittelskandal an Relevanz. Und Anfang der 90er Jahre war das Segment der Bio-Konsumenten von keinem Konkurrenten besetzt. Vgl. hierzu Moore 1996, S. 55.

508 Die Erweiterung des etablierten "4-P-Mixes" um "politics" und "public opinion" zum "6-P-Mix"

6.3.2 Produktpolitik jenseits der Nische

Die Hauptaufgabe von Unternehmen ist das Herstellen und Anbieten von Produkten bzw. Leistungen. Folglich steht die Produktpolitik im Mittelpunkt des Marketings.[509] Die zentralen Aufgabenbereiche der *Produktpolitik* beziehen sich auf die Einführung einer Innovation sowie deren Pflege im Markt.[510] Ziel der *ökologischen Produktpolitik* ist es grundsätzlich, den Konsumenten eine Leistung anzubieten, welche über den gesamten Produktlebenszyklus hinweg betrachtet weniger Umweltbelastungen verursacht als konventionelle Substitute.[511]

Die Probleme beim Angebot biologischer Produkte liegen für den Handel Ende der 90er Jahre in der *Erhältlichkeit* der Produkte in ausreichender Quantität (Beschaffungsengpässe) sowie Qualität ("Hässlichkeit verkauft sich schlecht").[512]

Der Verzicht auf chemisch-synthetische Pflanzenschutzmittel und Dünger beim Biologischen Landbau hat eine hohe Witterungs-, Schädlings- und Krankheitsanfälligkeit der Produkte zur Folge, was die *Sortimentstiefe* einschränkt.[513] Dies bedeutet, dass auch Ende der 90er Jahre noch eine hohe Abhängigkeit der nachfolgenden Stufen vom Entwicklungsstand des Bio-Landbaus besteht.[514] Forschungsfortschritte sowie eine weiter steigende Ausbreitung des Biologischen Landbaus helfen, qualitative wie auch quantitative Engpässe in der Angebotsstruktur schrittweise zu überwinden. Zudem erlauben Forschungsfortschritte, auch weniger resistente Obst- und Gemüsesorten zu produzieren, was wiederum eine Steigerung der Produktvielfalt garantiert. Damit steigt zum einen der *Differenzierungsgrad* im Bio-Sortiment,[515] zum anderen kann wichtigen

---

orientiert sich zum einen an den Erkenntnissen aus Kap. 3, zum anderen an Kotlers "Mega-Marketing". Vgl. zu letzerem Kotler/Bliemel 1995, S. 631 f.

509 Vgl. Haedrich/Tomczak 1996, S. 14.

510 Zum Instrumentarium der Produktpolitik zählen Haedrich/Tomczak die Produktqualität (im vorliegenden Kontext: Premium-Segment), die Produktausstattung (Verpackung, Design), die Markierung (Namensgebung, Kennzeichnung), die Programmpolitik sowie Service/Dienstleistungen. Vgl. Haedrich/Tomczak 1996, S. 14 f.

511 Vgl. hierzu Töpfer 1985, S. 242. Zur ökologischen Produktbewertung vgl. Spiller 1996, S. 347 ff. Zur ökologischen Sortimentsbewertung vgl. Sieler 1994, S. 96 ff.

512 Bänsch 1990, S. 373.

513 Als Sortimentstiefe werden die Auswahlmöglichkeiten innerhalb einer Warengruppe bezeichnet, während die Sortimentsbreite die Anzahl unterschiedlicher Warengruppen im Sortiment beschreibt. Vgl. Müller-Hagedorn/Heidel 1986, S. 39.

514 Nicht schädlingsresistente Dauerkulturen stellen für den Bio-Landbau immer noch ein Problem dar.

515 Ende der 90er Jahren zeichnet sich eine von der Anbauweise her vorgegebene Qualitätsdifferenzierung innerhalb der Produktkategorien ab. Bei den Äpfeln unterscheidet sich das Bio-

Anforderungen des Massenmarktkunden wie Convenience, Verpackung (Informationsbedarf), Design, zuverlässige Erhältlichkeit, Ästhetik usw. vermehrt entsprochen werden.[516]

Coop nimmt sämtliche Bio-Produkte, die von den Schweizer Bio-Landwirten saisongerecht und in ausreichender Qualität produziert werden, ins Sortiment auf. Die schweizerische Herkunft geniesst gegenüber ausländischen Bio-Produkten Priorität, wobei aber zum Beispiel auch ausländische Bio-Orangen angeboten werden. Dies wird mit dem Ziel begründet, ein möglichst grosses *(Voll-) Sortiment* anbieten zu wollen. 1999 bestand das Coop-Sortiment bereits aus über 300 Bio-Produkten.[517]

Die Bedeutung der Sortenvielfalt im Grossverteiler

Wichtige Umsatzträger im Bio-Sortiment sind etwa Karotten, Tomaten, Kartoffeln sowie Salat. Interessant ist jedoch, dass Bio-Karotten, die doppelt so teuer sind wie konventionelle Karotten, bei Coop 1997 bereits einen Sortimentsanteil von 14% erreichten, während Bio-Kartoffeln, deren relativer Mehrpreis tiefer liegt, bloss 5% zum Kartoffelumsatz beitrugen. Zu erklären ist dies möglicherweise damit, dass Bio-Karotten deutlich besser schmecken als konventionelle oder IP-Karotten. Ein weiterer Erklärungsansatz bietet die Sortenzahl: Da die Kartoffelecke in zahlreiche Sorten und verschiedene Klassen, Grössen usw. unterteilt ist, wird ein zusätzlicher "Bio-Kartoffelsack" von den Konsumenten nicht in demselben Masse wahrgenommen wie Bio-Karotten, von denen es nur wenige Sorten gibt ("Karotten sind Karotten"). Hier zeigt sich zum einen, dass die Übersichtlichkeit und Warenpräsentation einen entscheidenden Einfluss auf den Absatzerfolg der Programme ausübt und zum anderen, dass Konsumenten bei qualitativen Unterschieden bereit sind, einen Mehrpreis zu bezahlen.

Programm (Topaz, Florina, Resi, Rewena, Retina) vom IP-Programm (Golden Delicious, Maigold, Gala, Boskoop, Grafensteiner, Glockenapfel u.a.) aufgrund der mangelnden Resistenz von Bio-Obst. Möglicherweise vermischen sich diese Sorten mit den Forschungsfortschritten zunehmend, so dass neben einer Integration in die Grossverteilerregale mit der Zeit auch eine Integration biologischer Erzeugnisse in die herkömmlichen Produktkategorien zu erwarten ist.

516 Dabei eröffnet sich dem Grossverteiler ein "ökologisches Produktdilemma", indem das glaubwürdige "ökologische Maximum" vom "ökologischen Optimum" als Kriterium der Sortimentszusammenstellung abgelöst wird, welches zum einen den Präferenzen des umweltträgeren (Massenmarkt-) Kunden, zum anderen den bei gewissen Produkten noch auftretenden beschaffungsseitigen Engpässen Rechnung trägt.

517 Auf Flugware hingegen wird gänzlich verzichtet. Vgl. Coop 1999b, S. 8.

6.3.3 Preispolitik jenseits der Nische

Die Preise biologischer Lebensmittel liegen im Schweizer Lebensmittelhandel noch deutlich über denjenigen konventioneller Lebensmittel. Ein gewisser Mehrpreis ist bei einer Qualitätsdifferenzierung durchaus erwünscht und gerechtfertigt, wird doch mit einem höheren Preis auch eine höhere Produktqualität assoziiert. Dennoch sind im Sinne einer weiteren Ausbreitung biologischer Produkte Preissenkungen unerlässlich - und auch zu erwarten. Wie setzt sich der Preis biologischer Lebensmittel zusammen? Welchen Spielraum zur Preissenkung haben die Unternehmen in ihrer Preispolitik?

Die Preisfestsetzung von Produkten orientiert sich an den Kosten, am Kundennutzen sowie an der Konkurrenzsituation. Wie weiter oben bereits ausgeführt wurde, liegen die *Produktionskosten* biologischer Lebensmittel (zu Beginn des Produktlebenszyklus) naturgemäss höher als diejenigen bereits länger etablierter, konventioneller Substitute (Gründe: junger Forschungsstand, kleine Losgrössen, tiefere Produktivität extensiver Bewirtschaftungsformen usw.). Hinzu kommen höhere *Transaktionskosten* (Such- und Informationskosten), welche interessierte Konsumenten beim Kauf von biologischen Lebensmitteln zu tragen haben (Suchkosten infolge der lange Zeit schlechten Erhältlichkeit biologischer Produkte; Informationskosten aufgrund der verschiedenen Standards, Labels und Handelsmarken).

Eine empirische Untersuchung zeigt, dass selbst die Preise von Bio-Produkten bei verschiedenen Produktkategorien stark variieren. So betragen die Mehrpreise bei Bio-Milchprodukten 10-20%, bei Bio-Broten 15-30%, bei Bio-Gemüse 40-170%. Diese Differenzen lassen sich teilweise durch variierende Produktionskosten, teilweise aber auch durch die unterschiedliche Preissensibilität der Endverbraucher bei verschiedenen Produktkategorien erklären.[518] Es ist folglich anzunehmen, dass die höhere Zahlungsbereitschaft umweltaktiver Konsumenten (welche dem ökologischen und gesundheitlichen Zusatznutzen einen entsprechend hohen Nutzen; d.h. ein hohes "Involvement" zuweisen)[519] in Anwendung einer *Skimmingpreisstrategie* auch abgeschöpft wird.

---

518 Vgl. Rouhani 1998.

519 Unter "Involvement" wird die Ich-Beteiligung und die damit verbundene Aktivierung, mit der sich jemand einem Sachverhalt oder einer Aktivität zuwendet, bezeichnet. Vgl. Kroeber-Riel 1992, S. 347.

In Kenntnis dieser Zusammenhänge erstaunt es nicht, dass mit den Bio-Produkten lange Zeit ausschliesslich die Öko-Nischen-Konsumenten angesprochen wurden. Um breitere Konsumentenschichten zu erschliessen, wird eine Kommunikation notwendig, welche die Zusatznutzen und -kosten biologischer Produkte glaubwürdig zu vermitteln und zu verankern vermag (Differenzierungsaspekt).[520] Denn wie eine empirische Untersuchung zeigt, wird die monetäre "Opferbereitschaft" zugunsten ökologischer Produkte mitunter vom Grad der Überzeugung bestimmt, mit welchem die höheren Preise als gerechtfertigt registriert werden.[521] Da im Verlaufe des Branchenzyklus' (nachfrageseitig) die Preissensibilität steigt, werden *Preissenkungen* zur Steigerung der Absatzzahlen unumgänglich. Welchen Spielraum haben die Unternehmen, Bio-Produkte günstiger anzubieten?

Um eine massgebende Preisreduktion zu erzielen, ist bei der Kalkulation von hohen Stückzahlen auszugehen, wodurch die Fixkosten auf eine grössere Anzahl Produkte verteilt und infolgedessen die Stückpreise gesenkt werden können ("Skaleneffekte"). Dies kommt einem Wechsel von der Abschöpfungs- zur Penetrationspreisstrategie gleich. Die *Penetrationspreisstrategie* kann von einer Ablösung der *relativen* (z.B. generell 30% Preisaufschlag pro Produkt) durch die *absolute Kalkulationsmethode* (z.B. 2 Sfr./kg Tomate) unterstützt werden. Denn indem ein Handelsunternehmen bei jedem Produkt, unabhängig von der Anbauweise, dieselbe relative Handelsspanne anwendet, verteuert es die Bio-Produkte zusätzlich künstlich. Dieser Preiseffekt wird am Beispiel eines Kilogramms Glockenäpfel illustriert.

Relative oder absolute Kalkulationsmethode?

Im folgenden illustrativen Rechenbeispiel wird davon ausgegangen, dass den Schweizer Landwirten bei konventionellen Produkten ein Produzentenpreis von Sfr. 1.20 ausbezahlt wird. Durch das Hinzufügen der branchenüblichen Handelsspanne von 70% (= Sfr. 2.55) kommt der Konsumentenpreis für ein Kilogramm *konventionelle Glockenäpfel* auf Sfr. 3.75 zu stehen.

---

520 Zur Mehrkostenminimierung und -differenzierung vgl. auch Bänsch/Seydel 1998, S. 245 ff.

521 Vgl. Bänsch 1990, S. 364 f.

Aufgrund der höheren Arbeitsintensität und der geringeren Produktivität im Biologischen Landbau werden dem Bio-Landwirt für ein Kilogramm *Bio-Glockenäpfel* Sfr. 1.60 ausbezahlt (Bio-Prämie = Sfr. 0.40). Unter Anwendung der *relativen Kalkulationsmethode* (70% Handelsmarge = Sfr. 3.40) resultiert für ein Kilogramm Bio-Glockenäpfel ein Konsumentenpreis von Sfr. 5.00. Die Differenz zu konventionellen Produkten beträgt somit Sfr. 1.25 oder 25%. Zusätzliche Aufwendungen (z.B. in der Logistik, in der Administration oder im Marketing) rechtfertigen einen gewissen Mehrwert. Dennoch ist davon auszugehen, dass sich die Handelsunternehmen ökonomisch rational verhalten und die gegebene Angebots-/Nachfragekonstellation ausloten. Mit anderen Worten: Ist bei einem gegebenen Konkurrenzverhältnis eine Bio-Prämie erzielbar, wird sie wohl auch abgeschöpft (Skimmingpreisstrategie).

Setzt sich nun ein Anbieter zum Ziel, die Bio-Marktnische zu überwinden und mit Hilfe hoher Umsätze und Losgrössen einen Preisvorteil zu erlangen, könnte die Kalkulation mit *absoluten Handelsmargen* den angestrebten Preiseffekt bringen. Im obigen illustrativen Beispiel würde sich der Preisführer an der absoluten Handelsmarge der konventionellen Glockenäpfel von Sfr. 2.55 orientieren und dieselbe bei Bio-Produkten verrechnen. Beim gegebenen Produzentenpreis von Sfr. 1.60 resultiert auf diese Weise ein Konsumentenpreis von Sfr. 4.15, welcher wohl Sfr. 0.40 über dem Preis konventioneller Produkte, jedoch Sfr. 0.85 unter dem Preis der Konkurrenz auf dem Bio-Markt läge (Penetrationspreisstrategie) (vgl. Abb. 44).

Kalkulations-schritt	konven-tionell	in %	bio relativ	in %	bio abso-lut	in %	Differenz zu relativ
Produzentenpreis	1.20	30	1.60	30	1.60	40	0.00
Marktspanne	2.55	70	3.40	70	2.55	60	-0.85
Konsumentenpreis	3.75	100	5.00	100	4.15	100	-0.85

Abb. 44: Anwendung relativer und absoluter Kalkulationsmethoden

(illustratives Rechenbeispiel anhand eines Kilogramms Glockenäpfel)

Quelle: Villiger 1998, S. 41

Aufgrund des frühen Stadiums im Branchenlebenszyklus ist die Wettbewerbsintensität im Bio-Segment noch gering. Coop profiliert sich als Marktführer und setzt die Preise, an welchen sich die Konkurrenz orientiert.[522] Es ist zu erwarten, dass sich die Wettbewerbsintensität bei einer steigenden Anzahl von Bio-Programmen erhöhen und dies wiederum zu sinkenden Preise führen wird. Dieser Prozess wird von ökonomischen Effekten unterstützt (amortisierte Umstellungskosten, Forschungsfortschritte, Mengen- sowie Lernkurveneffekte), die der Preispolitik Gestaltungsspielräume eröffnen.

Eine weitere Möglichkeit zur Ausschöpfung des Preisgestaltungspotentials besteht darin, dass ein *"Bio-Discounter"* bei einem voranschreitendem "Bio-Wettbewerb" die Einführungspreise für Bio-Produkte so tief ansetzt, dass er gerade noch seine Selbstkosten deckt. Nach erfolgreicher Etablierung der Produkte sowie eingetretener Kaufhabitualisierung der Konsumenten erfolgt eine schrittweise Anhebung der Preise, bis nahe an das Preisniveau seiner Konkurrenten heran.[523]

Eine anfängliche *Quersubvention* biologischer Produkte entspräche dabei nicht nur einer "Internalisierung externer Effekte auf Unternehmensbasis",[524] sondern ist unter Berücksichtigung positiver Spillover-Effekte der Bio-Programme auf das konventionelle Angebot auch unter ökonomischen Prämissen durchaus vertretbar.

6.3.4 Kommunikationspolitik jenseits der Nische

Die Kommunikationspolitik kann unterteilt werden in Massnahmen, welche direkt auf eine *Steigerung der Produktabsatzzahlen* hinwirken (Werbung und Verkaufsförderung) sowie solche, die das *Image des Unternehmens* in der öffentlichen Wahrnehmung in ein günstiges Licht rücken sollen (Öffentlichkeitsarbeit und Sponsoring). Die Reputation des Unternehmens in der Öffentlichkeit ist beim Angebot ökologischer Produkte von besonderer Bedeutung, so dass der Öffentlichkeitsarbeit (oder: "Öko-PR") ein eigener Abschnitt gewidmet wird. Wenn in diesem Abschnitt von "Kommunikationspolitik" die Rede ist, sind somit die direkten, d.h. *produktbezogenen* Kommunikationsmassnahmen angesprochen.

---

522 Vgl. Rouhani 1998.

523 Vgl. Bänsch 1990, S. 368.

524 Vgl. zu dieser Umschreibung Wüstenhagen 2000, S. 48.

Der *Werbung* kommt bei der Vermarktung biologischer Produkte die Aufgabe zu, über deren gesundheitliche und ökologische Vorzüge aufzuklären sowie die ökologische Innovation bekannt zu machen. Wie Untersuchungen zeigen, steigt die Kaufintensität biologischer Lebensmittel mit dem Wissen über gesundheitliche und ökologische Folgen der Lebensmittelproduktion. Das Wissen um diese Zusammenhänge bildet somit die (lerntheoretische) Grundlage für eine positive Entscheidung zugunsten biologischer Lebensmittel vor dem Lebensmittelregal.[525] Hierbei gilt es zu berücksichtigen, dass sich die sensibilisierten Käufer der Öko-Nische auch in ihrem Informationsverhalten von den trägeren Konsumentenschichten jenseits dieser Nische unterscheiden. So ist davon auszugehen, dass das Wissen über Umweltaspekte und die Motivation zur Informationsbeschaffung und -aufnahme bei den Umweltaktiven tendenziell hoch und bei den -passiven tief ist.[526]

Eine zentrale Frage bei der Gestaltung der Kommunikationspolitik ist, ob und wie geworben werden soll. Während in der Öko-Nische aus ideologischen und finanziellen Gründen kaum Werbung betrieben wurde, ist dies im Zusammenhang mit einer breiteren Markterschliessung unerlässlich. Damit sich die Meinungsführer im Ausbreitungsprozess eine Meinung über ein neues Produkt bilden können, kommt in einer frühen Lebenszyklusphase dem *Informationsnutzen* eine wichtige Funktion zu. Informationslastige Werbung mit langen, nüchternen Textpassagen wirkt zudem vertrauens-, resp. glaubwürdiger. Die Glaubwürdigkeit indirekt zu transportieren, ist bei der Ausgestaltung des Kommunikations-Mixes ein zentrales Kriterium, da die Werbebotschaften von den Konsumenten kaum überprüft werden können und daher mit einer gewissen Unsicherheit verbunden sind.

---

525 Jung wies in seiner Studie eine Beziehung zwischen der Kaufintensität biologischer Lebensmittel und dem Wissen über ökologische Zusammenhänge nach. „Öko-Käufer" weisen über einen bedeutend höheren Wissensstand über ökologische Zusammenhänge auf als „Nichtkäufer" biologischer Produkte. Dies verweist auf die Bedeutung der Wissensvermittlung um ökologische Zusammenhänge sowie bestehende Wissensdefizite bei den Nichtkäufern. Vgl. Jung 1998, S. 121 f.

526 Vgl. Hüser/Mühlenkamp 1992, S. 149.

Eine informationslastige Werbung stösst angesichts eines steigenden "information overloads" bei den Konsumenten jedoch an (Aufnahme- und Kapazitäts-) Grenzen.[527] Zudem ist im Verlaufe des Diffusionsprozesses dem trägeren Informationsverhalten der umweltpassiveren Konsumenten Rechnung zu tragen, indem die Werbebotschaften vermehrt auf den *Animationsnutzen* auszurichten sind (Unterhaltungswert erzeugen, Lebensfreude vermitteln, Aufmerksamkeit gewinnen).[528] Bei emotionslastiger Werbung ist darauf zu achten, dass die Appelle zu einem umweltfreundlicheren Verhalten *positive Assoziationen* vermitteln (Hoffnung, Freude, Stolz). Negative Botschaften (Angst, schlechtes Gewissen) bergen die Gefahr, den Konsumenten zu Fluchtreaktionen (Leugnung oder Verdrängung der Probleme) zu veranlassen, was sich auf die Ausbreitung ökologischer Produkte letztlich negativ auswirken könnte.[529]

Analog zum Produkt durchläuft auch das kommunizierte Produktversprechen einen Lebenszyklus *("Nutzenzyklus")*. Während zu Beginn des Ausbreitungsprozesses die kritischen, umweltaktiven Konsumenten mit informationslastigen Botschaften und neutralen Medienberichten auf ein Bio-Produkt aufmerksam gemacht werden, gilt es im Verlauf des Ausbreitungsprozesses in zunehmendem Masse den *individuellen Nutzenvorteil* von Bio-Produkten (Gesundheitsaspekt) ins Zentrum der Werbebotschaft zu stellen. Mit steigender Produkterfahrung geben Konsumenten zudem vermehrt den Geschmack als Kaufargument für Bio-Lebensmittel an.[530]

Bei einer genügend breiten Diffusion biologischer Produkte wird sich die Gewissheit durchsetzen, dass eine solche Wahl nicht nur umweltfreundlich und gesund, sondern auch intelligent und schliesslich sogar "trendy" ist. Diese Evolution des Produktversprechens (vom negativen, asketischen "Öko-Fundi-Image" zur trendig-individualistischen Gesundheitswelle: "Weil ich's mir wert bin") gilt es kommunikationspolitisch zu begleiten und zu gestalten.[531]

---

527 Kroeber-Riel schätzt, dass in der Werbung mit einem Informationsüberschuss von 95% gerechnet werden muss. Dieser steigt weiter an, weil das Informationsangebot zunimmt. Angesichts dieser Entwicklung empfiehlt Kroeber-Riel, Aktivierungstechniken einzusetzen. Wer darauf verzichtet, kann dies nur mit Wiederholungskontakten kompensieren, was mit entsprechenden Kosten verbunden ist. Vgl. zu diesen Zusammenhängen Kroeber-Riel 1992, S. 87 ff. sowie S. 390 ff.

528 Der von Hüser/Mühlenkamp beschriebene "Konflikt zwischen Information und Animation" bei der Werbegestaltung ökologischer Produkte lässt sich somit in einer dynamischen Betrachtungsweise auflösen. Vgl. Hüser/Mühlenkamp 1992, S. 151 sowie Hüser 1996, S. 172 ff.

529 Vgl. Kesselmann 1997, S. 226 ff.

530 Vgl. Jung 1998, S. 100.

531 Vgl. zum "Nutzenzyklus" näher Kap. 5.

Der Einsatz der Werbung wird "jenseits der Öko-Nische" kaum mit einer Unglaubwürdigkeit der Produktanbieter gleichgesetzt werden. Für breitere Konsumentensegmente dürften Werbemassnahmen vielmehr ein Signal für eine hohe Produktqualität darstellen, was wiederum mit positiven spillover-Effekten verbunden ist (Markenassoziation). Denn "Werbung ist Ausdruck des 'Zeitgeistes' und kann dementsprechend auch ökologische Trends dokumentieren."[532]

Der Werbung kommt ferner die Aufgabe zu, das habitualisierte Kaufverhalten der Konsumenten mit Reizen so zu "stören", dass diese bereit sind, ihre Kaufgewohnheiten zu überprüfen (vgl. Textbox). Zudem ist Werbung ein Instrument, welches es ermöglicht, den Konsumenten Änderungsmöglichkeiten, d.h. Kaufalternativen aufzuzeigen und bekannt zu machen.[533]

Auslösen kognitiver Dissonanzen als Aufgabe der Kommunikation?

In der Literatur ist zuweilen der Hinweis zu finden, wonach das Auslösen von kognitiven Dissonanzen beim Kauf nicht umweltfreundlicher Produkte ein erfolgversprechender Ansatz sei. Gelingt es demnach, durch Werbung oder begleitende Aufklärungskampagnen den Konsumenten bewusst zu machen, dass sie durch ihre Wahl der Umwelt indirekt Schaden zufügen, entsteht bei diesen ein unangenehmes Schuldgefühl, welches sie beim nächsten Ladenbesuch dazu veranlassen wird, ökologische Produktalternativen zu wählen.[534]

Ende der 90er Jahre kann resümiert werden, dass trotz einem stetig steigenden Bildungsniveau und einem erhöhten Wissen um ökologische Zusammenhänge der Kauf ökologischer Produkte nicht im erwarteten Masse eingetroffen ist. Dies lässt darauf schliessen, dass der Konsument unter kognitiven Dissonanzen nicht massgebend leidet, sondern vielmehr gelernt hat, sich in von Spannungsverhältnissen geprägten Zuständen zurecht zu finden. Diese Entwicklung bildet eine Ansatzstelle zur Erklärung des hybriden Konsumenten, welcher sich mit seinem Kaufverhalten zunehmend in einer Welt des "sowohl als auch", und immer weniger des "entweder-oder" bewegt.

---

532 Hüser/Mühlenkamp 1992, S. 155.

533 Vgl. Bänsch 1990, S. 370.

534 Vgl. stellvertretend Bänsch 1990, S. 370. Zu allfälligen Reaktanzeffekten vgl. Bänsch/Seydel 1998, S. 249.

Der daraus entstehenden Hilflosigkeit im Bereich der Kundensegmentierung kann begegnet werden, indem *verschiedene Nutzenaspekte* biologischer Produkte *parallel* kommuniziert werden ("Nutzenbündel"). Auf diese Weise steigt die Wahrscheinlichkeit, die eine oder andere Facette des polyvalenten Wesens des hybriden Konsumenten zu aktivieren und diesen zum Kauf biologischer Lebensmittel zu bewegen.

Eine weitere Möglichkeit, die Generalisierungs- und Assoziationsfähigkeit der Konsumenten zu nutzen, besteht in der *Kommunikation verwandter Produkteigenschaften.* So zeigt eine Studie auf, dass das ökologische Einkaufsverhalten begünstigt wird, wenn die Konsumenten die Unterstützung von sozialer Gerechtigkeit (bzw. "fair trade") oder die Förderung regionaler Produkte für wichtig halten. Einen ökologischen Lebensmitteleinkauf gilt es somit nicht alleine mit Umweltschutzargumenten zu fördern, wichtig ist auch die Kommunikation alternativer (verwandter) Nutzenargumente.[535]

Aufgrund der für den einzelnen Konsumenten kaum nachprüfbaren Vertrauenseigenschaft der "biologischen Anbauweise", kommt neben den direkten auch den *indirekten Kommunikationsmassnahmen* eine wichtige Bedeutung zu. Denn mit Werbebotschaften allein sind die Vertrauenseigenschaften nicht glaubwürdig zu vermitteln. Flankierende Massnahmen sind so auszugestalten, dass sie nicht nur die biologische Anbauweise glaubwürdig transportieren, resp. signalisieren, sondern darüber hinaus Anbieter pseudo-biologischer Produkte von einer Nachahmung ausschliessen. Gelingt dies, wird sich die angestrebte Aufteilung des Lebensmittelmarktes in einen Qualitäts- und in einen konventionellen Markt realisieren lassen. In diese Richtung zielt z.B. die Präsentation von Bio-Bauernhöfen via Live-Kamera auf den Internetseiten von Coop.[536] Mit der Möglichkeit, sich von der biologischen Produktion jederzeit und persönlich überzeugen zu können, wird versucht, die Glaubwürdigkeit der vermittelten Vertrauenseigenschaften zu gewährleisten.[537]

535 Vgl. Tanner et al. 1998, S. 61.
536 Vgl. Klement 1998, S. 39 f. sowie http://www.coop.naturaplan.ch.
537 In dieselbe Richtung zielt der abgedruckte Name des Bauern auf Bio-Eiern.

Ein weiteres Instrument, welches Rückschlüsse auf nicht direkt erfahrbare Produkteigenschaften (biologische Herstellweise) erlaubt, ist das (Öko-) *Label* (vgl. Textbox).

"Labelsalat" auf dem Schweizer Lebensmittelmarkt

Labels haben die Aufgabe, dem Verbraucher diejenigen Informationen oder Produkteigenschaften (indirekt) zu vermitteln, die er nicht selber überprüfen kann. Damit werden Vertrauens- (biologische Anbauweise) in *"Quasi-Sucheigenschaften"* (z.B. Knospe) überführt.[538] Je weniger Standards und Labels in einem Marktbereich existieren, desto übersichtlicher wird dieser und desto besser können die Labels ihre Informationsfunktion wahrnehmen.

Auf dem Schweizer Lebensmittelmarkt existiert eine Vielzahl ökologischer Labels und Handelsmarken. Der Konsument ist dadurch oft nicht in der Lage zu erkennen, welche positiven Effekte er durch den Kauf der jeweiligen Produktkategorie für die eigene Gesundheit und die Umwelt erzielt.[539] Zum weiter oben beschriebenen Glaubwürdigkeitsproblem gesellt sich auf dem Markt biologischer Lebensmittel somit ein *Transparenzproblem.*[540] Bei einer Vielzahl verschiedener Labels und Handelsprogramme entsteht ein "Labelsalat" und anstelle der beabsichtigten Transparenz weitere Intransparenz. Beim Versuch, diese Intransparenz aufzulösen, d.h. die vom Label transferierten Produkteigenschaften (z.B. Anbauweise) zu verstehen, erwachsen dem Konsumenten weitere Transaktionskosten, zu deren Reduktion Labels ja gerade eingeführt werden. Diese dazukommenden Transaktionskosten erhöhen die relativen Preise biologischer Lebensmittel zusätzlich.

538 Vgl. Hüser 1993, S. 277.

539 Wenn auch bei pflanzlichen Produkten inzwischen zahlreichen Konsumenten die Unterschiede zwischen der biologischen Anbauweise und der Integrierten Produktion bewusst sind, fällt es dennoch vielen bereits schwer, die Handelsprogramme M-Bio und M-Sano von Migros auseinanderzuhalten. Nimmt man die verschiedenen Programme und Labels von tierischen Erzeugnissen hinzu (z.B. "Freilandhaltung", "Besonders Tierfreundliche Stallhaltungssysteme", "Bio-Box", "Bodenhaltung" usw.), wird die Situation für den Konsumenten unübersichtlich und verwirrend. Dies kann zu kaufhemmenden Unsicherheitsgefühlen führen.

540 Das Glaubwürdigkeits- und das Transparenzproblem konstituieren das Informationsdilemma nach Kaas. Vgl. Kaas 1992, S. 473 ff., Kaas 1994, S. 99 ff. sowie auch Kap. 5.

Es lässt sich festhalten, dass Öko-Labels um so effektiver und glaubwürdiger sind, je weniger Labels Verwirrung stiften, je bekannter und verbreiteter ein Label ist, je renommierter und glaubwürdiger die das Zeichen vergebende Institution (sowie deren Kontrollmechanismus)[541] ist und je anspruchsvoller und transparenter die Anforderungen an die Labelvergabe sind.[542]

Neben der Ausgestaltung der Werbung wirken Massnahmen am Verkaufspunkt, dem sog. *"Point of Sale"*, zur Erreichung von Konsumentenschichten jenseits der Nische absatzfördernd ("Sales Promotion" oder Verkaufsförderung). Umgekehrt mindern Defizite im Bereich der *Verkäuferschulung* die ökologische Glaubwürdigkeit, da dies mit einem hohen Qualitätsanspruch negativ korreliert.[543] *Degustationen* hingegen ermöglichen es, die Kunden von einem besseren Geschmack biologisch angebauter Lebensmittel zu überzeugen und eignen sich weiter, dem interessierten Konsumenten gezielte *Hintergrundinformationen* zu den ökologischen Vorteilen und gesundheitlichen Vorzügen der Bio-Produkte zu liefern; "der Point of Sale kann sich damit zu einem Point of Information wandeln."[544] *Bio-Menü-Vorschläge* und das Angebot hierauf abgestimmter *"Bio-Pakete"* bieten dem Konsumenten die Möglichkeit, sich von der Qualität biologischer Produkte einen Eindruck zu verschaffen.[545]

---

541 Bio Suisse und Demeter haben 1999 für die Kontrolle der Richtlinien gemeinsam die Aktiengesellschaft "bio.inspecta" gegründet. Vgl. hierzu http://www.inspecta.ch.

542 Aus diesem Anspruchskatalog eröffnet sich den Labelinhabern eine Optimierungsaufgabe. Denn zum einen ist das Anspruchsniveau der Labelvergabe hoch anzusetzen (Glaubwürdigkeits-, Differenzierungsaspekt). Zum anderen behindert ein zu hohes Anspruchsniveau die Ausbreitung des Labels (ökonomische Interessen, Bekanntheitsgrad).

543 Eine explorative Studie zeigte den Handlungsbedarf im Bereich Verkaufspersonalschulung bei den Anbietern auf. Vgl. Belz 1997.

544 Klement 1998, S. 43. Zur gezielten Versorgung mit Informationen (Direktmarketing) liessen sich neue Technologien wie das Scanner-Terminal an den Kassen nutzen. Klement schlägt in diesem Zusammenhang ein "Öko-Scanner-Terminal" vor, welcher dem Kunden auf Basis des Produktestrichcodes ausführliche Hintergrundinformationen liefert. Vgl. Klement 1998, S. 43.

545 Zu den Grenzen der Kommunikations-Politik bei der Vermittlung ökologischer Zusammenhänge sowie zu deren Überwindung vgl. auch Villiger/Choffat 1998, S. 10 f.

6.3.5 Distributionspolitik jenseits der Nische

Die Ausbreitung biologischer Produkte auf der Handelsstufe lässt sich anhand dreier Entwicklungsschritte nachzeichnen. Schritt 1 entspricht der Aufnahme biologischer Produkte in den Grossverteiler. Schritt 2 kann mit der Integration in die Sortimente der Grossverteiler beschrieben werden ("raus aus der Bio-Ecke"). Schritt 3 entspricht der Eröffnung von Öko- oder Bio-Supermärkten. Erste Beispiele hierfür sind etwa der "Logische Supermarkt" in Bern, die "Oekomotive" in Luzern oder "Alnatura" in Deutschland.[546] Möglicherweise ist die Integration biologischer Produktprogramme in die Sortimente der Grossverteiler der entscheidende Schritt aus der Bio-Nische:

- Mit diesem Integrationsschritt steigert sich die *Erhältlichkeit* der Bio-Produkte um ein Vielfaches.
- Für weniger umweltbewusste Konsumentenschichten spielt die *Bequemlichkeit* beim Einkauf eine grosse Rolle. Daher kauft dieses Segment vorwiegend in den *Grossverteilern* ein.
- Die Umsätze im Grossverteiler erlauben es, auf allen Stufen in der Lebensmittelkette *Grössenersparnisse* zu erzielen, Preise zu senken und dadurch wiederum breitere Konsumentenschichten zu erschliessen.
- Der Vertrieb und die Bewerbung biologischer Programme durch Grossverteiler symbolisiert, dass Bio-Produkte "mehrheitsfähig" geworden sind. Dadurch helfen sie, Bio-Produkte aus der ideologisch gefärbten Imagenische herauszuholen.
- Ein grösseres Angebot im Grossverteiler mit einer zuverlässigen Verfügbarkeit führt zu einer erhöhten *Wahrnehmung* der Bio-Produkte. Damit steigt zum einen die Zahl von Zufallsmitnahmen und Probekäufen. Zum anderen sinkt für den Konsumenten der Suchaufwand (Transaktionskosten minimieren).

---

[546] Vgl. http://www.alnatura.de oder auch http://www.oneworld.de/ecoshop/nahrung.htm. Vgl. hierzu auch Kap. 4.

Imageprobleme von Bio- und Öko-Läden

Die Integration biologischer Produkte in die Sortimente der Grossverteiler ist zur Erreichung breiterer Konsumentenschichten unablässig, da diese den Grossverteiler aufgrund des kompletten Angebotes als Einkaufsort bevorzugen (Bequemlichkeitsaspekt). Weniger umweltbewusste Konsumenten sind nicht bereit, höhere Transaktions- (z.B. Fahrt zum Bio-Laden) und monetäre Kosten (höhere Produktpreise) auf sich zu nehmen. Die Erhältlichkeit in den Grossverteilern ist somit als Voraussetzung für einen breiteren Ausbreitungsprozess biologischer Produkte zu verstehen.

Hinzu kommt die *Imagebelastung* von Bio-Läden. In einer Untersuchung bemängeln die befragten Konsumenten die wenig einladende, ideologisch gefärbte Atmosphäre von Öko-Läden. Für zahlreiche Konsumenten wurde der Einkauf von Öko-Produkten zum negativen Einkaufserlebnis, weil die Ladenatmosphäre als unangenehm empfunden wurde. Wenn auch die ökologischen Produkte zunächst keine negative Imagebesetzung aufwiesen, so erfolgte dennoch ein *negativer Imagetransfer vom Einkaufsumfeld* her.[547] Die Integration in die Sortimente der Grossverteiler hilft ökologischen Programmen somit auch, sich von einer nicht mehrheitsfähigen Einkaufsumgebung und einer damit verbundenen negativen Ausstrahlung zu befreien.

6.3.6 Politische Marktentwicklung

Zur Operationalisierung der Marketingstrategie wird im ökonomischen Kontext üblicherweise ein "4-P-Mix" als Heuristik herangezogen. Zur Beschreibung eines die Öko-Nische charakterisierenden Marketingstiles reichte dieses "4-P-Raster" aus. Mit der Orientierung an einem rein marktbezogenen Marketing bezwecken die Nischenanbieter, "ihr" Segment - innerhalb gegebener Strukturen - möglichst kundengerecht anzusprechen. Damit werden die Rahmenbedingungen als gegeben hingenommen.[548]

---

547 Vgl. Bänsch 1990, S. 375.

548 Die kleinen Anbieter des Alternativkanals sind nicht mit den Ressourcen ausgestattet, wirkungsvolle Strukturpolitik zu betreiben. Ihnen bleibt nichts anderes übrig, als die Öko-Nischen-

Setzt sich ein Anbieter das Ziel, mit ökologischen Produkten neue, breitere Käuferschichten anzusprechen, welche unter den gegebenen Rahmenbedingungen nicht zum Segment der Bio-Konsumenten hinzustossen, hat er eine strategische Neuausrichtung vorzunehmen. Denn die Erschliessung der "Massenmarktkunden" erfordert eine proaktive *Marktentwicklungsstrategie* zu verfolgen, welche an der Mitgestaltung der Rahmenbedingungen ansetzt. Bei der Umsetzung einer solchen Marktentwicklungsstrategie wird eine Erweiterung des Marketing-Mixes um die beiden Elemente "Politics" (politische Marktentwicklung) sowie "Public Opinion" (Öffentlichkeitsentwicklung) zu einem "6-P-Mix" notwendig.[549]

Auf dem Schweizer Lebensmittelmarkt besitzen aufgrund ihrer Grösse und der damit verbundenen Machtkonzentration sowie der zentralen Stellung in der Kette insbesondere die beiden Grossverteiler das Potential, eine wirkungsvolle Strukturpolitik zu betreiben.[550] Der Wirkungsraum von Migros und Coop erstreckt sich denn auch über das marktliche Lenkungssystem hinaus. In Form einer gesellschaftsorientierten *Marktentwicklungsstrategie* setzen Migros und Coop an sämtlichen Stellen des ökologischen Transformationsprozesses an und wirken auf vor- und nachgelagerte marktliche Strukturen ebenso ein wie auf die Lenkungssysteme Öffentlichkeit und Politik.[551]

Auf den Ausbreitungsprozess von Bio-Lebensmitteln bezogen, nimmt Coop in den 90er Jahren jene Leaderrolle ein, welche Migros in den 70er und 80er Jahren bei der Entwicklung und Ausbreitung der Integrierten Produktion innehatte. Coop machte seinen Einfluss bei der Neurorientierung der "Agrarpolitik 2002" sowie bei der Ausgestaltung der inzwischen rechtswirksamen Bio-Verordnung sowohl in der *Meinungsbildungs-* (Lobbying, Aufklärung, Öffentlichkeitsarbeit) als auch in der *Ausgestaltungsphase* (Einsitz in Expertenkommissionen, Verbandsaktivitäten, Erstellen von

---

Strukturen zu reproduzieren. Vgl. zu dieser Interpretation Schneidewind 1997, S. 26.

549 Die Erweiterung zum "6-P-Mega-Marketing" geht auf Kotler zurück. In seiner 1986er Fassung spricht Kotler noch von "Power" und "Public Relations". Obwohl diese Begriffe aufgrund ihres instrumentellen Charakters mit den klassischen "4-P's" konsistenter sind, wird hier der neueren Bezeichnungen gefolgt, welche sich im Laufe der Zeit in der allgemeinen Marketingliteratur durchgesetzt haben. Vgl. auch Kotler 1986, S. 117 ff.

550 Zum Unternehmen als strukturpolitischer Akteur vgl. Schneidewind 1998.

551 Belz spricht in diesem Zusammenhang von "ökologischen Transformationsstrategien im weiteren Sinne": "Ökologische Transformationsstrategien im weiteren Sinne" gehen über den Markt hinaus und zielen auf eine Veränderung der gesellschaftlichen und politischen Rahmenbedingungen. Vgl. Belz 1995, S. 248. Dahingegen beziehen sich "ökologische Transformationsstrategien im engeren Sinne" auf den Kern des Wettbewerbs, den Markt. Sie zielen darauf ab, bei gegebenen politischen und gesellschaftlichen Rahmenbedingungen die Regeln des Wettbewerbs zu ändern. Vgl. hierzu Belz 1995, S. 246.

Stellungnahmen) geltend. Mit diesem politischen Lobbying zur Unterstützung des Biologischen Landbaus lancierte Coop einen "Wettbewerb um die politischen Rahmenbedingungen",[552] welcher in der Vernehmlassungsphase zur Bio-Verordnung in der Auseinandersetzung um den Geltungsbereich des Prädikates "öko" gipfelte.[553]

Für die Zukunft ist zu erwarten, dass dieses Mitgestaltungspotential an den politischen Rahmenbedingungen eher zu- als abnehmen dürfte. Denn als Folge der Globalisierung und der damit verbundenen Auflösung der Grenzen steigt der Wirkungsbereich der Unternehmen in dem Masse, wie der nationalstaatliche Einfluss des politischen Lenkungssystems relativiert wird.[554] Minsch konstatiert denn auch einen tiefgreifenden Wandel vom hoheitlichen zu einem verhandelnden Staat, welcher - abhängig von den Informationen der gesellschaftlichen Akteure - zunehmend Koordinations- und Moderationsaufgaben zu übernehmen hat ("polyzentrischen Politikverständnis").[555] Im Zuge dieser Entwicklung gewinnen (laterale) *Kooperationen* zwischen staatlichen und marktlichen Akteuren an Bedeutung.[556] In welchen politischen Entwicklungslinien erwächst den Marktakteuren in der Entwicklung des Schweizer Lebensmittelmarktes konkret Mitgestaltungspotential?

Die in der Schweiz erhobene *Lenkungsabgabe* auf *indirekten Energieträgern* (z.B. Dünge- oder Pflanzenschutzmittel) entlastet die Umwelt direkt (verringerte Luftemissionen, verminderte Bodenversauerung usw.). Im Sinne eines unterstützenden, produktbezogenen Umweltschutzes greift dieser Ansatz jedoch zu kurz. Da Lenkungsabgaben auf indirekten Energieträgern bloss die erste Stufe der Branchenkette erfassen, haben sie einen geringfügigen marktlichen Steuerungseffekt. Bei einer Integration *direkter Energieträger* ins Lenkungssystem hingegen, kämen mit jedem zusätzlichen Verarbeitungsschritt und in jeder Lebenszyklusstufe weitere kostentreibende Energieabgaben hinzu, was den Lenkungseffekt deutlich erhöhen würde. Auf diese Weise belastet ein Lenkungsabgabensystem, welches auf eine umfassende Verteuerung direkter wie indirekter Energiequellen abzielt, hochverarbeitete, weit transportierte, aus konventioneller Landwirtschaft stammende Produkte. Unverarbeitete, saisonale, regional

---

552 Vgl. zu diesem Ausdruck Belz 1995, S. 249.

553 Wie bereits erwähnt, konnten sich die Repräsentanten des Biologischen Landbaus gegen die IP-Vertreter durchsetzen (mit Unterstützung der EU-Richtlinien).

554 Vgl. Schneidewind 1998b.

555 Vgl. zum "polyzentrischen Politikverständnis" Minsch 1998, S. 70 f.

556 Zu den verschiedenen Kooperationsformen im ökologischen Kontext vgl. Schneidewind 1998, S. 265 ff.

und naturnah produzierte Lebensmittel aus dem Biologischen Landbau hingegen kämen in den Genuss relativer Preisvorteile.

Des weiteren gewinnt in der Schweiz die *ökologische Steuerreform* an Akzeptanz. Eine ökologische Steuerreform bezweckt eine schrittweise Verschiebung der finanziellen (Steuer-) Belastung, indem energieintensive, umweltschädigende Produktionsprozesse durch Abgaben verteuert werden. Der Faktor Arbeit hingegen soll durch eine Senkung der Lohnnebenkosten entlastet werden. Mit einer allfälligen Einführung einer ökologischen Steuerreform werden neben einer Schonung der Umwelt stimulierende Effekte für den Arbeitsmarkt erwartet. Auf diese Weise entstehen ökonomische Anreize, umweltverträgliche Anbaumethoden und Techniken weiter zu entwickeln.[557]

Instrumente wie eine erweiterte Energieabgabe oder die Einführung einer ökologischen Steuerreform wirken in Richtung einer vermehrter *Internalisierung externer Effekte* und tragen dazu bei, das Anreizdilemma ökologischer Produkte zu entschärfen ("reife Rahmenbedingungen"). Eine solche Erweiterung der bestehenden Agrarpolitik, welche vorwiegend mit Instrumenten wie Ge- und Verboten (z.B. Lebensmittelgesetz) sowie Subventionen (z.B. ökologische Direktzahlungen) steuert, käme der von Jänicke im Sinne einer wirkungsvollen Umweltschutzgesetzgebung geforderten Prämisse eines angemessenen *"policy mixes"* näher.[558] Untersuchungen zeigen, dass erfolgreiche Diffusionen ökologischer Innovationen weniger auf Rahmenbedingungen, welche von einer einzelnen Massnahme geprägt sind, sondern vielmehr auf ein *Mix verschiedener politischer Instrumente* zurückzuführen sind ("policy mix" von Energiesteuer, CO2-Abgabe, Verbrauchskennzeichnung, Aufklärungs- und Ausbildungsprogramme, staatliche Technikförderung, Bildung von Innovationsnetzwerken usw.). Dabei dürfte ein Regulierungsmuster um so effektiver sein, je früher die betroffenen Akteure in den politischen Prozess miteinbezogen werden, was wiederum einer Ablösung der herkömmlichen "top-down"-Politik durch einen interaktiven, kooperativen Politikstil gleich käme.[559]

---

557 Vgl. zur ökologischen Steuerreform SGU o.A.

558 Vgl. Jänicke 1997, S. 8 ff. Minsch spricht hier vom "Institutionenmix". Vgl. Minsch 1998, S. 76.

559 Vgl. Jänicke et al. 1998, S. 1 ff.

Die Unterstützung von umweltorientierten Unternehmensverbänden oder von Umweltschutzorganisationen, die Weiterentwicklung von ökologischen Bewertungsmethoden (z.B. der Öko-Bilanz-Methodik), Kooperationen (z.B. Coop und Bio Suisse) zur gemeinsamen Entwicklung des Bio-Marktes, die Institutionalisierung eines einheitlichen Bio-Standards oder Beiträge zur Forschung im Bereich des ökologischen Landbaus (Migros: IP, Coop: Bio-Landbau) sind als weitere, "subpolitische Massnahmen" zu verstehen.[560] Die Mitgestaltungsmöglichkeiten der Unternehmen beschränken sich jedoch nicht auf die Phase der *Problembehandlung* ("Politics"), sondern können bereits früher, bei der *Problemwahrnehmung* ansetzen (Beeinflussung der "Public Opinion").

6.3.7 Öffentliche Marktentwicklung

Im Aktionsplan "Umwelt und Gesundheit" formulieren das Bundesamt für Gesundheit sowie das Bundesamt für Umwelt, Wald und Landschaft das Ziel, dass bis 2002 80% der Bevölkerung wissen, wie man sich gesund und saisongerecht ernährt.[561] Zur Erreichung dieses Zieles werden öffentliche Aufklärungs- und Sensibilisierungsaktionen notwendig. Diese setzen noch vor der Phase der politischen Problembehandlung, bereits an der Beeinflussung der öffentlichen Problemwahrnehmung an.

Die Orientierung an den Anliegen öffentlicher Anspruchsgruppen gewinnt auch für grosse Organisationen an Bedeutung. Die gestiegene ökologische Sensibilität in der Bevölkerung und die damit verbundene "öffentliche Exponiertheit" zwingt grosse Unternehmen dazu, ihren Wirkungsraum über die Grenzen des marktlichen Lenkungssystems auszudehnen.[562] Verschiedene Skandale in der Lebensmittelherstellung und -verarbeitung verdeutlichten, dass aus dem öffentlichen Lenkungssystem lancierte Kampagnen und Kaufboykotte zu hohen Umsatz- und Imageverlusten führen können. Infolge dieser "bedrohlichen Relevanz" öffentlicher Anliegen wurde die Möglichkeit der Öffentlichkeitsarbeit zunächst vorwiegend im Sinne einer defensiven (Marktabsicherungs-) Strategie eingesetzt (reaktiv: Schadensabwehr oder -minimierung bei allfälligen Krisen).

---

560 Vgl. Villiger/Wüstenhagen/Meyer 2000, S. 50.

561 Vgl. Traber 1998.

562 Auf die steigende "öffentliche Exponiertheit" von Unternehmen wies Dyllick bereits Ende der 80er Jahre hin. Vgl. Dyllick 1989, S. 460 ff.

Im Sinne einer *proaktiven Marktentwicklungsstrategie* gewinnt die *"Öko-PR"*[563] auch unabhängig von konkreten Krisensituationen oder Risiken mit dem Ziel an Bedeutung, ein positives Firmenimage aufzubauen, oder um das öffentliche Vertrauen zu werben.[564] Öffentlichkeitsarbeit findet unter dieser Zielsetzung nicht in Form einer "Punkt-zu-Punkt"-Kommunikation statt, sondern nimmt den Umweg über die Massenmedien, welche gewissermassen die Schleusen zur Teilnahme an der öffentlichen Meinungsbildung für Unternehmen bilden.[565] Die beiden Grossverteiler Migros ("Brückenbauer") und Coop ("Coop Zeitung") besitzen in Form von *hauseigenen Wochenzeitungen* (Auflage: knapp zwei Millionen Exemplare; Reichweite in der Deutschschweiz ca. 50%) geeignete Instrumente, die Öffentlichkeit zu erreichen.[566] Mit der Ankündigung neu erhältlicher Bio-Produkte sowie einer regelmässigen Berichterstattung über positive Aspekte des Lebensmittelkonsums auf Gesundheit, Umwelt und Geschmack/Genuss werden die Verbraucher aufgeklärt, Wahrnehmungen verändert und damit der Ausbreitungsprozess biologischer Lebensmittel indirekt beeinflusst.[567]

Mit *Aufklärungsarbeit* über ökologische und gesundheitliche Zusammenhänge im Kontext der Nahrungsmittelproduktion kann zudem versucht werden, einem politischen Thema in der Öffentlichkeit zum Durchbruch zu verhelfen (z.B. im Sinne einer ökologischen Steuerreform).[568] Ein damit verbundener Imageeffekt könnte sich auf den Absatzverlauf biologischer Produktprogramme wiederum positiv auswirken.

---

563 PR = Public Relations oder Öffentlichkeitsarbeit. Vgl. hierzu näher Zerfass 1999, S. 20.

564 Damit wird deutlich, worin sich die Kommunikationspolitik von der Öffentlichkeitsarbeit unterscheidet: die Kommunikationspolitik zielt direkt auf die Förderung von Produktabsätzen, während die Öffentlichkeitsarbeit generell für unternehmensbezogene Zielsetzungen eingesetzt wird. Vgl. Zerfass 1996, S. 15 f.

565 Vgl. Zerfass 1996, S. 51 f.

566 Vgl. Knapp 1999, S. 44.

567 Zerfass betont, dass die Massenmedien die Tendenz aufweisen, ökologische Fragen ereignisbezogen, skandalisierend, emotional und auf einfache Schema reduzierend zu kommunizieren. Vgl. Zerfass 1999, S. 20 f.

568 Zum Begriff des "Wettbewerbs um die öffentliche Meinung" vgl. Belz 1995, S. 249. Ein frühzeitiges, proaktives Verhalten bietet für die Unternehmen die Chance, auf den "Lebenszyklus gesellschaftlicher Anliegen" einzuwirken, solange die Entwicklung noch nicht in gefestigten Bahnen verläuft und daher noch mitgestaltbar ist. Je weiter ein Anliegen in seiner Entwicklung voranschreitet, desto konkreter wird diese Entwicklung abschätzbar, desto grösser wird jedoch auch der Verlust an Handlungsmöglichkeiten. Vgl. zum "Lebenszyklus gesellschaftlicher Anliegen" Dyllick 1989, S. 231 ff. Zum Lebenszyklus der Gentechnologie vgl. Belz 1995, S. 236 ff.

Zu den indirekten Kommunikationsmassnahmen ist weiter das *Öko-Sponsoring* zu zählen. Beim Öko-Sponsoring stellen Unternehmen Mittel für aussermarktliche Zwekke zur Verfügung, um damit positive Wirkungen für das Unternehmensimage zu erzielen.[569] Ein weiterer potentieller Nutzen des Öko-Sponsoring besteht in der Kontaktpflege zu öffentlichen Anspruchsgruppen. Das Öko-Sponsoring kann eine Zusammenarbeit mit einer Umweltschutzorganisation (z.B. WWF oder Greenpeace), die Unterstützung von Aktionen (z.B. Landdienst für Jugendliche) oder nationalen Projekten wie die Landesausstellung betreffen (z.B. Projekt "Manna" von Coop bei der Expo 2002). Die Glaubwürdigkeit solcher Aktionen ist wiederum in hohem Masse von der *Unternehmensreputation* abhängig.

Der Aufbau eines *Dachmarkenkonzeptes* (z.B. die ökologischen Kompetenzmarken von Coop) oder ein öffentlicher *Dialog* mit verschiedenen Anspruchsgruppen sind ebenfalls (indirekte) Signale, welche auf das Produktsortiment ausstrahlen (positive spillover-Effekte).[570]

Ähnlich erlaubt die Wahl der *Kooperationspartner*, Rückschlüsse auf die Verlässlichkeit der Aussagen zu ziehen, da diese ihren Ruf nicht leichtfertig aufs Spiel setzen werden. Das Hinzuziehen von *Expertenurteilen* oder *Tests* hilft ebenfalls, beim Konsumenten Unsicherheit abzubauen. Denn durch die Lektüre "neutraler" Bewertungen entsteht beim Konsumenten das subjektive Gefühl der indirekten Nachprüfbarkeit einer Vertrauenseigenschaft.[571]

---

569 Vgl. Bänsch/Seydel 1998, S. 253 f.
570 Vgl. Bänsch/Seydel 1998, S. 252 ff.
571 Vgl. Hüser 1996, S. 173.

Tappt Coop in die ökologische Glaubwürdigkeitsfalle?

Im Sinne einer hohen Glaubwürdigkeit ist es von zentraler Bedeutung, die *ökologische Kompetenz des gesamten Unternehmens* herauszustreichen, da eine glaubwürdige ökologische Kompetenz zu positiven spillover-Effekten für die Produktprogramme führt. Weist ein Unternehmen in seinem Umweltmanagement jedoch Schwachstellen auf, können diese in Form von negativen Imagetransfers umgekehrt die Glaubwürdigkeit von Produktprogrammen in Mitleidenschaft ziehen und allfällige Werbebemühungen zunichte machen.[572]

Nach einem erfolgreichen Start mit dem Coop Naturaplan, sind Ende der 90er Jahre kritische Stimmen gegenüber Coops Öko-Engagements zu hören. Denn nach der Auflösung der internen Umweltinstitutionen (Arbeitsgruppe sowie Stabsstelle Umweltschutz) wird Coop vorgeworfen, sich auf eine ausschliesslich markt- und PR-bezogene Öko-Produktstrategie zu konzentrieren.[573] Für diese Negativinterpretation spricht zudem der Austritt von Coop aus der ÖBU, der Schweizerischen Vereinigung für ökologische bewusste Unternehmensführung, in welcher Coop seit deren Gründung vor zehn Jahren eine aktive Rolle gespielt hat.[574] Aus dieser Perspektive kann konstatiert werden, dass sich Coop über informationsökonomische Erkenntnisse hinweg setzt, welche besagen, dass nur wenn die Reputation des Öko-Marketing betreibenden Unternehmens intakt ist, den angebotenen Öko-Produkten und den kommunizierten Vertrauenseigenschaften der ökologischen Produkte langfristig die notwendige Glaubwürdigkeit zuteil werden kann. Coop läuft mit der Ausdünnung der Umweltaktivitäten und Umweltstruktur somit Gefahr, in eine *ökologische Glaubwürdigkeitsfalle* zu tappen. Denn der Aufbau von Reputation und Image ist ein kostenintensiver Prozess, der Jahre dauert, durch negative Berichterstattungen jedoch sehr schnell wieder zerstört werden kann.[575]

---

572 "Der Hersteller gibt seinen Namen quasi als Pfand in die Hände der Konsumenten". Hüser 1996, S. 192.

573 Vgl. Müller 1999, S. 5.

574 Vgl. Dyllick 1999b, S. 8.

575 Vgl. Dyllick/Belz/Schneidewind 1997, S. 152.

Gegen diese "Erosionsthese" im Umweltschutzbereich spricht, dass Coop schon früh die Absicht kundgetan hat, eine systematische *Integration ökologischer Anliegen in die Leistungsprozesse* anzustreben. Diese Überführung ökologischer Aspekte in die Linie lässt eine Redimensionierung der Umwelt-Organisationsstruktur plausibel erscheinen. Gelingt es Coop, diese Verantwortungsdelegation als strategische Neuausrichtung von einer "anfänglich dominierenden Betriebsökologie" zu einer nun "stärker in den Vordergrund tretenden Produktökologie" darzulegen,[576] besteht gar die Möglichkeit, dass dies von der Öffentlichkeit als progressive und glaubwürdige Massnahme im Bereich Umweltschutz honoriert wird. Es liegt somit an der Kommunikationspolitik von Coop, die latente ökologische Glaubwürdigkeitsfalle zu umgehen und die Redimensionierung des Umweltschutzbereiches im öffentlichen Bewusstsein als Bestandteil eines integrativen Managementsystems zu verankern.

In jüngerer Zeit gewinnen - in Abweichung zur massenmedial konstituierten PR-Definition - *dialogische Kommunikationsstile* an Bedeutung (etwa in Form von *Umweltforen* oder *"round table"-Gesprächen* mit Nachbarn, Regionalpolitikern oder Wissenschaftlern). Hier versuchen Unternehmen im direkten Kontakt zu öffentlichen Anspruchsgruppen, in strittigen Fragen gemeinsame Wege und Lösungen zu finden, bevor die Auseinandersetzungen eskalieren und Rechtsstreitigkeiten oder öffentliche Boykottaufrufe provozieren.[577] Diesem Verhalten liegt die Einsicht zugrunde, dass die Organisationen heute in einem komplexen Beziehungsgeflecht agieren, das von verschiedensten Akteuren (Wissenschaftler, Journalisten, Gemeindevertreter, Konsumenten- und Umweltschutzorganisationen, Regierungsvertreter usw.) geknüpft wird. Eine permanente Interessensabstimmung und Handlungskoordination in diesem Beziehungsgefüge trägt zum Aufbau stabiler, langfristiger Beziehungen bei, anhand derer allfällige Konfliktpotentiale leichter entschärft werden können. So verstandene Öffentlichkeitsarbeit ist ein "Management der Kommunikation zwischen einem Unter-

---

576 Vgl. hierzu Dyllick 1999b, S. 8 f.

577 Dabei kann in Auseinandersetzungen bereits ein "rationaler Dissens", d.h. eine gemeinsame Identifikation vorläufig noch nicht überwindbarer Differenzen, als Teilerfolg gewertet werden. Vgl. Zerfass 1996, S. 59.

nehmen und den relevanten Anspruchsgruppen".[578] Die Massenmedien gewinnen diesem Ansatz zufolge erst dann an Bedeutung, wenn der Dialog im Sinne einer "präventiven Öko-PR"[579] nicht in einer "win-win-Situation" mündet und sich die öffentlichen Anspruchsgruppen bewogen sehen, ihre Anliegen in einem grösseren Rahmen zu thematisieren.[580]

6.3.8 Zwischenfazit: Ausbruch aus dem Nischenkreislauf

Wie die Ausführungen in diesem Abschnitt gezeigt haben, können die Anbieter auf dem Schweizer Lebensmittelmarkt mit einer auf einer veränderten Wahrnehmung basierenden Neuausrichtung des Öko-Marketings ("vom Bio-Produkt als Nischen-" zum "Bio-Produkt als Massenmarktgut") durchaus einen Beitrag zur Überwindung der Öko-Nische leisten. Wie das Beispiel Coop zeigt, sind die Anreize mit damit verbundenen Image-, Umsatz- sowie Differenzierungseffekten gegeben. Mit einer "massenmarktfähigen" (Penetrations-) Preisstrategie, einem an ein breites Kundensegment gerichtetes Kommunikations-Mix, von der Produktpolitik ausgemerzte Qualitäts- und Ästhetikdefizite sowie einer verbesserten Erhältlichkeit ("Ubiquität") werden über den Nischenkäufer hinaus führende Konsumentensegmente angesprochen, welche für einen höheren Diffusionsgrad biologischer Lebensmittel massgebend sind.

Das Thema Ökologie erlangt jedoch nicht nur auf marktlichen Wegen Wettbewerbsrelevanz. Wie anhand des ökologischen Transformationsprozesses in Kap. 3 aufgezeigt wurde, sind neben den Kundenpräferenzen, der Beschaffungsmarktsituation sowie den Strategien der Konkurrenz auch die *Anliegen gesellschaftlicher Anspruchsgruppen* zu berücksichtigen. Mit der Erweiterung des rein marktlichen 4-P- zu einem umfassenderen 6-P-Mix wird diesem Anspruch Rechnung getragen. Mit dem "Public Opinion" (P5) sowie dem "Politics" (P6) stehen den Unternehmen zwei weiterer Instrumente zur Verfügung, welche eine aktive Einflussnahme auf die dem Markt vorgelagerten gesellschaftlichen Lenkungssysteme ermöglichen (vgl. Abb. 45).

---

578 Vgl. zu diesem Ansatz Zerfass 1996, S. 62 ff.

579 Das Ziel dieser "präventiven Öko-PR" liegt darin, die Betroffenen zu Beteiligten zu machen, um damit ein gegenseitiges Verständnis aufzubauen. Vgl. zum "präventiven Öko-PR" näher Bänsch/Seydel 1998, S. 254.

580 Die "dialogische PR" ist in dynamischer Perspektive der "massenmedialen PR" vorgelagert. Vgl. zum "Lebenszyklus gesellschaftlicher Anliegen" Dyllick 1989, S. 231 ff.

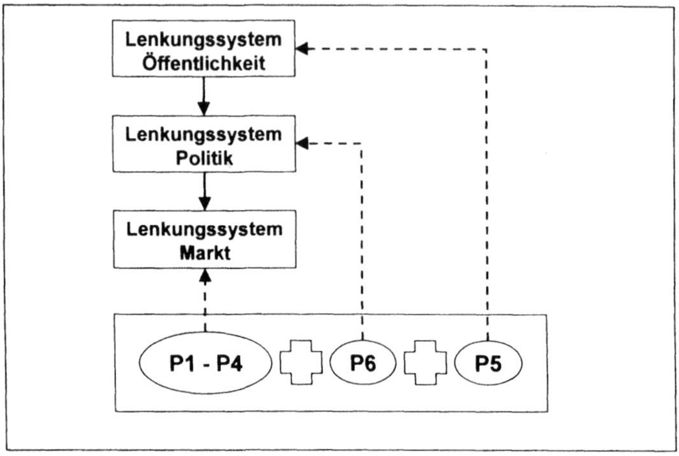

Abb. 45: Einflussnahme auf die drei Lenkungssysteme mit Öko-Marketing

Parallel dazu gilt es zum öffentlichen Lenkungssystem einen *permanenten Dialog* (auf massenmedialer wie mit den relevanten Anspruchsgruppen auch auf dialogischer Ebene) aufrechtzuerhalten. Damit können schwelende Konflikte im Keim erfasst und kontrolliert ("situativer Beitrag") sowie "strukturelle Deckungsreserven" aufgebaut werden, auf die zum Beispiel im Zuge nicht mehr zu vermeidender Lebensmittelskandale zurückgegriffen werden kann ("prinzipieller Beitrag" umweltschutzbezogener Öffentlichkeitsarbeit).[581] Die Verankerung vertrauensbildender Massnahmen in der Bevölkerung sowie die Veränderung der Konsumentenwahrnehmung bilden für die Marktentwicklung ökologischer Produktprogramme zentrale Voraussetzungen.

581 Zu den "strukturellen Deckungsreserven" zählt Fichter u.a. ein positives Umweltimage, belastbare Vertrauensbeziehungen zu den Nachbarn, Behörden, Umweltverbänden sowie die Annäherung von Wertordnungen zwischen Unternehmen und gesellschaftlichen Anspruchsgruppen. Vgl. Fichter 1998, S. 285.

Wie die Wachstumszahlen und die Prognosen für Bio-Programme Anfang 2000 andeuten, bildet eine solche ganzheitliche, integrative Sichtweise bei der Ausgestaltung und Ausrichtung des "6-P-Marketing-Mixes" den Nährboden, damit die "sich selbst erfüllende Prophezeiung der Öko-Nische" in eine "sich selbst erfüllende Prophezeiung des ökologischen Massenmarktes" übergehen kann (vgl. Abb. 46).

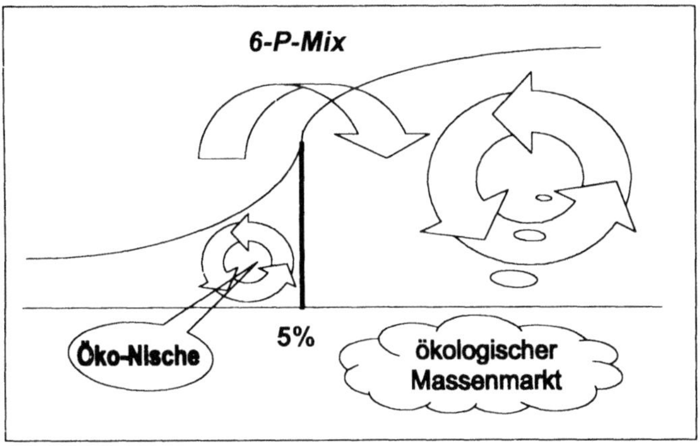

Abb. 46: Überwindung der Öko-Nische durch ein erweitertes Marketing

Die nähere Betrachtung des Ausbreitungsprozesses biologischer Lebensmittel lässt die Interpretation zu, dass es tatsächlich eine "sich selbst erfüllende Prophezeiung" von Coop zu werden scheint, welche sich Anfang 2000 auf dem Bio-Markt abzeichnet - doch dieses Mal in Form eines *"Engelskreises"*. Die Coop-Leitung gab 1993 bekannt, dass mit dem Coop Naturaplan die Einführung eines breiten Bio-Angebotes in konsumstarken Märkten geplant ist.[582] Nicht der Öko-Nischen-, sondern der "Massenmarktkunde" sollte mit dem Coop Naturaplan-Programm von Beginn weg anvisiert werden. Coop begann daraufhin, die Mitarbeiter im Sinne des Projektes zu motivieren und zu schulen, Lobbying zugunsten des Biologischen Landbaus zu betreiben, die Kooperation mit Bio Suisse aufzubauen, ein aktives Beschaffungsmarketing einzuleiten,

[582] Vgl. Widmer 1993, S. 2.

die Öffentlichkeit regelmässig in der hauseigenen Massenzeitschrift "Coop Zeitung" zu informieren und über gesundheitliche und ökologische Zusammenhänge aufzuklären, das Bio-Programm in grossem Stil zu bewerben, die biologische Forschungsarbeit zu unterstützen usw.

Mit diesem Massnahmenpaket wird aktiv dazu beigetragen, dass Bio-Produkte ihr Nischenimage schrittweise ablegen können (Signalwirkung durch das Angebot im Grossverteiler), dass Landwirte vermehrt auf die biologische Anbauweise umstellen (unterstützt durch Abnahmegarantien), das Konsumentensegment erweitert sowie die politischen Rahmenbedingungen weiterentwickelt werden ("Strukturpolitik"). Durch die nun erzielbaren Mengen- sowie Erfahrungskurveneffekte entlang der gesamten Lebensmittelkette, die erzeugte Angebotsausweitung, eine Intensivierung des Bio-Wettbewerbs auf der Handelsstufe oder hohe ökologische Direktzahlungen werden die Preise von Bio-Produkten bei einer steigenden Produktqualität (Forschungsfortschritte) fallen, die Nachfrage dadurch weiter steigen, das Angebot sich wiederum ausweiten, die Preise sinken usf.

Es kann vermutet werden, dass bei der Ausbreitung biologischer Lebensmittel der "Mechanismus der positiven Rückkopplung" zu spielen beginnt und die Entwicklung der Bio-Produkte von der Öko-Nische in Richtung ökologischer Massenmarkt weiter vorantreibt (vgl. Abb. 47).

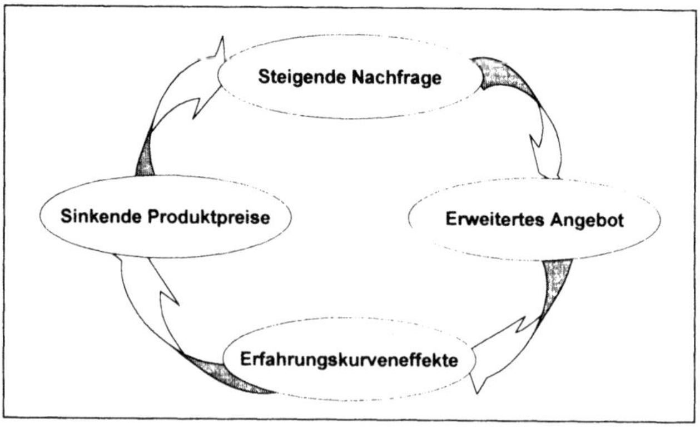

Abb. 47: "Engelskreis" auf dem Schweizer Bio-Markt

Quelle: Villiger 1998, S. 32

6.4 Fazit: Erweiterung der erweiterten Marketingkonzeption

☞ Nach einer strategischen Einordnung des Wettbewerbsverhaltens verschiedener Marktakteure, wurde in diesem Kapitel die These formuliert, dass die Anbieter auf dem Lebensmittelmarkt durch die Ausgestaltung ihres Marketings lange Zeit dazu beigetragen haben, die Öko-Nische zu zementieren (die Öko-Nische als Resultat einer "sich selbst erfüllenden Prophezeiung"). Im folgenden wurde eine erweiterte Marketingkonzeption entwickelt, deren Befolgung es den Unternehmen ermöglicht, einen entscheidenden Beitrag zur Überwindung der Bio-Nische zu leisten. Damit ist angedeutet, dass sich ein Öko-Marketing, welches auf den Massenmarkt abzielt, von einem für die Nische konzipierten Mix massgebend unterscheidet. Abb. 48 vermittelt einen Überblick über die wesentlichen Unterschiede dieser beiden Marketingausrichtungen.

Instrument	Nischen-Mix	Massenmarkt-Mix	Übergangsaspekte
Produkt	Maximale ökologische Qualität unter Vernachlässigung weiterer Qualitätsaspekte	Optimierung ökologischer Qualität unter Berücksichtigung weiterer Aspekte wie Convenience, Design usw.	Forschungsfortschritte zur Ausmerzung der Kinderkrankheiten unterstützen
Preis	Abschöpfungsstrategie ("Skimming")	Marktdurchdringungsstrategie ("Penetration") (Erfahrungskurveneffekte nutzen, Kalkulation mit relativen Handelsspannen usw.)	Kreuzpreissubventionierung aufgrund indirekter Image- und Umsatzeffekte gerechtfertigt
Kommunikation	Sachinformationen (Information: "Aufklärung")	Emotionen/Animation ("Erfahren"); Nutzenzyklus beachten	indirekte Kommunikation; Labels und Handelsmarken ("Glaubwürdigkeitsprimat")
Distribution	Paralleles Angebot ("Bio-Ecke")	Integration ins Sortiment	Beschaffungsmarketing; Verkaufsunterstützung (Degustation, "Point of Information")
Öffentlichkeitsarbeit	kaum (regional und moralisch)	Öko-PR und Öko-Sponsoring	dialogisch und massenmedial; Kooperationen
Politik	kaum (regional und moralisch)	aktive Strukturpolitik	"Subpolitik", Verbandstätigkeit; "Bio-Lobbying"

Abb. 48: Öko-Marketing in und jenseits der Nische

Quelle: In Anlehnung an Villiger/Wüstenhagen/Meyer 2000

Villiger/Wüstenhagen/Meyer verweisen auf die Gefahr, beim Übergang von der Öko-Nische zum ökologischen Massenmarkt "abzustürzen".[583] Dieses *"Absturzrisiko"* erwächst den Anbietern darin, bei einer strategischen Neuausrichtung und einem damit verbundenen Segmentwechsel, die bisherigen (Stamm-) Kunden zu verlieren, ohne dass es im Gegenzug gelingt, neue Kundensegmente hinzu zu gewinnen (vgl. Abb. 49). Anbieter biologischer Produkte sind diesem Risiko in besonderem Masse ausgesetzt, da es für sie schwer einzuschätzen ist, wie die sensibilisierten Kunden der Öko-Nische auf notwendig werdende Kompromisse bei der Herstellung ökologischer Produkte reagieren werden ("vom ökologisch maximalen, zum ökologisch-ökonomisch optimalen Produkt"; z.B. in Form von Anpassungen im Design, Berücksichtigung von Convenience-Aspekten, Angebot von importierten, asaisonalen Bio-Produkten usw.). Diese Absturzgefahr mag ihren Teil dazu beigetragen haben, die Öko-Nischen-Mentalität beizubehalten ("Risikoaversion").

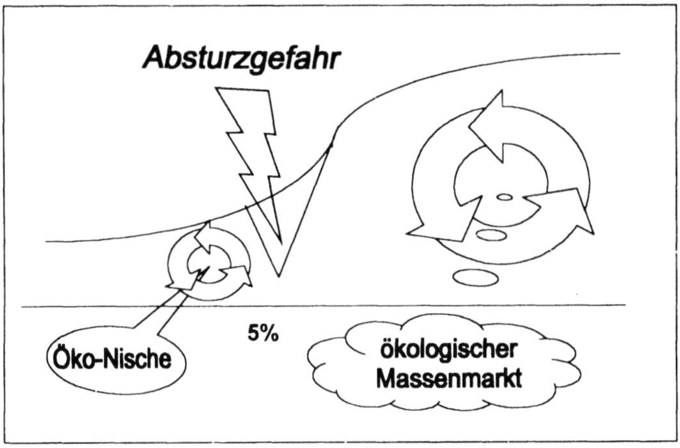

Abb. 49: Absturzgefahr beim Übergang zum ökologischen Massenmarkt

583 Vgl. zu dieser Absturzgefahr Villiger/Wüstenhagen/Meyer 2000, S. 51-53.

Dieser "Absturzgefahr", d.h. einem Verlust der Öko-Pioniere, ist aus zweierlei Gründen vorzubeugen: Zum einen bilden die frühen Nischen-Konsumenten den Brückenkopf in die späteren Segmente hinein (diffusionstheoretischer Aspekt). Zum anderen steigt mit zunehmender Erfahrung die Kaufintensität bei biologischen Produkten (Umsatzaspekt). Der Schlüssel für das unternehmerische Öko-Marketing liegt folglich darin, das "Bio-Marketing" auf den Massenmarkt auszurichten, ohne die Tugenden des Nischen-Mix (unter dem Primat der Glaubwürdigkeit) aufzugeben. Ansätze hierfür sind in der dritten Spalte von Abb. 48 unter dem Stichwort "Übergangsaspekte" angedeutet.[584]

Die beschriebene "Absturzgefahr" liegt im vorliegenden Kontext des Schweizer Lebensmittelmarktes jedoch nur bedingt vor. Wie die Untersuchungen in Kap. 5 gezeigt haben, ist es in erster Linie auf den Übergang von den Davids auf den Pioniergoliath als dominanten Anbieter zurückzuführen, dass sich der Bio-Markt in Richtung "ökologischer Massenmarkt" auszudehnen beginnt. Denn mit der Orientierung an einer konsequenten Massenmarktstrategie hat Coop Anfang der 90er Jahre in der Rolle eines ökologischen Diffusionsagenten neue, grössere, trägere Konsumentensegmenten angesprochen. Folglich ist die derzeit zu beobachtende Entwicklung des Bio-Marktes vorwiegend auf *diffusionsexogene, angebotsseitige* und weniger auf *diffusionsendogene, nachfragseitige* Effekte zurückzuführen ("Anbieter-Push" als Treiber der Ausbreitung von Bio-Produkten) (vgl. Abb. 50).

---

584 Ein anderer Ansatz, diesem Absturz vorzubeugen, besteht darin, das Marketing zusehends auf kleinere Kundensegmente auszurichten, um damit eine grösst mögliche Kundennähe zu erreichen. Damit versuchen Unternehmen, der Individualisierungstendenz Rechnung zu tragen. Mit der zunehmenden Auflösung des Zielgruppenansatzes bis hin zum einzelnen Kunden ("one-to-one-Marketing") sind jedoch steigende Komplexitätskosten verbunden, welche ab einem gewissen Grad den Grenznutzen übersteigen. Zudem wächst in einem solchen "customized marketing" die Gefahr, dass sich Unternehmen in sog. "Scheinwirklichkeiten" verfangen. Vgl. zu dieser Kritik Kirchgeorg 1995, S. 20 ff.

Abb. 50: Angebot im Grossverteiler zur Überwindung des "Abgrundes"

Eine möglicherweise schwerer wiegende Gefahr, welche es seitens der frühen und späten Folger auf dem Bio-Markt zu beachten gilt, liegt darin, dass sich die Anbieter ökologischer Produkte einer kritischeren Öffentlichkeit gegenüber sehen als die Anbieter konventioneller Lebensmittel. Allfälligen Vertrauensverlusten ist seitens eines Öko-Marketing betreibenden Unternehmens damit vorzubeugen, indem der *internen Betriebsökologie* spezielles Augenmerk geschenkt wird. Dieser Implikation liegt die Vermutung zugrunde, dass die Reputation eines Unternehmens (oder auch einer Handelsmarke) mit dem ökologischen Stand des "Inhouses" langfristig positiv korreliert. Somit ist es für ein Öko-Marketing betreibendes Unternehmen von zentraler Bedeutung, den ökologischen Leitgedanken zuerst *nach innen* zu tragen und ökologische Schwachstellen "inhouse" zu beheben, bevor die Tugenden *nach aussen* kommuniziert werden (vgl. Abb. 51). Denn tappt ein Unternehmen in die *"ökologische Glaubwürdigkeitsfalle"*, wird der langfristige Schaden ungleich grösser sein, als der kurzfristig erzielbare Nutzen eines "Pseudo-Öko-Marketings".[585]

[585] Vgl. Dyllick/Belz/Schneidewind 1997, S. 141.

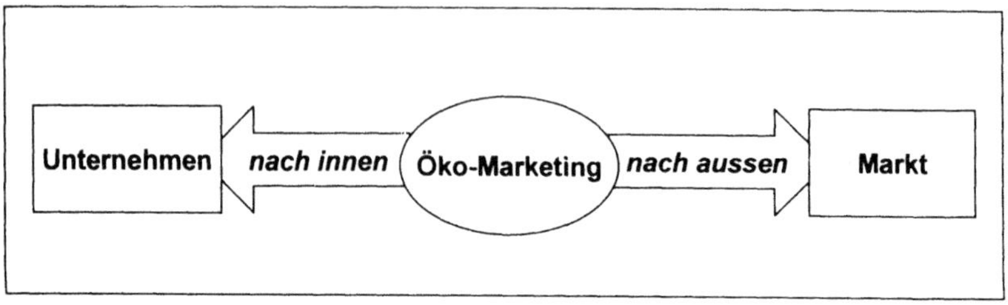

Abb. 51: Öko-Marketing nach innen und dann nach aussen

Quelle: Villiger 2000, S. 137

Einführung eines Umweltmanagementsystems als Signal

1999 haben sich weltweit bereits über 10'000 Unternehmen nach einer der beiden Umweltmanagementsystem-Normen *ISO 14001* oder *EMAS* (europäische Norm) zertifizieren lassen. Ein Umweltmanagementsystem (UMS) stellt den Unternehmen einen organisatorischen Rahmen zur Umsetzung, Überprüfung und Weiterentwicklung der unternehmerischen Umweltpolitik zur Verfügung. Ein UMS eignet sich jedoch nicht nur zur systematischen Erfassung und Behebung von Schwachstellen im Umweltbereich, sondern ist nach erfolgter Zertifizierung in Form eines Qualitätslabels auch ein glaubwürdiges Kommunikations- und Marketinginstrument.[586]

Mit einem UMS werden grundsätzlich drei Zielsetzungen verfolgt: ein wirksames System zur Umsetzung von selbst definierten Umweltzielen zur Verfügung zu stellen (Eigenverantwortlichkeit), die Einhaltung der Umweltgesetze und -vorschriften sicherzustellen (Minimalanforderung) sowie einen kontinuierlichen Verbesserungsprozess im Bereich Umweltschutz zu initiieren.

586 Eine UMS-Zertifizierung ersetzt kein produktspezifisches Öko-Label, sondern es zeichnet die Umweltschutzmassnahmen von Unternehmen aus. Zu Auswirkungen von Umweltmanagementsystemen nach EMAS und ISO 14001 in Unternehmen vgl. Hamschmidt 1998.

Bei den Unternehmen stehen bei der Implementierung eines UMS *interne Nutzenpotentiale* im Vordergrund (betriebsökologische Optimierung der Geschäftsprozesse, Steigerung der Mitarbeitermotivation, Risikovorsorge/Haftungsvermeidung oder Erkennen von Kostensenkungspotentialen). Mit der Einführung eines UMS sind jedoch auch *externe Nutzenpotentiale* verbunden. So lassen sich mit einem UMS-Zertifikat das Image, die Wettbewerbsfähigkeit oder auch die Beziehungen zu öffentlichen wie auch politischen Anspruchsgruppen verbessern. Aus ökologischer Sicht sind mit der Einführung eines Umweltmanagementsystems Entlastungseffekte sowohl auf der Input- wie auf der Outputseite zu erwarten.[587]

Im Überblick lässt sich festhalten, dass das herkömmliche, für die Öko-Nische ausreichende 4-P-Marketing-Mix zur effektiven Bearbeitung eines Marktsegmentes jenseits der Öko-Nische einer dreifachen Erweiterung zu unterziehen ist:

1. *Vom reinen Absatzmarkt- zum "Balanced Marketing":* aufgrund des Nachfragesogs und bestehender Beschaffungsengpässe auf dem Bio-Markt ("Kinderkrankheiten" im Bio-Landbau sowie geringe Ausbreitung dieser Anbauweise im Ausland) haben Anbieter biologischer Produkte den absatzmarktorientierten Fokus verstärkt auch auf die *Beschaffungsseite* zu richten. Bestehende Marktungleichgewichte gilt es in einem jungen Markt durch ein "Balanced Marketing" zu beheben.[588]

2. *Vom 4-P- zum 6-P-Mix:* Im Kontext der Ökologie sind nebst den marktlichen auch die *gesellschaftlichen Anspruchsgruppen* zu berücksichtigen, da ökologisch induzierte Veränderungen ihren Ursprung oft im öffentlichen und politischen Lenkungssystem finden. Für die Mitgestaltung der für eine Ausbreitung ökologischer Produkte relevanten Rahmenbedingungen ist das "4-P-Marketing-Mix" um die beiden gesellschaftsorientierten P's (Politics und Public opinion) zu erweitern, welche die eigentliche Marktentwicklungsstrategie konstituieren.

---

587 Vgl. zu den Wirkungen und Weiterentwicklungen von Umweltmanagementsystemen Dyllick 1999c.

588 Wüstenhagen spricht im Zusammenhang mit dem Beschaffungsmarketing von einem weiteren "P", dem sog. "Purchasing Network". Vgl. hierzu Wüstenhagen 1997, S. 22 f.

3. *Marketing gegen innen, dann gegen aussen:* zur Erhöhung der Glaubwürdigkeit des Angebotes sind die Marketingmassnahmen nach aussen von entsprechenden *Inhouse-Massnahmen* zu flankieren ("Marketing gegen innen"; Umweltmanagementsystem).[589] Ansonsten besteht die Gefahr, dass gegen den Anbieter ökologischer Produkte der Vorwurf eines "verkürzten Öko-Marketings" erhoben wird. Negative Schlagzeilen drohen die auf dem Markt beschwerlich aufgebaute Reputation in Kürze zu vernichten ("ökologische Glaubwürdigkeitsfalle"). In dieselbe Richtung wirkt die *Ausbildung des Personals* (kompetentes Personal als Signal und Schnittstelle zur Kundschaft)[590] oder die Einrichtung einer "Bio-Hotline" zur Beantwortung der Fragen von interessierten oder unsicheren Kunden.[591]

Schliesslich gilt es zu beachten, dass der *Zeitpunkt* der Umsetzung verschiedener Öko-Marketing-Massnahmen stimmt *("Timing")*. Erfolgen diese zu früh, verpufft die Energie an den Widerständen der noch nicht aktivierten Schlüsselstellen im Entwicklungsprozess - das Unternehmen droht in eine *ökologische Zeitfalle* zu geraten. Diese Gefahr scheint jedoch Ende der 90er Jahre gebannt. Drohen vielmehr die Nicht-Anbieter biologischer Lebensmittel in eine *"Nostalgie-Falle"* zu tappen?

---

589 Zur Bedeutung von Fach- oder Machtpromotoren zur erfolgreichen Durchführung unternehmensinterner Projekte vgl. Hauschildt/Schewe 1997, S. 506 ff.

590 Vgl. zur Wirkung des Verkaufspersonal beim Absatz ökologischer Produkte auch Meffert/Kirchgeorg 1992, S. 252 f.

591 1999 hat Migros unter der Nummer 0848 84 0848 die sog. "M-Infoline" eingerichtet, welche den Kunden als Anlaufstelle für sämtliche Anliegen, Reklamationen, Wünsche und Fragen offensteht.

7 Fazit und Ausblick

Am Schluss der Arbeit gilt es, den *Ausgangspunkt, die Zielsetzungen* und den *Gang der Untersuchungen* zu rekapitulieren.[592] Nach einer kurzen Interpretation der wichtigsten Erkenntnisse wird schliesslich auf offene Fragen und *weiteren Forschungsbedarf* hingewiesen. Die Arbeit endet mit einer Zusammenstellung der wichtigsten Erkenntnisse in Thesenform ("für den eiligen Leser").

7.1 Zurück zum Ausgangspunkt und zu den Zielsetzungen

"Die Schaffung und Durchsetzung nachhaltiger Produktions- und Konsumformen zählt zu den wichtigsten Aktionsfeldern einer Politik der Nachhaltigen Entwicklung (...). Einen entscheidenden Beitrag werden diese Produktions- und Konsumformen erst dann leisten können, wenn sie im Rahmen eines Massenmarktes für die breite Bevölkerung angeboten und von einer breiten Bevölkerung konsumiert werden."[593]

In einem breit angelegten Forschungsprojekt zeigte sich, "dass sich Ansätze eines Umweltmanagements in fast allen [untersuchten] Branchen beobachten lassen und aktiven Unternehmen auch Wettbewerbsmöglichkeiten eröffnen. In den meisten Fällen bleiben solche Erfolgsbeispiele von 'Ökologie und Wettbewerbsfähigkeit' jedoch auf Nischen beschränkt."[594] Eine breitere Diffusion von nachhaltigen Produktions- und Konsumformen in Massenmärkte hinein steht folglich noch aus.

Diese beiden Eingangszitate, die Forderung nach einer *"Ökologisierung von Massenmärkten"* auf der einen und die Realität der *"Öko-Nische"* auf der anderen Seite, erfassen die zu Beginn der Arbeit angetroffene Situation: eine Diskrepanz zwischen Wunsch und Wirklichkeit.

---

592 Zur Würdigung der Resultate gilt es auf die Frage zurückzukommen, ob es im Verlaufe der Arbeit gelang, die Forschungsresultate mit den eingangs formulierten Zielsetzungen in Übereinstimmung zu bringen.

593 Mohr 1999.

594 Belz/Schneidewind/Villiger/Wüstenhagen 1997, S. 3.

Im Zusammenhang mit dieser Ausgangssituation drängten sich die Forschungsfragen auf, was man sich unter einem *"ökologischen Massenmarkt"* vorzustellen hat (Ziel- oder Endpunkt) und wie die *Entwicklung* von der heutigen Öko-Nische zum geforderten Massenmarkt ablaufen könnte (Weg zu diesem Endpunkt).

Die Überlegungen, die am Beginn der Arbeit standen, vermittelten den Eindruck, dass im Umgang mit der vorliegenden Thematik nicht nur die Praxis, sondern auch die Wissenschaft noch in der Nische steckte. Dies bedeutete, dass zur Analyse und Beschreibung des ökologischen Entwicklungsprozesses zunächst geeignete *Konzepte und Modelle* zu entwickeln waren. Dieser *theoretischen Zielsetzung* wurde im ersten Teil der Arbeit nachgegangen. Auf dem sich hieraus ergebenden Verständnis aufbauend, galt es im zweiten Teil *Handlungsanleitungen zur Mit-Gestaltung* der Entwicklung "von der Öko-Nische zum ökologischen Massenmarkt" zu formulieren (*praktische Zielsetzung)*.

Der konzeptionelle Rahmen hatte im wesentlichen drei Ansprüchen zu genügen:

1. *Interdisziplinarität:* Der erste Anspruch lautete, den Analysen sowohl die ökonomische wie auch die ökologische Dimension zugänglich zu machen.
2. *Dynamik:* Der zweite Anspruch zielte darauf ab, den statischen Fokus zu überwinden und die dynamische Komponente der Entwicklung "von der Öko-Nische zum ökologischen Massenmarkt" einzufangen.
3. *Mit-Gestaltung:* Es galt drittens einen Rahmen zu entwickeln, der es ermöglicht, Empfehlungen zur (Mit-) Gestaltung des im Zentrum der Untersuchungen stehenden Ökologisierungsprozesses zu formulieren.

Aus der geschilderten Situation, den abgeleiteten Zielen, den erkannten Defiziten aus Theorie wie Praxis sowie aus dem sich wiederum hieraus ergebenden Anspruchskatalog an den konzeptionellen Rahmen ergab sich folgender Gang der Untersuchung.

7.2 Gang der Untersuchung

In *Kap. 2* wurde einleitend ein kurzer Überblick über die Kräfteverhältnisse und Trends im gewählten Untersuchungsfeld, dem Schweizer Lebensmittelmarkt, vermittelt. Hierzu wurden aus Sicht des mächtigsten Gliedes in der Kette, des Lebensmittelhandels, die Bedeutung aktueller und potentieller Konkurrenten, des Endverbraucherverhaltens, der Lieferanten sowie möglicher Substitutionsprodukte untersucht (*"Branchenstrukturanalyse"*).

Die Analyse dieser fünf Triebkräfte zeigte eine Schweizer Lebensmittelbranche, welche sich in einem internen (Konzentrationsprozess) sowie einem externen Strukturwandel (Globalisierung) zugleich befindet. Dieser *"doppelte Strukturwandel"* verändert die Spielregeln auf dem lange Zeit geschützten Schweizer Lebensmittelmarkt, was sowohl für die ökonomische wie auch für die ökologische Dimension weitreichende Konsequenzen hat.[595]

Auf den ersten Blick ist man geneigt, die Folgen dieses Strukturwandels (und des damit einhergehenden ökonomischen Drucks) mit einer *"Entökologisierung"* des Lebensmittelmarktes gleichzusetzen (Transportaufkommen, höhere Anforderungen an die Verpackung, neue Verarbeitungstechnologien usw.). Inzwischen entwickeln sich auf dem Schweizer Lebensmittelmarkt jedoch Keimzellen ("ökologische Wettbewerbsfelder"), welche einen sanften Paradigmenwechsel ankündigen:[596] Regionale Produktorganisationen formieren sich, Konsumenten boykottieren "Gentechfood" und Bio-Programme erleben einen Aufschwung, der mehr als bloss eine Modewelle ist.

Diese ökologischen Keimzellen konnten sich mitunter entwickeln, weil *ausländische Wettbewerber* mit politischen Massnahmen von einem Eintritt in den Schweizer Lebensmittelmarkt ferngehalten wurden. Als Folge der Liberalisierungstendenzen dürften die "künstlichen" Zutrittsschranken jedoch durchlässiger werden. Dies bedeutet, dass in früherer oder späterer Zukunft mit einem Markteintritt grosser Filialunternehmen aus dem benachbarten Ausland gerechnet werden muss. Die internationalen Grossanbieter verfügen über grössere Absatzgebiete sowie effizientere Kosten- und Vertriebsstrukturen als die Schweizer Anbieter. Dadurch erzielbare Grösseneffekte erlauben

---

595 Vgl. zu diesem Strukturwandel Belz/Villiger 1997.
596 Zum Paradigmenwechsel vgl. Kuhn 1967.

eine Kalkulation, welche die Stückpreise deutlich unter das schweizerische Preisniveau drückt. Ausländische Anbieter dürften aufgrund dieses Kostenvorteils insbesondere das *Discountsegment* anvisieren und diesem - auf Kosten des Standardsegmentes - zu Auftrieb verhelfen. Diese potentielle Konkurrenz im Tiefpreissegment legt den Schweizer Anbietern eine Positionierung im Qualitätssegment (*"Flucht nach oben")* nahe (vgl. Abb. 52).

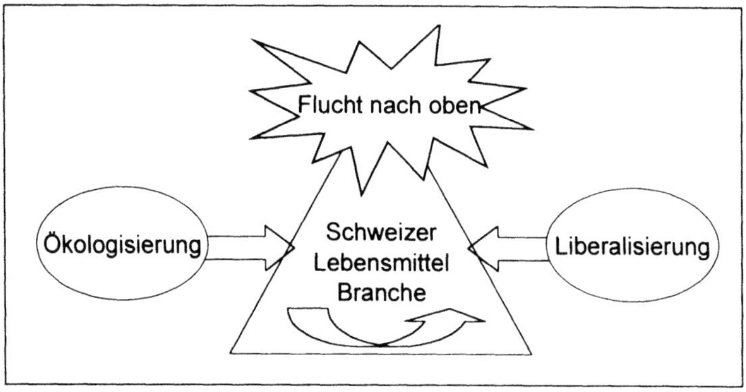

Abb. 52: "Flucht nach oben" des Schweizer Lebensmittelhandels

Quelle: Villiger 1998, S. 62

Bei einer *Positionierung im Qualitätssegment* profitiert der Lebensmittelhandel von bereits bestehenden Verbindungen zur Produktionsstufe. Diese Markteintrittsbarriere gilt es durch Kooperationsverträge mit den Lieferanten (Abnahmegarantien, Forschungskooperationen) und der Bildung von starken Handelsmarken zu festigen.

Die demographischen Entwicklungslinien sowie verschiedene *Nachfragetrends* versprechen natürlichen und gesunden Lebensmitteln - oder solchen, die für gesund gehalten werden (Health food) - Erfolg.[597] Nebst den Bio-Produkten am oberen Ende des Lebensmittelmarktes, werden als Folge der Preissenkungen auch Discount-Produkten gute Zukunftschancen eingeräumt. Das heute (zumindest in der Schweizer Inlandproduktion) dominierende IP-Segment droht an Gewicht zu verlieren. Nach der Dominanz der konventionellen Landwirtschaft in einer ersten *("Pyramidenform")* und der Integrierten Produktion in einer zweiten Phase *("IP-Bauch")*, scheint sich für das nächste Jahrzehnt folglich eine *Polarisierung* abzuzeichnen. Tritt ferner das Szenario ein, wonach sich die verschiedenen Nutzendimensionen zu verfeinern und zu überlagern beginnen, entsteht in einer nächsten Entwicklungsstufe schliesslich ein *fragmentierter Schweizer Lebensmittelmarkt.* Diese Tendenzen erfahren durch das zunehmend hybride Wesen des Konsumenten weitere Unterstützung. Auf diese Weise könnte sich eine Marktformenentwicklung gemäss Abb. 53 einstellen.

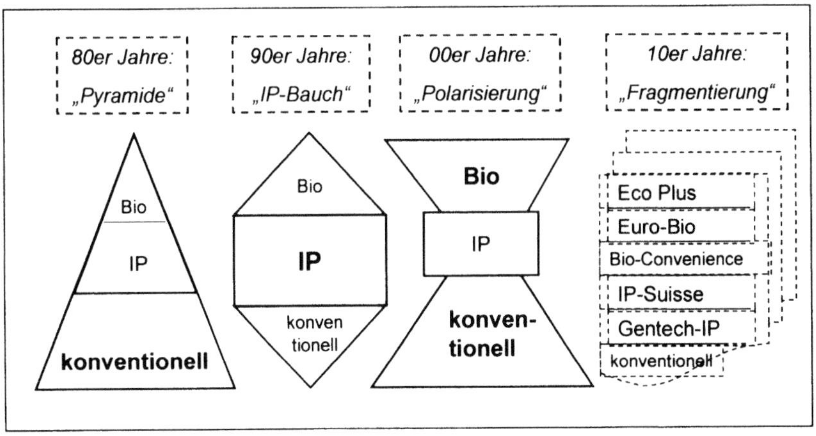

Abb. 53: Tendenzielle Entwicklung der Marktformen

[597] Weiter verzeichnen Convenience-Produkte, Frischekonzepte, der Ausserhaus-Konsum sowie alternative (Direktverkauf ab Bauernhof) oder neuartige Verkaufskanäle (Tankstellenshops, Autobahnraststätten oder Lebensmittelautomaten) steigende Umsatzzahlen.

In *Kap. 3* standen *ökologische Veränderungsprozesse* im Zentrum der Untersuchungen. Es wurde beschrieben, wie öffentliche Anspruchsgruppen ökologische Belastungen aufgreifen und in gesellschaftliche Ansprüche transformieren, bevor sie schliesslich via veränderte politische Anreize in Form von ökologischen Wettbewerbsfeldern Marktrelevanz erlangen.[598]

Eine Analyse der verschiedenen ökologischen Wettbewerbsfelder auf dem Schweizer Lebensmittelmarkt zeigte, dass im Jahr 2000 allenfalls der *"Anbauweise/Tierhaltung"* aktueller Status zugeschrieben werden kann. Die ökologische Verpackung hat den Zenit als Differenzierungsfaktor bereits überschritten und kann heute als "Standard mit Kostensenkungspotential" bezeichnet werden. Die Konsumökologie verharrt in den Bereichen, in denen ökologische Leistungen für den Konsumenten mit persönlichen Einschränkungen verbunden sind (z.B. Verzicht aufs Auto beim Einkauf) in einem potentiellen Status. Regionale Produkte erleben in der Schweiz wohl einen Aufschwung, weisen aber noch bescheidene Marktanteile auf (latenter Status). Die Gentechnologie stagniert nach einem ersten Aufschwung - mit einer offenen Zukunft - ebenfalls in latentem Status.

Nachdem damit der Anfangs- sowie mögliche Endpunkte eines ökologischen Transformationsprozesses skizziert waren, wurde anhand des aktuellsten ökologischen Wettbewerbsfeldes *"Anbauweise/Tierhaltung"* detailliert beschrieben, wie der Veränderungsprozess "von ökologischen Belastungen zum aktuellen ökologischen Wettbewerbsfeld" abläuft und welche Anspruchsgruppen hierbei eine aktive Rolle spielen.

Das ökologische Wettbewerbsfeld "Anbauweise/Tierhaltung" hat seinen Ursprung in den von der konventionellen Landwirtschaft ausgehenden negativen Folgen finanzieller, ökologischer sowie gesundheitlicher Art (70er/80er Jahre). Der hieraus entstehende Unmut in der Schweizer Bevölkerung führte - unterstützt von Veränderungen in der internationalen Agrarpolitik - zu einer *Agrarreform*. Das im Zuge dieser Agrarreform neu definierte Anreizsystem sorgte in der Folge für einen weitreichenden *Ökologisierungsprozess* auf der Anbaustufe. Damit schliesst sich im untersuchten Beispiel der Kreis wieder zum Ausgangspunkt der Transformation, zu den von der Landwirtschaft verursachten Umweltbelastungen. Mit diesem Bogen zurück zur Produkti-

---

[598] Bei dieser Analyse konnte im wesentlichen auf die Konzeption zurück gegriffen werden, welche im Zuge des Vorgängerprojektes am IWÖ-HSG entwickelt wurde. Vgl. zu einem Überblick Dyllick et al. 1994, für die Lebensmittelbranche im speziellen Belz 1995.

onsstufe hat der ökologische Transformationsprozess in seiner Auswirkung zugleich das erste Glied der Schweizer Lebensmittelkette erfasst.

Nach der Beschreibung des Weges ökologischer Ansprüche *hin zum Markt* ("vertikaler Ökologisierungsprozess") stellte sich als nächstes die Frage, wie sich die ökologisch induzierten Veränderungsprozesse, resp. der *ökologische Entwicklungsprozess im Markt fortsetzt* ("horizontaler Ökologisierungsprozess").[599]

Zur Analyse dieser für die Arbeit zentralen Problemstellung wurde in Kap. 4 der ökonomische (aus Kap. 2) sowie der ökologische Fokus (aus Kap. 3) zusammengeführt. Die *"Landkarte des ökologischen Massenmarktes"* erlaubte es, die Marktanteile von Produkten unterschiedlicher ökologischer Qualitätsstandards mit den von ihnen verursachten Umweltbelastungen in Bezug zu setzen. Basierend auf einer Unterteilung des Produktangebotes auf dem Schweizer Lebensmittelmarkt in die drei Segmente "hohe", "mittlere" sowie "tiefe ökologische Qualität", konnten hieraus wiederum sechs Entwicklungspfade in Richtung eines ökologischen Massenmarktes beschrieben werden. Zur Untersuchung des Beitrages, den verschiedene Akteure für einen Übergang von der Öko-Nische zum ökologischen Massenmarkt grundsätzlich leisten können, erwies sich zudem die Unterteilung in die beiden Akteursgruppen *"Davids" und "Goliaths"* als fruchtbar.[600]

Die Würdigung der (künftigen) Bedeutung der verschiedenen Entwicklungspfade fiel unterschiedlich aus:

Die Pfade *"Upgrading Conventionals"* (Anheben des ökologischen Mindeststandards im konventionellen Massenmarkt zur Minimierung von Umweltbelastungen) sowie *"Sustainable Shrinking"* (Verringerung des Gesamtkonsums oder Veränderung der Ernährungsweise) fallen in die Domäne des politischen Lenkungssystems und liegen daher in erster Linie im Interesse des Staates (Gesundheitskosten senken) oder der Konsumenten (Gesundheitsaspekt).

---

599 Anders formuliert: Wie verläuft die Entwicklung von der Öko-Nische zum ökologischen Massenmarkt?

600 Für eine ausführlichere Darstellung dieser Metapher vgl. Wüstenhagen 1998.

Die Pfade *"Upgrading the Middle"* (Anheben der ökologischen Qualität im Mittelsegment) und *"Enlarging the Middle"* (Ausdehnung des mittleren Qualitätssegmentes zulasten konventioneller Produkte) verlieren im Sinne einer dynamischen Effizienz an Bedeutung. Dies ist darauf zurück zu führen, dass sich die Integrierte Produktion auf dem Schweizer Lebensmittelmarkt inzwischen als *Mindeststandard* durchgesetzt hat. Ein "IP-Plus" wiederum ist auf dem Markt kaum zu positionieren. Diese beiden "Middle-Pfade" sind für die Marktakteure infolgedessen mit keinerlei Differenzierungsmöglichkeiten mehr verbunden.

Soll der ökologische Entwicklungsprozess auf dem Schweizer Lebensmittelmarkt über die Stufe des mittleren ökologischen Standards hinaus führen, kann die künftige Zielsetzung für die Agrarpolitik nur lauten, denselben Umbruchprozess, wie er in den 80er/90er Jahren von der konventionellen Landwirtschaft zur Integrierten Produktion stattgefunden hat, in Richtung einer biologischen Landwirtschaft voranzutreiben *("Eco Growth").*

Mit Voranschreiten auf dem Eco-Growth-Pfad eröffnen sich im Sinne einer *dynamischen Effizienz* zudem Chancen, den Fokus über die Anbaustufe hinaus zu öffnen, indem in der Zusammenstellung des Lebensmittelangebotes vermehrt zusätzliche ökologische Kriterien (wie Regionalität, Saisonalität, Verarbeitungsgrad usw.) berücksichtigt werden *("Eco Plus").*

Die Unterstützung der beiden *"Eco-Pfade"* verspricht zum einen, weiterführende ökologische Entlastungseffekte zu erzielen (ökologische Relevanz). Zum anderen bieten sich den Anbietern auf dem Schweizer Lebensmittelmarkt damit willkommene Profilierungs- (Umsatz- und Imageeffekte) sowie Positionierungsmöglichkeiten (ökonomische Relevanz).

Aus Sicht einer Nachhaltigen Entwicklung ist parallel zu diesen beiden "Eco-Pfaden" die Unterstützung eines *"Sustainable Shrinking"* effektiv (vgl. Abb. 54).

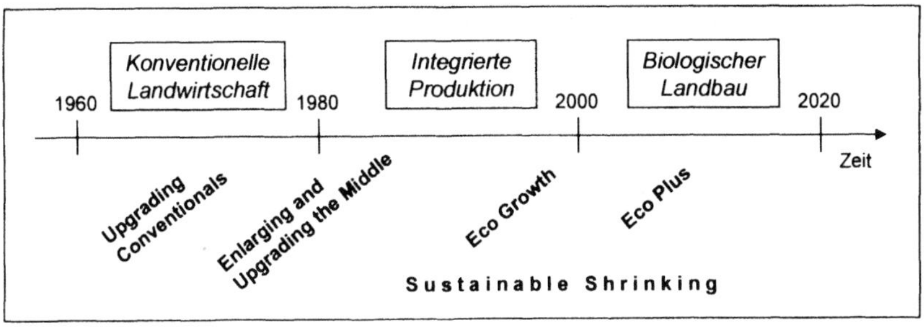

Abb. 54: Bedeutung der Entwicklungspfade im Zeitablauf

Die Ausführungen zum *"Eco-Growth"* verdeutlichten, dass die klassische Vorstellung einer Entwicklung zum ökologischen Massenmarkt, die "Ausweitung des Marktanteils von Premium-Öko-Produkten", als *vielgestaltiger Pfad* zu begreifen ist. Dass sich zur Illustration der zahlreichen "Sub-Pfade" in der Praxis konkrete Beispiele beschreiben liessen, zeigt, dass sowohl die *Davids* wie auch die *Goliaths* den Entwicklungsprozess des Lebensmittelmarktes "von der Öko-Nische zum ökologischen Massenmarkt" (innerhalb gegebener Restriktionen) auf vielfältige Weise unterstützen.

Der Pfad des *"Eco Plus"* bietet insbesondere den *Davids* auf dem Schweizer Lebensmittelmarkt Optionen, dem Wettbewerb mit den übermächtigen Goliaths auszuweichen. Indem die Davids weiterführende *ökologische Benchmarks* austesten, legen sie aus Sicht der ökologischen Marktentwicklung die Basis für einen nächsten "Ökologisierungsschub" ("dynamische Effizienz").

Mit diesem Ausblick ist der Übergang zur dynamischen Betrachtungsweise angedeutet. In *Kap. 5* wurde ein *"ökologischer Branchenlebenszyklus"* entwickelt, der einen Rahmen zur Unterteilung der Entwicklung in abgrenzbare Phasen sowie zur Antizipation wichtiger Trendmuster bietet. Dies wiederum bildet für die Anbieter auf dem Schweizer Lebensmittelmarkt die Voraussetzung, segment- oder phasengerechte Implikationen für die Gestaltung ihrer Wettbewerbsstrategien abzuleiten.[601]

---

[601] Damit schlägt der "Branchenlebenszyklus" die analytische Brücke zu den Gestaltungsempfehlungen in Kap. 6.

Die Grundthese von Kap. 5 lautete, dass nicht nur Produkte, sondern selbst Branchen und Märkte einen Lebenszyklus durchlaufen. Während dieses Zyklusses verändern sich die Rahmenbedingungen, das Verhalten der Marktakteure und auch die Präferenzen der Konsumenten. Hieraus ergibt sich ein dynamisches, interaktives Zusammenspiel, welches am Beispiel der beiden "Eco-Pfade" im Zeitablauf analysiert und letztlich im "ökologischen Branchenlebenszyklus" abgebildet wurde.

In Anlehnung an das idealtypische Modell des Produktlebenszyklus wurde im sog. *"Anbieterzyklus"* zunächst die Geschichte der "Bio-Bewegung" nachgezeichnet. Hierbei zeigte sich, dass sich der Charakter des Wettbewerbs mit jedem Eintritt einer neuen Anbietergruppe in den Bio-Markt verändert. Diese Veränderungsprozesse wurden wiederum zur Abgrenzung der verschiedenen Anbieterzyklusphasen herbei gezogen (die Davids als Entwickler der "Bio-Nische" in der *"Einführungsphase"*; Coop als Pioniergoliath, in Kooperation mit Bio Suisse, unterstützt durch ökologische Direktzahlungen in der *"frühen Wachstumsphase"*; Folgergoliath Migros, gesetzlich flankiert von der Bio-Verordnung in der *"Take-off-Phase"*).

In Form eines "utopischen Szenarios" wurde schliesslich eine *"Reife-Phase"* skizziert, in welcher sich der Begriff "Reife" nicht nur auf den vorangeschrittenen zeitlichen Aspekt im Lebenszyklus bezieht, sondern auch der Beschreibung des Verhaltens der Akteure dient. In einer *Coevolution* entwickeln die Davids ("Wegbereiter") und die Goliaths ("Diffusionsagenten") den ökologischen Markt dieser Vision zufolge gemeinsam weiter, indem die Goliaths den Pfad eines "Eco-Growths" mit Bio-Produkten und die Davids eines "Eco Plus" mit "Premium-Öko-Produkten" begehen. Voraussetzung für eine solche Coevolution sind *reife Rahmenbedingungen*, die sich durch eine weitgehende *Internalisierung externer Kosten* auszeichnen und den biologischen Lebensmitteln zu relativen Preisvorteilen verhelfen (Coevolution zwischen Markt und Politik).[602] Dies wiederum erlaubte es den Bio-Anbietern, mit ihren Programmen auch preissensiblere, trägere Konsumentenschichten zu erschliessen. Den Prozess parodistisch zu Ende gedacht, macht Denner als *Bio-Discounter* den Grossverteilern dereinst den Markt streitig.

---

602 Zur Coevolution von Markt und Politik vgl. Wüstenhagen 2000, S. 285.

Diese "utopische Spur" wurde im Verlauf der Arbeit tendenziell weiter verfolgt. Damit sollte jedoch keine Scheinwelt konstruiert werden. Durch das konkretere Fassen (aus Sicht der Ökologie) wünschbarer Zukunftsbilder wurde vielmehr bezweckt, ein besseres Verständnis für den untersuchten Entwicklungsprozess in Richtung eines ökologischen Massenmarktes zu vermitteln. Dieses Verständnis erlaubte es auf Basis von Plausibilitätsannahmen schliesslich, Gestaltungsempfehlungen zur ökologischen Weiterentwicklung der Branche abzuleiten.

In einem nächsten Schritt wurde die *Nachfrageseite* - entsprechend ihrer steigenden Bedeutung auf dem Schweizer Lebensmittelmarkt - verstärkt in die Betrachtungen miteinbezogen (grundsätzliche Entwicklung vom Anbieter- zum Nachfragermarkt). Hierbei interessierte analog zur Anbieterseite, unter welchen Umständen und in welcher Phase verschiedene Konsumentensegmente zu den Bio-Käufern hinzustossen.

Zur Erarbeitung der Datengrundlage, auf welcher die Entwicklung des *"Nachfragezyklus"* beruht, wurde eine Sekundäranalyse verschiedener Studien zum umweltbewussten Kaufverhalten durchgeführt. Wie die Untersuchungen zeigten, kaufen die Konsumenten - sensibilisiert durch zahlreiche Lebensmittelskandale - zusehends qualitäts- und markenbewusst ein. Dies verspricht für die Bio-Lebensmittel insofern steigende Absatzzahlen, als diese von den Konsumenten - aufgrund ihrer inneren Eigenschaften - mit einer höheren Qualität (Gesundheit, Geschmack) gleichgesetzt werden (Zusatzaspekte: Vertrauen, Sicherheit). Weiter gewinnen der Faktor Bequemlichkeit ("Convenience-Produkte") sowie nicht-ökonomische Aspekte (wie z.B. die Ethik in der Tierhaltung, Fair-Trade- und Umweltschutzfragen) an Bedeutung.

Die Studien bestätigten weiter, dass die Zahl umweltpassiver Konsumenten abnimmt, während die (zumindest teilweise) umweltaktiven Segmente an Bedeutung gewinnen. Dies verweist zum einen darauf, dass mit der voranschreitenden Diffusion neue Käufer zum Segment biologischer Produkte hinzu stossen und zum anderen, dass sich mit der steigenden Produkterfahrung die Kaufintensität pro Bio-Käufer erhöht. Das grösste Segment bilden die Konsumenten mit einer "mittleren" Sensibilität. Hier liegt folglich auch das grösste Potential für die weitere Diffusion biologischer Produkte.

Für die erste Gruppe der umweltaktiven Konsumenten ist die *Umweltfreundlichkeit* der Produkte ein wichtiges Kaufmotiv. Neben dem *Gesundheitsmotiv* wird von den Öko-Käufern der bessere *Geschmack* biologischer Lebensmittel als weiterer wichtiger Kaufgrund angegeben. Diese Aspekte gewinnen mit der steigenden Produkterfahrung an Bedeutung. Das mittlere Segment weist bzgl. den Eigenschaften Preis, Umweltschutz, Gesundheit oder Qualität keine eindeutige Präferenzordnung auf. Tendenziell gewinnen beim mittleren Segment jedoch *individualisierbare Nutzenkomponenten* an Bedeutung. Umweltpassive Konsumenten hingegen verbinden mit dem Attribut "ökologisch" keine positiven Assoziationen und sind nicht bereit, beim Kauf von Lebensmitteln irgendwelche Opfer einzugehen oder hierfür höhere Preise zu bezahlen. Eine Nachfrageausweitung biologischer Produkte auf dieses Segment hat folglich über die ökonomische Dimension (und weniger die Betonung von ökologischen oder gesundheitlichen Zusatznutzen) zu erfolgen, indem das Angebot den konventionellen Lebensmitteln in Bezug auf a) die Preise, b) die Verfügbarkeit (Ubiquität) und c) die Sortimentsbreite (Differenzierungsgrad) angeglichen wird (sog. "low-cost-These").[603]

Schliesslich wurden der Anbieter- und der Nachfragezyklus zum ganzheitlichen *"ökologischen Branchenlebenszyklus"* zusammengeführt. Die *Synthese* für dieses Kapitel lautete, dass der Verlauf der beschriebenen Branchenentwicklung in Richtung eines ökologischen Massenmarktes an Dynamik gewinnt. Dies unter der Voraussetzung, dass die sich verändernden Konsumpräferenzen von einem "phasen-", d.h. *"segmentgerechten Handeln"* der Anbieter begleitet werden, indem in der Ausgestaltung des Öko-Marketings der "Zeitpunkt des Eintritts in den Bio-Markt" ("Nachfragezyklus"), die den "Kauf auslösende Nutzenkomponente" ("Nutzenzyklus") von der "bevorzugten Anbietergruppe" (gemäss "Anbieterzyklus") berücksichtigt werden. Dem politischen Lenkungssystem wiederum erwächst - als "Verbindungsschicht"[604] zwischen der Angebots- und der Nachfrageseite - die anspruchsvolle Aufgabe, die Rahmenbedingungen am Entwicklungsstand dieses Marktspiels auszurichten, resp. die Entwicklung zu antizipieren und mitzugestalten, um damit die kritischen Übergänge von Zyklusstufe zu Zyklusstufe zu erleichtern (vgl. Abb. 55).

---

[603] Zentral zur Erschliessung der den Massenmarkt konstituierenden "Mehrheitskonsumenten" ist das Angebot im Grossverteiler.

[604] In Anlehnung an Nordmanns Bezeichnung der "semi conductive layer". Vgl. Nordmann 1997.

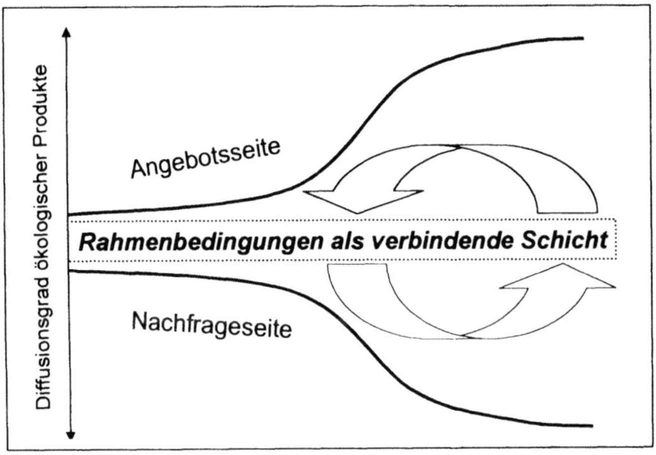

Abb. 55: Rahmenbedingungen als verbindende Schicht

Quelle: In Anlehnung an Nordmann 1997

In *Kapitel 6* schliesslich wurde der Fokus von der Markt-, bzw. Branchen- auf die *Akteursebene* verlagert. Hier stand die Frage im Zentrum, welche Möglichkeiten den Anbietern zur Verfügung stehen, den Diffusionsverlauf mit unternehmerischem Öko-Marketing zu beschleunigen.[605]

Nach einer *strategischen Einordnung* und Interpretation des Wettbewerbsverhaltens der Marktakteure wurde einführend beschrieben, wie die verschiedenen Akteursgruppen auf dem Lebensmittelmarkt durch die Ausgestaltung ihres Marketings lange Zeit dazu beigetragen haben, die Öko-Nische zu zementieren. Hieraus wurde die These abgeleitet, dass die Öko-Nische als Resultat einer *"sich selbst erfüllenden Prophezeiung"* zu verstehen ist.

[605] Oder: Wie können die Unternehmen des Schweizer Lebensmittelmarktes mit der Ausgestaltung ihres (Öko-) Marketings (im Sinne von strukturpolitischen Akteuren) den weiteren Verlauf der "Entwicklung von der Öko-Nische zum ökologischen Massenmarkt" mitgestalten?

Im folgenden wurde eine *erweiterte Marketingkonzeption* entwickelt, welche sich an breiteren Konsumentensegmenten orientiert. Hieraus wurde ersichtlich, dass sich ein Öko-Marketing, welches auf den Massenmarkt abzielt, von einem für die Nische konzipierten Marketing-Mix massgebend unterscheidet.

Weiter zeigte sich, dass das im rein marktlichen Kontext üblicherweise verwendete "4-P-Marketing-Mix" zur Analyse und Beschreibung des Öko-Marketings in der Nische hinreichend war. Zur Erfassung und Entwicklung eines Öko-Marketings jenseits dieser Nische ist die Konzeption einer *dreistufigen Erweiterung* zu unterziehen:

- Aufgrund der noch unreifen Konstellation auf dem Bio-Markt ("Anbietermarkt") haben die Anbieter biologischer Produkte neben dem Absatz- verstärkt auch den Beschaffungsmarkt zu bearbeiten (*"Balanced Marketing").*
- Im ökologischen Kontext sind neben den marktlichen auch die gesellschaftlichen Anspruchsgruppen zu berücksichtigen (Erweiterung des klassischen Marketing-Mixes vom "4-P-" zu einem *"6-P-Mix"; Marktentwicklungsstrategie).*
- Zur Erhöhung der Glaubwürdigkeit (Vertrauenseigenschaften ökologischer Produkte) sind die "Marketingmassnahmen nach aussen" von einem *"Marketing nach innen"* zu flankieren (Stichworte: Betriebsökologie, Umweltmanagementsystem, Personalschulung).

Aus dynamischer Perspektive lässt sich feststellen, dass das "Nischen-Marketing" der Marktakteure im Sinne der Gesamtentwicklung die Voraussetzungen für die "Zeit nach der Öko-Nische" schuf. Denn zum einen wurde unter dem Primat der Glaubwürdigkeit ein Gefüge entwickelt, das auch für eine Ausdehnung in den Massenmarkt tragfähig genug sein sollte.[606] Zum anderen wurde mit diesem "Drehen in der Öko-Nische" der Entwicklung des Bio-Marktes die erforderliche Zeit eingeräumt, ein reifes, oder "komplettes Produkt" zu entwickeln, dessen Vorhandensein zur Erschliessung des Massenmarkt-Konsumenten - nebst dem Angebot im Grossverteiler - eine notwendige Voraussetzung bildet. Es kann resümiert werden, dass das Verweilen in der Öko-Nische zur Anbahnung der Entwicklung in Richtung eines Ausbruchs aus

[606] Dieses Gefüge basiert im wesentlichen auf den vier Säulen FiBL als Forschungsinstitution, Bio Suisse als Dachverband der Produzenten und Labelverwaltung, bio inspecta als Kontrollorgan sowie Coop als Diffusionsagent in Richtung Massenmarkt.

dieser Nische eine notwendige Zwischenstufe darstellte. Im Sinne einer "Massenmarktökologisierung" bedarf es nun aber der Anwendung neuer Denkmodelle und Umsetzungskonzepte, damit sich der ökologische Massenmarkt dereinst ebenfalls als Resultat einer "sich selbst erfüllenden Prophezeiung" entpuppen kann.

7.3 Weiterer Forschungsbedarf

Welche Fragen mussten in dieser Arbeit unberücksichtigt bleiben, resp. welche Themen konnten nur gestreift werden? Wo liegt weiterer Forschungsbedarf?

Aufgrund der noch jungen "Bio-Geschichte" in den Grossverteilern werden die Verkaufszahlen einzelner Bio-Produktgruppen erst seit wenigen Jahren detailliert erhoben. Die hieraus resultierende dürftige Datengrundlage lässt noch keine schlüssigen Interpretationen zu *diffusionstheoretischen Fragen* zu, wie: Welche Bio-Produkte verkaufen sich besser, welche schlechter (und weshalb)? Welche Produktgruppen erweisen sich als preissensibel? Bei welchen Bio-Lebensmitteln entsprechen die Verkaufszahlen den Relationen des konventionellen Programmes? Bei welchen ergeben sich Abweichungen im Diffusionsverlauf und welches sind die Gründe hierfür?

Des weiteren ist der Diffusionsgrad bei verschiedenen Produkten noch in hohem Masse vom Forschungsstand des Biologischen Landbaus abhängig (Anbietermarkt: Welche Produkte können geliefert werden?). Die empirische Erforschung der Diffusionsverläufe einzelner Produkte oder -gruppen dürfte weitere Erkenntnisse zum vorliegenden Untersuchungsgebiet liefern.

Eine vertiefte Analyse der sich aus den verschiedenen *Kooperationsformen* ergebenden ökologischen Potentials birgt ebenfalls weiteren Forschungsbedarf (*Coevolution* zwischen Davids und Goliaths, zwischen der Nachfrage- und der Angebotsseite sowie zwischen dem marktlichen und dem politischen Lenkungssystem).

Aus *industrie-ökonomischer Perspektive* interessiert die Konstellation des *"Duopols"* auf dem Schweizer Lebensmittelmarkts: Wie beeinflussen sich die "Bio-Strategien" von Coop und Migros? Welche Reaktionen löst eine Verhaltensänderung oder Strategie-Redefinition eines Grossverteilers im ökologischen Bereich aus? Welche Konzepte bietet die Spieltheorie zur Untersuchungen dieser Fragen?

Von *wettbewerbstheoretischem Interesse* ist weiter, wie sich die *Liberalisierung* in einer lange Zeit geschützten, politisch dominierten Branche auf das Verhältnis zwischen der ökonomischen und der ökologischen Disziplin auswirken wird (friedliche Koexistenz oder "Terror der Ökonomie" mit einer Dominanz der Discounter?).

Welche ökologischen Entlastungspotentiale bringen die *Neuen Informations- und Kommunikationstechnologien*? Welche Konsequenzen hat das zunehmend hybride Wesen und das individualisierte Marketing ("one-to-one-" oder "Customer Relationship-Management") für den ökologischen Entwicklungsprozess?

Welche innovativen *Vertriebsstrukturen* bringen die demographischen Entwicklungslinien und Nachfragetrends im Zusammenhang mit der untersuchten Fragestellung hervor (Stichworte: "Cyber-Bio-Laden", "Bio-Take-away")? Welche Exportchancen bieten sich den Schweizer Bio-Produzenten und -Anbieter in einem offenen Markt? Lassen sich die in der Vision von Kap. 5 angedeuteten "Swiss organic food corners" verwirklichen? Treten grosse Öko-Goliaths (wie z.B. Wholefoods Markets aus den USA) auf den Schweizer Lebensmittelmarkt und initiieren einen Preiskampf?

Wie entwickeln sich die *Labels/Standards* in einem fortgeschrittenen Bio-Markt? Werden zusätzliche Abstufungen notwendig ("Bronze-Knospe" für Bio-Importe, "Silber-Knospe" für Schweizer Bio-Produkte, "Gold-Knospe" für Eco-Plus-Produkte)?

Weitere Untersuchungsansätze bieten die *internen Gegebenheiten* eines Unternehmens. Stichworte im Zusammenhang mit diesem "Marketing nach innen" sind etwa die für den Anstoss notwendigen *Promotoren*, die Konzipierung der internen *Lernprozesse* oder die Wirkungen eines *Umweltmanagementsystems*.

Zentrale Erkenntnisse in Thesenform - Für den eiligen Leser

Kap. 2: In der Schweizer Lebensmittelbranche läuft ein "doppelter Strukturwandel" ab. Dies ist für den an Schwung gewinnenden Ökologisierungsprozess mit Gefahren ("Diktat der Ökonomie" drängt das Thema Ökologie an den Rand) und mit Chancen ("Flucht nach oben") verbunden. Dasselbe lässt sich für die Nachfragetrends (hybrider Konsument) und für die neuen Technologien festhalten.

Kap. 3: Ökologische Ansprüche können den Wettbewerb verändern. Marktwirksamkeit erlangende ökologische Veränderungsprozesse entstehen nicht aus dem "Nichts" heraus und laufen nicht von selbst ab. Zudem entstehen sie nur in Ausnahmesituationen direkt im marktlichen Lenkungssystem. In den meisten Fällen nehmen diese ihren Ursprung in ökologischen Problemen und laufen über öffentliche und politische Anspruchsgruppen in den Markt hinein. Marktliche Akteure können auf diese Prozesse wiederum Einfluss nehmen (Wechselwirkung zwischen gesellschaftlichen und marktlichen Akteuren).

Kap. 4 (prozessorientiert): Die Entwicklung von der Öko-Nische zum ökologischen Massenmarkt ist mehrdimensional (Ausbreitung ökologischer Produkte in den Massenmarkt oder Ökologisierung von Massenmarktprodukten?), vielgestaltig ("sechs Pfade zum ökologischen Massenmarkt") sowie mehrstufig (Entwicklung von "Upgrading Conventionals" über "Enlarging the Middle" zum "Eco Growth"). Im Sinne einer dynamischen Effizienz sind künftig die beiden "Eco-Pfade" prioritär zu unterstützen. Weiteres Potential liegt aus ökologischer Sicht in einem Reifeprozess der Konsumenten in Richtung einer gesünderen, nachhaltigeren Ernährung ("Sustainable Shrinking"). Dies erfordert wiederum Aufklärungskampagnen und laterale Kooperationen zwischen staatlichen, öffentlichen und marktlichen Institutionen.

Kap. 4 (akteursorientiert): Sowohl die Davids als auch die Goliaths tragen ihren Teil zur ökologischen Entwicklung bei. Die Davids stossen die Entwicklung an, indem sie in einer ersten Phase ein ökologisches Produktangebot austesten. Damit bereiten sie in der Öko-Nische eine spätere Massenmarktdurchdringung vor.

Die Goliaths übernehmen in einer zweiten Phase in der Rolle des "ökologischen Diffusionsagenten" die Ausbreitung in Richtung "Jenseits der Öko-Nische". Und in einer dritten (Co-) Evolutionsstufe schliesslich teilen sich die Davids ("Premium-Öko-Markt"), die Goliaths sowie die (Bio-) Discounter den Markt auf, wobei die Davids mit dem Austesten des nächst höheren ökologischen Standards ("ökologische Benchmarks") bereits wieder einen weiterführenden Ökologisierungsprozess einleiten ("Eco Plus"). Auf diese Weise halten sie die Dynamik im Ökologisierungsprozess aufrecht.

Kap. 5: Die Entwicklung von der Öko-Nische zum ökologischen Massenmarkt durchläuft verschiedene Lebenszyklusphasen. Die verschiedenen Phasen werden charakterisiert durch verschiedene Anbietergruppen und Nachfragesegmente (mit unterschiedlichen Nutzenpräferenzen). Dies bedingt von den Anbietern wiederum ein segmentgerechtes Verhalten. Der Ausgestaltung der Rahmenbedingungen kommt die Bedeutung zu, die kritischen Phasenübergänge zu erleichtern.

Kap. 6: Die Anbieter haben lange Zeit dazu beigetragen, die Öko-Nische als solche zu zementieren. Die Anbieter haben in der Rolle eines ökologischen Diffusionsagenten aber auch das Potential, die Entwicklung in Richtung eines ökologischen Massenmarktes mitzugestalten. Hierfür ist ein Umdenken (vom ökologischen Produkt als "Nischen"- zum ökologischen Produkt als "Massenmarktgut") und eine hier anschliessende Neugestaltung der Marketingkonzeption (analog: vom "Nischen-" zum "Mega-Marketing") notwendig. Die ökonomischen Anreize sind mit den erzielbaren Umsatz- und Imageeffekten sowie dem Differenzierungs- und Positionierungspotential, welches mit dem Angebot biologischer Produkte verbunden ist, gegeben.

Die Öko-Nische als "sich selbst erfüllende Prophezeiung" könnte sich beim Eintreffen dieser Thesen zu einer "self fulfilling prophecy" des ökologischen Massenmarktes transformieren. Ein nächster Entwicklungsschritt bahnt sich in Richtung einer öko-sozialen Marktwirtschaft an. D.h., neben ökonomischen und ökologischen sind verstärkt auch die sozialen Bedingungen der Lebensmittelproduktion und -verwertung in die Betrachtungen mit einzubeziehen.

Schlusswort

Die Zusammenstellung der wichtigsten Thesen im Überblick verdeutlicht, dass der Weg zu einem "Jenseits der Öko-Nische" das Resultat eines vielschichtigen Zusammenwirkens verschiedener Akteure und zahlreicher Prozesse in der Lebensmittelbranche sowie deren Rahmenbedingungen ist, welches sich nicht durch das "Drehen an einer Schraube" lenken lässt. Die zahlreichen Verbindungen und die daraus resultierende Vernetzung, dadurch entstehende unbeabsichtigte Neben- und Fernwirkungen sowie Time-lags im System (z.B. im politischen Prozess) verhindern nicht nur eine exakte Steuerung, sondern verunmöglichen ebenso eine präzise Prognose über die weitere Entwicklung des beschriebenen Ökologisierungsprozesses in der Schweizer Lebensmittelbranche.[607] Wie das "Gestaltungskapitel" zeigte, stehen die Marktakteure dieser Entwicklung als Teil dieses Netzwerkes aufgrund vielfältiger Verbindungen und ebenso vielen Einflussmöglichkeiten jedoch nicht machtlos gegenüber.

---

607 Diesem Problem wurde begegnet, indem anhand der Szenariotechnik eine Bandbreite möglicher Zukunftsmuster aufgespannt wurde.

Kontext

Diese Arbeit entstand im Rahmen des Forschungsprojektes "Von der Öko-Nische zum ökologischen Massenmarkt. Analyse und Gestaltung integrierter Produkt- und Akteursketten. Eine Untersuchung am Beispiel des Bedürfnisfeldes Ernährung." (*ÖMAS*), welches unter der Leitung von Prof. Dr. Thomas Dyllick am IWÖ-HSG von 1996-1999 durchgeführt wurde.

ÖMAS ist ein Teilprojekt des Integrierten Projektes "*IP Gesellschaft*" im Rahmen des Schwerpunktprogrammes Umwelt (SPPU) vom Schweizerischen Nationalfonds zum Thema "Nachhaltige Schweiz im internationalen Kontext: Visionen, Strategien und Instrumente, entwickelt am Bedürfnisfeld Ernährung." (Leitung: Dr. Jürg Minsch).

Literaturverzeichnis

Aeberhard, T. (1996): Nachhaltiger Konsum von Fleisch und anderen tierischen Produkten, Zürich 1996.

Aeschbach, U. (1999): Mehr Fleisch aus Bio-Produktion. In Coop Zeitung Nr. 35 vom 1. September 1999. S. 32-33.

Amman, M./Anwander Phan-huy, S. (1996): Markt und Strukturen im Gemüse- und Obstbau der Bodenseeregion. Eine Studie im Rahmen des Interreg I-Programms "Bodensee-Hochrhein." Institut für Agrarwirtschaft an der ETH Zürich, Zürich 1996.

Arnold, S./Tanner, C./Wölfing Kast, S. (1999): Die Wirkung ausgewählter Kontextbedingungen auf das ökologisch nachhaltige Einkaufsverhalten: Resultate einer Tagebuchstudie. Forschungsberichte aus dem psychologischen Institut der Universität Bern 1999-4, Bern 1999.

Bänsch, A. (1990): Marketingfolgerungen aus Gründen für den Nichtkauf umweltfreundlicher Konsumgüter. In: Jahrbuch der Absatz- und Verbrauchsforschung, 36. Jg., 1990, Nr. 4, S. 350-379.

Bänsch, A./Seydel, S. (1998): Operatives ökologieorientiertes Marketing. In: Hansmann, K.-W. (Hrsg.): Umweltorientierte Betriebswirtschaftslehre - Eine Einführung. Wiesbaden 1998. S. 223-265.

Basler Appell gegen Gentechnologie und Schweizerische Arbeitsgruppe Gentechnologie (1994) (Hrsg.): Gut statt Gen. Ein Wegweiser zur gentechnikfreien Ernährung, Basel, Zürich 1994.

Baumast, A./Dyllick, T. (1998): Umwelt-Management-Barometer Schweiz 1997/98. IWÖ-Diskussionsbeitrag Nr. 59, St. Gallen 1998.

Baumol, W. J./Panzar, J. C./Willig, R.D. (1982): Contestable Markets and the Theory of Industry Structure, New York 1982.

Belz, F. (1994): Ökologische Wettbewerbsfelder in der Lebensmittelbranche. In: der markt. Zeitschrift für Absatzwirtschaft und Marketing, 33. Jg., Heft 129, Wien 1994. S. 51-61.

Belz, F. (1995): Ökologie und Wettbewerbsfähigkeit in der Schweizer Lebensmittelbranche, Bern, Stuttgart, Wien 1995.

Belz, F. (1997): Ökologische Sortimentsanalyse im schweizerischen Lebensmittelhandel: Eine explorative Untersuchung. IWÖ-Diskussionsbeitrag Nr. 47, St. Gallen 1997.

Belz, F. (1998a): Lebensmittelhandel als ökologischer Diffusionsagent dargestellt am Beispiel des schweizerischen Fleischmarktes. Internes Arbeitspapier am IWÖ-HSG, St. Gallen 1998.

Belz, F. (1998b): Entstehung und Entwicklung des Bio-Marktes. Eine wirtschaftshistorische Analyse aus institutionentheoretischer und wettbewerbsstrategischer Perspektive. IWÖ-Diskussionsbeitrag Nr. 66, St. Gallen 1998.

Belz, F./Schneidewind, U./Villiger, A./Wüstenhagen, R. (1997): Von der Öko-Nische zum ökologischen Massenmarkt im Bedürfnisfeld Ernährung. Konzeption eines Forschungsbeitrages. IWÖ-Diskussionsbeitrag Nr. 40, St. Gallen.

Belz, F./Villiger, A. (1997): Zum Stellenwert der Ökologie im schweizerischen Lebensmittelhandel. Eine wettbewerbsstrategische Analyse. IWÖ-Diskussionsbeitrag Nr. 46, St. Gallen.

Belz, F./Villiger, A. (1998): Aktuelle und potentielle Konkurrenten im schweizerischen Lebensmitteldetailhandel. In: Die Unternehmung, 52. Jg. (1998), Heft 5/6. S. 297-308.

Bio Suisse (1998): Knospe-Wachstum, Qualität und Politik für das nächste Jahrhundert. Medienkonferenz vom 19. März 1998, Basel 1998.

Bio Suisse (1998): Positionierung der Knospe. In: Lizenznehmer Journal, Nr. 2, September 1998.

Bio Suisse (1999): Medienunterlagen. Bio-Barometer steigt. Bio Suisse Medienkonferenz vom 23. März 1999 in Bern, Basel 1999.

Bio Suisse (2000): Medienunterlagen. Der Stand der Bio-Nation Schweiz. Bio Suisse Medienkonferenz vom 28. März 2000 in Bern, Basel 2000.

Bitzer, C. (1997): Ökologie und Wettbewerbsfähigkeit in der Schweizer Tourismusbranche. Dissertation Nr. 1866 der Universität St. Gallen, Schesslitz 1997.

Bleicher, K. (1995): Das Konzept Integriertes Management. 3. Aufl., Frankfurt, New York 1995.

Blickhäuser, J./Gries, T. (1989): Individualisierung des Konsums und Polarisierung von Märkten als Herausforderung für das Konsumgüter-Marketing. In: Marketing ZFP, Heft 1, I. Quartal 1989. S. 5-10.

Böttger, M. (1996): Einführung ökologischer Produkte. Timing-Strategien - dargestellt am Beispiel der Automobilindustrie, Berlin 1996.

Breitenacher, M./Träger, U. C. (1990): Ernährungsindustrie: Strukturwandel in Produktion und Absatz, Berlin 1990.

Buchholz, R. (1985): Identifizierung von Innovatoren auf einstellungstheoretischer Grundlage am Beispiel des Marktes für Nahrungsmittel. In: Marketing ZFP, Heft 3, August 1985. S. 173-179.

Bundesamt für Landwirtschaft (1999): Direktzahlungen 1998 an die Landwirtschaft, Bern 1999.

Bundesamt für Statistik (2000): In: "Die Südostschweiz" vom 28. Januar 2000. S. 19.

claro fair trade AG (o.A.): Die Schweizer Organisation für Fairen Handel, Orpund o.A.

Coase, R.H. (1960): The Problem of Social Cost. In: Journal of Law and Economics, 3. S. 59-73.

Coop (1998): Coop Hintergrundinformationen, Basel 1998.

Coop (1999): Geschäftsbericht der Coop-Gruppe 1998, Basel 1998.

Coop (1999b): Coop Hintergrundinformationen, Basel 1999.

Coop (2000): Coop Hintergrundinformationen, Basel 2000.

D'Anna-Huber, C. (1998): Das staatsbürgerliche Gewissen fährt mit. Schweizer Einkaufstourismus in Frankreich. In: NZZ vom 24./25. Oktober 1998, Nr. 247. S. 15.

Darby, M.R./Karni, E. (1973): Free Competition and the Optimal Amount of Fraud. In: Journal of Law and Economics, 16. Jg., 1973. S. 67-88.

Diekmann, A./Preisendörfer, P. (1992): Persönliches Umweltverhalten. Diskrepanzen zwischen Anspruch und Wirklichkeit. In: Kölner Zeitschrift für Soziologie und Sozialpsychologie, Jg. 44 (1992), Heft 2. S. 226-251.

Doebeli, H.P. (1992): Konsum 2000. Schriftenreihe "Die Orientierung" Nr. 101 der Schweizerischen Volksbank, Bern 1992.

Domeyer, B./Pfister, P. (1997): Luxese - oder warum Luxus und Askese kein Widerspruch sind. In: Der Monat 12/1997. S. 44-47.

Drösser, C. (1999): Die sprechende Etikette. In: Facts 27/1999. S. 98-100.

Dyllick, T. (1988): Erfolgreiche Positionierung mit ökologischer Verpackung. Toni-Joghurt im Zirkulationsglas. In: THEXIS, 5. Jg., 1988. S. 51-55.

Dyllick, T. (1989): Management der Umweltbeziehungen. Öffentliche Auseinandersetzung als Herausforderung. Wiesbaden 1989.

Dyllick, T. (1990): Von der Frühwarnung zum Issue-Management. In: Ackermann, W./Ruf, S. (Hrsg.): Was leisten Frühwarnsysteme für die Assekuranz? IVW-HSG, St. Gallen 1990.

Dyllick, T. (1992): Ökologisch bewusste Unternehmensführung. Bausteine einer Konzeption. In: Die Unternehmung, 46. Jg., 1992, Nr. 6. S. 391-413.

Dyllick, T. (1997): Ökologie und Wettbewerbsfähigkeit von Unternehmen. Den Zusammenhang verstehen, analysieren und gestalten. In: Fichter, K./Clausen, J. (Hrsg.): Schritte zum nachhaltigen Unternehmen, Heidelberg 1997.

Dyllick, T. (1998): Umweltmanagement im internationalen Wettbewerb. Chancen und Risiken. In: Swiss Plastics, 20 (1998) Nr. 12. S. 7-12.

Dyllick, T. (1999a): Ökologie als Wettbewerbsfaktor. In: Schweizer Ingenieur und Architekt, Nr. 19, 14. Mai 1999. S. 390-393.

Dyllick, T. (1999b): Umweltmanagement im Spannungsfeld von Integration und Erosion. In: IWÖ-HSG Jahresbericht 1998, St. Gallen 1999, S. 8-9.

Dyllick, T. (1999c): Wirkungen und Weiterentwicklungen von Umweltmanagementsystemen. In: Seidel, E. (Hrsg.): Umweltmanagement im 21. Jahrhundert, Heidelberg 1999.

Dyllick, T. et al. (1994): Ökologischer Wandel in Schweizer Branchen, Stuttgart, Bern 1994.

Dyllick, T./Belz, F. (1995): Anspruchsgruppen im Öko-Marketing. Eine konzeptionelle Erweiterung der Marketing-Perspektive. In: Umwelt Wirtschafts Forum, 3. Jg., I/95. S. 56-61.

Dyllick, T./Belz, F./Schneidewind, U. (1997): Ökologie und Wettbewerbsfähigkeit, München, Wien, Zürich 1997.

Eggler, A. (1991): Diffusions- und Substitutionsprozesse - Struktur, Ablauf und ihre Bedeutung für die strategische Unternehmensführung. Dissertation Nr. 1273 an der Universität St. Gallen, Bamberg 1991.

Empacher, C. (1999): Die Umweltrelevanz der Lebensmittelherstellung: das Beispiel Joghurt und Geflügel. Zwischenergebnisse des BMBF-Projektes "Wissenstransfer". ISOE Diskussionspapier 9, Frankfurt a.M. 1999.

Enquete-Kommission "Schutz der Erdatmosphäre" des Deutschen Bundestages (1995): Mehr Zukunft für die Erde. Nachhaltige Energiepolitik für dauerhaften Klimaschutz. Schlussbericht, Bonn 1995.

Faist, M./Kytzia, S. (1999): Wie kann ein Grossverteiler zur effizienten Ressourcennutzung beitragen? In: EAWAG news 46 D, Januar 1999. S. 24-26.

FiBL (o.A.): Biolandbau, Oberwil o.A.

Fichter, K. (1998): Umweltkommunikation und Wettbewerbsfähigkeit. Wettbewerbstheorien im Lichte empirischer Ergebnisse zur Umweltberichterstattung von Unternehmen, Marburg 1998.

Franzen 1996, Geleitwort. In: Schmitz, C.A./Kölzer, B. (1996): Einkaufsverhalten im Handel. Ansätze zu einer kundenorientierten Handelsmarketingplanung, München 1996.

Freeman, E.R. (1984): Strategic Management. A Stakeholder Approach, Marchfield, Mass. 1984.

GfS (1996): Landwirtschaft. Univox-Studie III A-96. Institut für Agrarwirtschaft ETH Zürich, Zürich 1996.

Greenpeace (1999): Gentechnik 1999. Jetzt gibt's Mais! Greenpeace. Die Zeitung mit Mehrsicht, 1/99. S. 6.

Gutmann, M. (1999): Nahrungsmittel und Getränke. In: UBS Branchenspiegel Schweiz 1998/99. S. 8-9.

Gysin, P./Poppenwimmer, T. (1994): Die Geburt der Selbstbedienung in der Schweiz oder die Rationalisierung des Verkaufs. In: Andersen, A. (Hrsg.): Perlon, Petticoats und Pestizide, Basel 1994. S. 154-156.

Haedrich, G./Tomczak, T. (1996): Produktpolitik. Kohlhammer-Edition Marketing, Stuttgart, Berlin, Köln 1996.

Hansen, U. (1988): Ökologisches Marketing im Handel. In: Brandt, A./Hansen, U./Schoenheit, I./Werner, K: (Hrsg.): Ökologisches Marketing, Frankfurt a.M., New York 1988. S. 331-362.

Hansen, U./Kull, S. (1996): Der Handel als ökologieorientierter Diffusionsagent - theoretische Überlegungen und ein Blick in die Praxis. In: GfK Jahrbuch der Absatz- und Verbrauchsforschung 1/96. S. 90-115.

Hauschildt, J./Schewe, G. (1997): Gatekeeper und Promotoren: Schlüsselpersonen in Innovationsprozessen in statischer und dynamischer Perspektive. In DBW 57 (1997) 4. S. 506-516.

Hochreutener, T. (1993): Kein Rezept gegen das Lädelisterben? In: IHA-GfM News, 50. Jg., 1993, Nr. 3. S. 28-30.

Hochreutener, T. (1997): Ihre Chancen in der Preispolitik. Studie zum Schweizer Verkaufsförderungs-Forum. In: IHA-GfM News 3/97, Hergiswil 1997. S. 14-17.

Hofer, K. (1996): Wichtige Teilbereiche des Bedürfnisfeldes Ernährung im Hinblick auf die Projektzielsetzung im IP MINSCH: Ein Diskussionsbeitrag. Vortragsskript, Bern 1996.

Hofer, K./Stalder, U. (1998): Regionale Produktorganisationen in der Schweiz: Situationsanalyse und Typisierung. SPPU-Diskussionspapier Nr. 9 des Geographischen Instituts der Universität Bern, Bern 1998.

Hopfenbeck, W. (1990): Umweltorientiertes Management und Marketing Konzepte - Instrumente - Praxisbeispiele, Landsberg a.L. 1990.

Hug, R. (1999): Migros stellt M-Sano-Label ein. In: Die Südostschweiz vom 16. Dezember 1999. S. 15.

Hugenschmidt, H. (1995): Ökologie und Wettbewerbsfähigkeit im Güterverkehr, Bern, Stuttgart, Wien 1995.

Hüser, A. (1993): Institutionelle Regelungen und Marketinginstrumente zur Überwindung von Kaufbarrieren auf ökologischen Märkten. In: Zeitschrift für betriebswirtschaftliche Forschung, Jg. 63, 1993. S. 257-287.

Hüser, A. (1996): Marketing, Ökologie und ökonomische Theorie, Wiesbaden 1996.

Hüser, A./Mühlenkamp, C. (1992): Werbung für ökologische Güter: Gestaltungsaspekte aus informationsökonomischer Sicht. In: Marketing ZFP, Heft 3, III. Quartal 1992. S. 149-156.

IHA-GfM (1997): Vegi-Produkte im Vormarsch. In: IHA-GfM News, 1/97. S. 29.

IHA-GfM (1998): Vademecum 1999, 23. Jg., Hergiswil 1998.

Jänicke, M. (1997): Umweltinnovationen aus der Sicht der Policy-Analyse: vom instrumentellen zum strategischen Ansatz der Umweltpolitik. FFU-Report 97-3 der Forschungsstelle für Umweltpolitik, Berlin 1997.

Jänicke, M. et al. (1998): Innovationswirkungen branchenbezogener Regulierungsmuster am Beispiel energiesparender Kühlschränke in Dänemark. FFU-Report 98-3 der Forschungsstelle für Umweltpolitik, Berlin 1998.

Jauschowetz, D. (1995): Marketing im Lebensmitteleinzelhandel. Industrie und Handel zwischen Kooperation und Konfrontation, Wien 1995.

Jung, A. (1998): Qualitätsunsicherheit auf dem Markt für Lebensmittel aus ökologischem Anbau. Erklärungsansätze für träges Umweltverhalten unter besonderer Berücksichtigung informationsökonomischer Erkenntnisse, Frankfurt a.M. u.a. 1998.

Jungbluth, N. (1998): Ökologische Beurteilung des Bedürfnisfeldes Ernährung. Arbeitsgruppen - Methoden - Stand der Forschung - Folgerung. UNS-Working Paper Nr. 18, Zürich 1998.

Jungbluth, N. (1999): Nahrungsmittelkonsum und Umweltfolgen. In: Gaia 8 (1999) no. 1. S. 64-65.

Jungbluth, N./Köllner, T. (1998): Ökobilanzierung landwirtschaftlicher Produkte. Nachbearbeitung des 8. Diskussionsforums Ökobilanzen vom 6. Oktober 1998, ETH Zürich, Zürich 1998.

Kaas, K.P. (1992): Marketing für umweltfreundliche Produkte. Ein Ausweg aus den Dilemmata der Umweltpolitik? In: Die Betriebswirtschaft, 52. Jg., 1992, Nr. 4. S. 473-487.

Kaas, K.P. (1994): Marketing im Spannungsfeld zwischen umweltorientiertem Wertewandel und Konsumentenverhalten. In: Schmalenbach-Gesellschaft - Deutsche Gesellschaft für Betriebswirtschaft e.V. (Hrsg.).: Unternehmensführung und externe Rahmenbedingungen. Kongress-Dokumentation 47. Deutscher Betriebswirtschafter-Tag 1993, Stuttgart 1994. S. 93-112.

Kesseler, T./Kutsch, T./Köpke, U. (1994): Produkte des kontrolliert-biologischen Anbaus im konventionellen Lebensmitteleinzelhandel - unter besonderer Berücksichtigung des Konsumentenverhaltens. In: Hauswirtschaft und Wissenschaft 2/1994. S. 51-58.

Kesselmann, P. (1997): Umweltbewusstes Konsumentenverhalten: Möglichkeiten und Grenzen von Beeinflussungsstrategien, Stuttgart 1997.

Kirchgeorg, M. (1995): Zielgruppenmarketing. In: Thexis 3/95, St. Gallen 1995. S. 20-26.

Klement, E. (1998): Zur Bedeutung der Ökologie im Wettbewerb des schweizerischen Brotmarktes. IWÖ-Diskussionsbeitrag Nr. 67, St. Gallen 1998.

Knapp, U. (1999): Leserzahlen der WEMF. In: Coop-Zeitung Nr. 37 vom 15. September 1999. S. 44.

Knobloch, U. (1994): Theorie und Ethik des Konsums. Reflexion auf die normativen Grundlagen sozialökonomischer Konsumtheorien. Dissertation Nr. 1526 an der Universität St. Gallen, Bern, Stuttgart, Wien 1994.

Kolibius, M. (2000): Ein Cyber-Ausblick: Mit dem WWW aus der Öko-Nische? In: Villiger, A./Wüstenhagen, R./Meyer, A. (Hrsg.): Jenseits der Öko-Nische, Basel 2000. S. 315-355.

Kotler, P. (1986): Megamarketing. In: Harvard Business Review, März-April 1986. S. 117-124.

Kotler, P./Bliemel, F. (1995): Marketing-Management. Analyse, Planung, Umsetzung und Steuerung. 8., vollst. neu bearb. und erw. Aufl., Stuttgart 1995.

Kroeber-Riel, W. (1992): Konsumentenverhalten, 5. Aufl., München 1992.

Kromrey, H. (1994): Empirische Sozialforschung. Modelle und Methoden der Datenerhebung und der Datenauswertung. 6. überarb. und erw. Aufl., Opladen 1994.

Kuhn, T. (1967): Die Struktur wissenschaftlicher Revolutionen, Frankfurt a.M. 1967.

Kühn, R./Weiss, M. (1998): Das "Made-in"-Image der Schweiz im internationalen Vergleich. Ausgewählte Resultate der Studie "Image of Countries ans Business 1997". In: Die Unternehmung, 52. Jg., 1998, Heft 1. S. 49-60.

Kull, S. (1995): Der Handel als Diffusionsagent ökologischer Innovationen, Ergebnisse einer empirischen Untersuchung bei den Top-50-Unternehmen des Lebensmitteleinzelhandels. Lehr- und Forschungsbericht Nr. 33 des Lehrstuhls Markt und Konsum der Universität Hannover, Hannover 1995.

LBL (o.A.): Integrierte Produktion aktuell: Das gilt ab 1996, Lindau o.A.

Ledermann, J. (1996): Der Schweizer Lebensmittelhandel im Umbruch: Perspektiven im internationalisierten Wettbewerbsfeld, Chur, Zürich 1996.

Lutz, C. (1997): Leben und Arbeiten in der Zukunft, 2. Aufl., München 1997.

Maslow, A. H. (1954): Motivation and Personality, New York 1954.

Matschuk, H.-J./Vieth, R. (1990): Wirtschaftliche und gesellschaftliche Auswirkungen von Konzentrationstendenzen im Handel. In: Gruber, H.-J./Titze, A. (Hrsg.): Der Handel für die Märkte von morgen: Perspektiven und Entwicklungen, Frankfurt a.M. 1990.

Mayring, P. (1993): Einführung in die qualitative Sozialforschung. Eine Anleitung zu qualitativem Denken. 2., überarb. Aufl., Weinheim 1993.

Meffert, H./Bruhn, M. (1996): Das Umweltbewusstsein von Konsumenten. In: DBW, Jg. 56 (1996), Heft 5. S. 631-648.

Meffert, H./Kirchgeorg, M. (1992): Marktorientiertes Umweltmanagement, Stuttgart 1992.

Meier-Ploeger, A. (1995): Alles zu jeder Zeit an jedem Ort. Standardisierung und zeitliche Kontrolle als Ziele der Lebensmittelverarbeitung. In: Schneider, M./Geissler, K. A./Held, M. (Hrsg.): Zeit-Frass. In: Politische Ökologie, Sonderheft 8, 1995. S. 87-91.

Meier-Ploeger, A. et al. (1996): Steigern Convenience-Produkte den Verzehr von ökologischen Lebensmitteln? In: Ökologie und Landbau, 24. Jg., 1996, Nr. 4. S. 24-26.

Meining, W. (1995): Lebenszyklen. In: Tietz, B./Köhler, R./Zentes, J. (Hrsg.): Handwörterbuch des Marketing. Zweite, völlig neu gest. Ausg., Stuttgart 1995. Sp. 1392-1405.

Meyer, A. (2000): Jenseits der Öko-Nische in der Bekleidungsbranche. In: Villiger, A./Wüstenhagen, R./Meyer, A. (Hrsg.): Jenseits der Öko-Nische, Bern 2000. S. 141-216.

Metzger, D. (1999): Das E-Wägeli. Intelligente Einkaufswagen, Supermärkte ohne Kasse: Jetzt kommen die elektronischen Shoppingbegleiter. In: Sonntagszeitung vom 4. Juli 1999. S. 81-83.

Migros (1999): Migros Geschäftsbericht 1998, Zürich 1999.

Mildner, G./Böge, S. (1996): Früher gab es den Laden um die Ecke. Eine vergleichende Transportanalyse von konventionellem und alternativem Handel. Wuppertal Paper Nr. 52, Wuppertal 1996.

Minsch, J. (1998): Direktzahlungen: Überlegungen und Anfragen aus der Sicht der ökonomischen Nachhaltigkeitsforschung. In: Agrarwirtschaft und Agrarsoziologie 2/98. S. 65-88.

Minsch, J./Eberle, A./Meier, B./Schneidewind, U. (1996): Mut zum ökologischen Umbau, Basel, Boston, Berlin 1996.

Mittelstrass, J. (1995): Transdisziplinarität. In: Panorama No. 5, Bern 1995. S. 45-53.

Mohr, A. (1999): Unveröffentlichte Begutachtung zu Villiger, A./Wüstenhagen, R./Meyer, A. (2000): Jenseits der Öko-Nische, Bern 2000.

Mohr, E./Schneidewind, U. (1995): Brent Spar und Greenpeace: Ökonomische Autopsie eines Einzelfalls mit Zukunft. IWÖ-Diskussionsbeitrag Nr. 28, St. Gallen 1995.

Monhemius, K. C. (1993): Umweltbewusstes Kaufverhalten von Konsumenten. Ein Beitrag zur Operationalisierung, Erklärung und Typologie des Verhaltens in der Kaufsituation, Frankfurt a.M. u.a. 1993.

Moore, G. A. (1996): Das Tornado Phänomen. Die Erfolgsstrategien des Silicon Valley und was Sie daraus lernen können, Wiesbaden 1996.

Müller, A. (1997): Mit Bio fit für schlanke Portemonnaies. In: Cash vom 10. Januar 1997, Nr. 2. S. 5.

Müller A. (1998): Die Migros macht Coop das biologische Terrain streitig. In: Cash vom 29. Mai 1998. S. 1.

Müller-Hagedorn, L./Heidel, B. (1986): Die Sortimentstiefe als absatzpolitisches Instrument. In: ZfbF, 38. Jg., 1986. S. 39-63.

Nordmann, T. (1997): Success Stories of Photovoltaic Financing in Europe. Paper presented at the 14th European Photovoltaic Conference & Exhibition, Barcelona 1997.

Nelson, P. (1970): Information and Consumer Behavior. In: Journal of Political Economy, 78. S. 311-329.

Nelson, P. (1974): Advertising as Information. In: Journal of Political Economy, 82. S. 729-754.

Poirier, C.C./Reiter, S.E.: Die optimale Wertschöpfungskette. Wie Lieferanten, Produzenten und Handel bestens zusammenarbeiten, Frankfurt, New York 1997.

Poldervaart, P. (1999): Die mit der Bio-Knospe kochen. Biobeizen bieten den Bauern neue Absatzkanäle. In: Die Südostschweiz vom 22. Juni 1998. S. 13.

Popcorn, F. (1992): Der Popcorn-Report - Trends für die Zukunft, 4. Aufl., München 1992.

Porter, M.E. (1992): Wettbewerbsvorteile (Competitive Advantage). Spitzenleistungen erreichen und behaupten, 3. Aufl., Frankfurt a.M., New York 1992.

Porter, M. E. (1995): Wettbewerbsstrategie. Methoden zur Analyse von Branchen und Konkurrenten, 8. Aufl., Frankfurt a.M., New York 1995.

Porter, M.E./van der Linde, C. (1995): Green and Competitive. Ending the Stalemate. In: Harvard Business Review, September-October 1995. S. 120-134.

Prahalad, C. K./Hamel, G. (1991): Nur Kernkompetenzen sichern das Überleben. In: Harvard Manager 2/1991. S. 66-79.

Raffée, H. (1979): Marketing und Umwelt, Stuttgart 1979.

Rich, A. (1991): Wirtschaftsethik I: Grundlagen und theologische Perspektive, 4. Aufl., Gütersloh 1991.

Richter, R./Furubotn, E. (1996): Neue Institutionenökonomik. Eine Einführung und kritische Würdigung, Tübingen 1996.

Rieder, P./Anwander Phan-huy, S. (1994): Grundlagen der Agrarmarktpolitik, Zürich 1994.

Rigendinger, L. (1997): Blick über den Tellerrand - nachhaltige Entwicklung am Beispiel Ernährung - Ein Beitrag zur Strukturierung des Themas in der Bildungspraxis. Diskussionspapier IP Gesellschaft Teilprojekt Nr. 3, ETH Zürich, Zürich 1997.

Rogers, E. M. (1983): Diffusion of Innovations, 3. Aufl., New York, London 1983.

Rouhani, S. (1998): Preisstrategien für Bioprodukte im schweizerischen Lebensmittelhandel. Diplomarbeit an der Universität St. Gallen, St. Gallen 1998.

Rudolph, T. (1996): Neue Informations- und Kommunikationstechnologien. Einsatzmöglichkeiten und Auswirkungen im Handelsmanagement. In: Thexis, 13. Jg., 1996, Nr. 4. S. 17-23.

Rudolph, T. (1997): Profilierung und Rationalisierung im Handel. In: Thexis, 14. Jg., 1997, Nr. 3. S. 12-27.

Rühli, E. (1994): Die Resource-based View of Strategy. In: Gomez, P. et al. (Hrsg.): Unternehmerischer Wandel. Festschrift für Knut Bleicher, Wiesbaden 1994. S. 31-57.

SAM (1998): Sustainability in der Nahrungsmittelindustrie. Sustainability-Trends und Herausforderungen der Zukunft, Zürich 1998.

Schäfer, E. (1966): Absatzwirtschaft. In: Hax, K./Wessel, Th. (Hrsg.): Handbuch der Wirtschaftswissenschaften, Bd. 1, Köln und Opladen 1966.

Schlenczek, G. (1998): Die Knospe geht auf: Erste Gastro-Zertifizierungen. In: Hotel+Tourismus Revue Nr. 25 vom 18. Juni 1998. S. 13.

Schmalen, H. (1993): Diffusionsprozesse und Diffusionstheorie. In: Wittmann, W. et. al. (Hrsg.): Handwörterbuch der Betriebswirtschaft, Enzyklopädie der Betriebswirtschaftslehre, 5. vollst. neu gest. Aufl., Stuttgart 1993. Sp. 776-787.

Schmalen, H. (1994): Das hybride Kaufverhalten und seine Konsequenzen für den Handel. Theoretische und empirische Betrachtungen. In: ZfB Zeitschrift für Betriebswirtschaft, 64. Jg., H. 10. S. 1221-1240.

Schmitz, C.A./Kölzer, B. (1996): Einkaufsverhalten im Handel. Ansätze einer kundenorientierten Handelsmarketingplanung, München 1996.

Schmuck, W. (1996): Auf dem Datenhighway zum Kunden. Neue Informations- und Kommunikationstechnologien im Handel. In: Thexis, 13. Jg., 1996, Nr. 4. S. 35-39.

Schneidewind, U. (1997): Wandel und Dynamik in Bedürfnisfeldern - Wesen und Gestaltungsperspektiven. Eine strukturationstheoretische Rekonstruktion am Beispiel der Ökologisierung des Bedürfnisfeldes Ernährung. Diskussionsbeitrag Nr. 2 der Arbeitsgruppe Bedürfnisfeld Ernährung des IP Gesellschaft I, St. Gallen 1997.

Schneidewind, U. (1998): Die Unternehmung als strukturpolitischer Akteur, Metropolis, Marburg 1998.

Schneidewind, U. (1998b): Die Unternehmung als strukturpolitischer Akteur. Herausforderung für die Managementpraxis, -forschung und -lehre. Zusammenfassung der Antrittsvorlesung von Uwe Schneidewind am 23.06.1998, St. Gallen 1998.

Schweizerischer Bundesrat (1992): Siebter Landwirtschaftsbericht, Bern 1992.

Schweizerischer Bundesrat (1997): Strategie "Nachhaltige Entwicklung in der Schweiz", Bern 1997.

Schweizerisches Verkaufsförderungs-Forum (1998): Detailhandel Schweiz 98, Gottlieb Duttweiler Institut, IHA-GfM, Hergiswil 1998.

Shapiro, C. (1983): Premiums for High Quality Products as Returns to Reputations. In: The Quarterly Journal of Economics, Vol. 98 1983. S. 659-697.

Sieler, C. (1994): Ökologische Sortimentsgestaltung, Wiesbaden 1994.

Slywotzky, A. J./Morrison, D. J. (1998): Die Gewinnzone. Wie Ihr Unternehmen dauerhaft Erträge erzielt, Landsberg/Lech 1998.

Spieker, H. (1988): Der Stellenwert ökologischer Aspekte für den Konsum von biologisch erzeugten Lebensmitteln. In: Brandt, A./Hansen, U./Schoenheit, I./Werner, K. (Hrsg.): Ökologisches Marketing, Frankfurt a.M., New York 1988. S. 85-107.

Spiller, A. (1996): Ökologieorientierte Produktpolitik, Marburg 1996.

Spitzmüller, E.-M./Pflug-Schönfelder, K./Leitzmann, C. (1993): Ernährungsökologie. Essen zwischen Genuss und Verantwortung, Heidelberg 1993.

Städler, I. (1997): Coop setzt sich gegen Migros durch. In: Tages Anzeiger vom 23. September 1997. S. 29.

Städler, I. (1998): Die Migros steht am Pranger. In: Tages Anzeiger vom 24. September 1998. S. 35.

Schweizerischer Bauernverband (1999): Statistische Schätzungen und Erhebungen, Brugg 1999.

Stender-Monhemius, K.C. (1995): Divergenzen zwischen Umweltbewusstsein und Kaufverhalten. Ergebnisse einer empirischen Untersuchung sowie marketing- und verbraucherpolitische Implikationen. In: Umwelt Wirtschafts Forum, 3. Jg. (1995), Nr. 1. S. 35-43.

Stigler, G. J. (1967): The Division of Labour is Limited by the Extend of the Market. In: Mallen, B. E. (Hrsg.): The Marketing Channel - A Conceptual Viewpoint. New York, London 1967.

Tanner, C./Wölfing Kast, S./Arnold, S./Sätteli, K. (1998): Internale und externale Ressourcen des ökologisch nachhaltigen Lebensmitteleinkaufs. Forschungsbericht aus dem psychologischen Institut der Universität Bern 1998-2, Bern 1998.

Tanner, C./Wölfing Kast, S./Arnold, S. (1999): Typisierung von Konsumenten und Konsumentinnen aufgrund personaler und verhaltensbezogener Unterschiede. Forschungsbericht aus dem psychologischen Institut der Universität Bern 1999-2, Bern 1999.

Tiebler, P. (1992): Umwelttrends im Konsumentenverhalten. In: Steger, U./Prätorius, G. (Hrsg.): Handbuch des Umweltmanagements, München 1992. S. 184-206.

Tietz, B. (1989): Die Dynamik des Euro-Marktes - Konsequenzen für die Neupositionierung von Unternehmen, Stuttgart 1989.

Thommen, J.-P. (1989): Betriebswirtschaftslehre. Band 1. Unternehmung und Umwelt. Marketing. 2., überarb. Aufl., Zürich 1989.

Töpfer, A. (1985): Die Umwelt- und Benutzerfreundlichkeit von Produkten als strategische Unternehmensziele. In: Marketing Zeitschrift für Forschung und Praxis, 7. Jg. 1985. S. 241-251.

Traber, M. (1998): Agenda 21 - für eine nachhaltige Entwicklung. Umweltschutzamt, St. Gallen 1998.

Trommsdorff, V. (1993): Positionierung. In: Wittmann, W. et. al. (Hrsg.): Handwörterbuch der Betriebswirtschaft, Enzyklopädie der Betriebswirtschaftslehre, 5. vollst. neu gest. Aufl., Stuttgart 1993. Sp. 776-787.

Ulrich, H. (1981): Die Betriebswirtschaftslehre als anwendungsorientierte Sozialwissenschaft. In: Geist, M./Köhler, R. (Hrsg.): Die Führung des Betriebes, Stuttgart 1981. S. 1-26.

Ulrich, H. (1984): Die Betriebswirtschaftslehre als angewandte Sozialwissenschaft. In: Ulrich, H.: Management. Hrsg. von Dyllick, T./Probst, G.J.B., Bern, Stuttgart 1984. S. 168-200.

Ulrich, P. (1994): Integrative Wirtschaftsethik als kritische Institutionenethik. Wider die normative Erhöhung der Sachzwänge des Wirtschaftssystems. Beiträge und Berichte Nr. 62 des Instituts für Wirtschaftsethik an der Universität St. Gallen, St. Gallen 1994.

Velimirov, A./Plochberger, K. (1995): Neue Untersuchungen zur Qualität. In: Bioskop 6/95. S. 4-8.

Villiger, A. (1998): Vom Subventionsverdruss zum Bio-Boom. Analyse der Diffusion biologischer Lebensmittel anhand des ökologischen Transformationsprozesses. IWÖ-Diskussionsbeitrag Nr. 70, St. Gallen 1998.

Villiger, A. (2000): Jenseits der Öko-Nische in der Lebensmittelbranche. In: Villiger, A./Wüstenhagen, R./Meyer, A. (Hrsg.): Jenseits der Öko-Nische, Basel 2000. S. 57-139.

Villiger, A./Belz, F. (1998): Von der Öko-Nische zum ökologischen Massenmarkt - Eine Analyse der Diffusion von biologischen Lebensmitteln anhand des ökologischen Transformationsprozesses. In: der markt, Zeitschrift für Absatzwirtschaft und Marketing, 1998/2, 37. Jg., Nr. 145. S. 68-82.

Villiger, A./Choffat, A. (1998): Von der Öko-Nische zum Massenmarkt. Kommunikation - Mit Glaubwürdigkeit zum Erfolg. In: Umwelt Focus, Juni 1998. S. 10-11.

Villiger, A./Pichel, K. (1998): "ökologisch aktiv - ökonomisch erfolgreich". Abschlussbericht eines Projektes im Auftrag des Schweizerischen Reisebüro-Verbandes. IWÖ-Diskussionsbeitrag Nr. 69, St. Gallen 1998.

Villiger, A./Wüstenhagen, R./Meyer, A. (2000): Jenseits der Öko-Nische, Basel 2000.

Vögeli, K. (1999): Mutiger Schritt. In: Coop Zeitung Nr. 35 vom 1. September 1999. S. 5-15.

Volle, O. (1997): Die ökologische Herausforderung der Getränkekartonindustrie, Bern, Stuttgart, Wien 1997.

Vulic, S. (1998): Klarer Punktesieg für Bio-Äpfel. In: Coop Zeitung vom 7. Oktober 1998. S. 36.

Watzlawick, P. (1981): Selbsterfüllende Prophezeiungen. In: Watzlawick, P. (Hrsg.): Die erfundene Wirklichkeit. Wie wissen wir, was wir zu wissen glauben? Beiträge zum Konstruktivismus, München 1981, S. 91-110.

Weinhold, H. (1988): Marketing in zwanzig Lektionen. 13. Auflage, St. Gallen, Stuttgart, Steyr 1988.

Weinhold, H./Belz, C./Rudolph, T. (1991): Auswirkungen einer Europäisierung auf den Einzelhandel in der Schweiz, Chur, Zürich 1991.

Weiss, H. (1997): Ökomarkt Graubünden. Ein Pilotprojekt von landesweiter Bedeutung. In: NZZ vom 7. Juni 1997. S. 17.

Wicki, B. (1998): Verein Ökomarkt Graubünden. Idee einer umfassenden Produktekennzeichnung oder vom Versuch, die Labelflut zu bändigen. Tagungsunterlagen der LBL zur Tagung "Qualitätslabels für Agrarprodukte - Zutrittscode für zukünftige Märkte" vom 18. März 1998, Nr. 98.201, Lindau 1998.

Widmer, F. (1993): Coop Naturaplan - ein Konsumentenbedürfnis. Vortrag anlässlich der Medienkonferenz Coop Naturaplan vom 29. April 1993, Basel 1993.

Wimmer, F. (1995): Der Einsatz von Paneldaten zur Analyse des umweltorientierten Kaufverhaltens von Konsumenten. In: Umwelt Wirtschafts Forum, März 1995. S. 28-34.

Wölfing Kast, S./Tanner, C./Arnold, S. (1999): Die Wahrnehmung von handlungsrelevanten Informationen für ein ökologisch nachhaltiges Einkaufsverhalten durch verschiedene Konsumtypen. Forschungsberichte aus dem psychologischen Institut der Universität Bern 1999-3, Bern 1999.

Wüstenhagen, R. (1997): Ökologie im Catering-Markt Schweiz: Branchenanalyse und Beurteilung ökologischer Wettbewerbsstrategien in der Gemeinschaftsgastronomie. IWÖ-Diskussionsbeitrag Nr. 45, St. Gallen 1997.

Wüstenhagen, R. (1998): Greening Goliaths vs. Multiplying Davids: Pfade einer Coevolution ökologischer Massenmärkte und nachhaltiger Nischen. IWÖ-Diskussionsbeitrag Nr. 61, St. Gallen 1998.

Wüstenhagen, R. (2000): Jenseits der Öko-Nische in der Elektrizitätsbranche. In: Villiger, A./Wüstenhagen, R./Meyer, A. (Hrsg.): Jenseits der Öko-Nische, Basel 2000. S. 217-292.

Wüstenhagen, R./Meyer, A./Villiger, A. (1999): Die „Landkarte des ökologischen Massenmarktes". In: Ökologisches Wirtschaften, 1/1999. S. 27-29.

WWF (1997): Genial? Gentechnologie erobert den Lebensmittelmarkt. Eine Informationsbroschüre des WWF Schweiz, Zürich 1997.

Zentrum für biologischen Landbau Möschberg (1993): Biologischer Landbau - Illusion oder Chance? Grosshöchstetten 1993.

Zerfass, A. (1996): Unternehmensführung und Öffentlichkeitsarbeit, Opladen 1996.

Zerfass, A. (1999): Protagonisten, Plattformen, Partner. In: Ökologisches Wirtschaften 1/1999. S. 20-21.

Zuber, M. et al. (1996): Die Handels- und Verarbeitungsspannen bei landwirtschaftlichen Erzeugnissen. Bericht der Abteilung Agrarwirtschaft, Brugg 1996.

ZVSM (1995): Analyse des Biomarktes Schweiz und Strategische Ansätze im Marketing für Bioprodukte. Grundlagenstudie des Zentralverbandes Schweizerischer Milchproduzenten, Bern 1995.

Internetadressen

http://www.migros-shop.ch

http://www.le-shop.ch

http://www.biohof.ch

http://www.lid.ch/zahlenlw/ausundein.htm

http://www.lid.ch/homepage/framezahlen.htm

http://www.ulme.uns.umnw.ethz.ch/umw_bel.htm

http://www.ulme.uns.umnw.ethz.ch/handlung.htm

http://www.demeter.de

http://www.biofrisch.ch/frameset1.html

http://www.swissair.com/service/air/pressrelg.htm

http://www.swissair.com/service/air/gourmet.htm

http://www.sgzz.ch/links/zubild.htm

http://www.coop.ch

http://www.migros.ch

http://www.miosphere.ch

http://www.coop.naturaplan.ch

http://www.inspecta.ch

http://www.alnatura.de

http://www.oneworld.de/ecoshop/nahrung.htm

GPSR Compliance

The European Union's (EU) General Product Safety Regulation (GPSR) is a set of rules that requires consumer products to be safe and our obligations to ensure this.

If you have any concerns about our products, you can contact us on ProductSafety@springernature.com

In case Publisher is established outside the EU, the EU authorized representative is:

Springer Nature Customer Service Center GmbH
Europaplatz 3
69115 Heidelberg, Germany

Batch number: 10815964

Printed by Printforce, the Netherlands